数控加工
工艺与编程 第2版

林 岩 主编 谷 裕 副主编

化学工业出版社
·北京·

内容简介

《数控加工工艺与编程（第2版）》是高职高专数控专业教材，其特色是结合数控加工工艺的学习来掌握数控车床和加工中心的编程与操作方法。本书主要内容包括数控加工的概念，数控加工工艺规程制定的方法与步骤，数控机床编程的基本知识，数控铣削、数控车削、加工中心工艺与编程，数控自动编程以及数控编程综合实训。本书的实例均有完整的加工方案、夹具、刀具及程序示例等，可用于高职高专项目化教学。本书把数控高级、中级职业技能鉴定的考核要求融入内容编写中，并附数控车床和加工中心操作工考试模拟试卷，可供学生考取职业资格证书和参加技能比赛参考。

本书可供数控、机电等专业教学使用，也可供专业技术人员参考。

图书在版编目（CIP）数据

数控加工工艺与编程/林岩主编；谷裕副主编．—2版．—北京：化学工业出版社，2023.1（2025.5重印）
ISBN 978-7-122-42294-1

Ⅰ．①数… Ⅱ．①林…②谷… Ⅲ．①数控机床-加工-高等职业教育-教材②数控机床-程序设计-高等职业教育-教材 Ⅳ．①TG659

中国版本图书馆CIP数据核字（2022）第181254号

责任编辑：李玉晖　　　　　　　　　　装帧设计：张　辉
责任校对：田睿涵

出版发行：化学工业出版社（北京市东城区青年湖南街13号　邮政编码100011）
印　　装：北京科印技术咨询服务有限公司数码印刷分部
787mm×1092mm　1/16　印张20½　字数509千字　2025年5月北京第2版第3次印刷

购书咨询：010-64518888　　　　　　　售后服务：010-64518899
网　　址：http://www.cip.com.cn
凡购买本书，如有缺损质量问题，本社销售中心负责调换。

定　　价：58.00元　　　　　　　　　　　　　　　　　　　版权所有　违者必究

前 言

本书根据"高职高专教育专业人才培养目标及规格"的要求和国家职业标准及相关的职业技能鉴定规范，结合编者多年的教学和实践经验编写而成。

本书体现了数控加工工艺、编程和生产的内在联系，将理论学习与技能培养融于一体。本书着重讲解 FANUC 数控系统的编程指令及其应用，将数控加工工艺与数控编程有机结合，便于学生理解和应用；编程举例从简单到复杂，循序渐进，便于实施教、学、做一体化教学。本书的实例均有完整的加工方案、夹具、刀具及程序等，可用于高职高专项目化教学。本书把数控高级、中级职业技能鉴定的考核要求融入内容编写中，并附数控车床和加工中心操作工考试模拟试卷，可供学生考取职业资格证书和参加技能比赛参考。

本书第 1 版于 2013 年出版。本次再版将党的二十大精神融入教材，使教材更加适应课程思政要求，充分体现"立德树人"作为教育根本任务的教育理念。为满足数控技术发展对学生技术技能培养提出的新要求，本次修订在第 1 版的基础上增加了"西门子系统车削编程"一章，在"数控加工自动编程"一章增加了常用软件的编程流程和建模实例，并对第 1 版的不足进行了细致的修正。

本书由林岩、谷裕、梅文涛、梁艳辉修订，林岩任主编，谷裕任副主编。

本书第一版由林岩任主编，谷裕任副主编，参加第一版编写工作的还有秦曼华、李武、陈世庄、刘辉、谢婉茹、李超、王晓岚、郑勇峰。

由于编者水平有限，不足之处在所难免，敬请读者批评指正。

编　者

目 录

1 数控加工概述　　　　　　　　　　　　　　　　　　　　　　1

1.1 数控加工工艺的概念和主要内容 …………………………… 1
1.2 数控机床的组成 ……………………………………………… 2
1.3 常见数控机床的类型 ………………………………………… 4
　　1.3.1 按控制功能分类………………………………………… 4
　　1.3.2 按进给伺服系统类型分类 …………………………… 5
　　1.3.3 按工艺用途（机床类型）分类 ……………………… 6
1.4 数控加工的特点及应用 ……………………………………… 6
　　1.4.1 数控加工工艺的特点…………………………………… 6
　　1.4.2 数控加工的适应性……………………………………… 8
1.5 数控加工的步骤 ……………………………………………… 9
1.6 数控技术的现状与发展方向 ………………………………… 10

2 数控加工工艺基础　　　　　　　　　　　　　　　　　　　12

2.1 工件在数控机床上的装夹 …………………………………… 12
　　2.1.1 工件定位的基本原理 ………………………………… 12
　　2.1.2 定位方法与定位基准的选择 ………………………… 15
　　2.1.3 工件的夹紧 …………………………………………… 23
2.2 数控加工工艺概述 …………………………………………… 28
　　2.2.1 编制数控加工工艺应注意的问题 …………………… 28
　　2.2.2 数控加工工艺的基本特点 …………………………… 31
　　2.2.3 数控加工工艺的主要内容 …………………………… 31
2.3 数控加工工艺规程的制订 …………………………………… 32
　　2.3.1 毛坯种类及选择 ……………………………………… 32
　　2.3.2 定位基准的选择 ……………………………………… 34
　　2.3.3 零件数控加工工艺路线的拟定 ……………………… 37
　　2.3.4 加工余量的确定 ……………………………………… 43

2.3.5 工序尺寸的计算 …………………………… 46
　　　2.3.6 工艺尺寸链的概念 …………………………… 47
　　　2.3.7 机床工艺装备的选择 ………………………… 49
　　　2.3.8 切削用量的确定 ……………………………… 51
　2.4 数控加工工艺文件的编制 ………………………………… 52
　　　2.4.1 数控加工工序卡片 …………………………… 52
　　　2.4.2 数控刀具卡片 ………………………………… 52
　　　2.4.3 数控加工走刀路线图 ………………………… 53
　2.5 综合实训 …………………………………………………… 55
　　　2.5.1 综合实例1——轴套类零件的工艺分析、
　　　　　　编程及操作 …………………………………… 55
　　　2.5.2 综合实例2——车圆球锥轴 ………………… 57
　　　2.5.3 实训练习 ……………………………………… 57
　本章小结 ………………………………………………………… 58
　习题 ……………………………………………………………… 58

3 数控编程基础　　　　　　　　　　　　　　　　　60

　3.1 数控机床的坐标系统 ……………………………………… 60
　　　3.1.1 标准坐标系及其运动方向 …………………… 60
　　　3.1.2 数控机床的两种坐标系 ……………………… 63
　3.2 数控编程的种类及步骤 …………………………………… 64
　　　3.2.1 数控编程的种类 ……………………………… 64
　　　3.2.2 手工编程的步骤 ……………………………… 65
　3.3 数控程序的指令代码 ……………………………………… 66
　　　3.3.1 准备功能字G ………………………………… 66
　　　3.3.2 F、S、T指令 ………………………………… 67
　　　3.3.3 M指令 ………………………………………… 68
　3.4 数控加工程序的结构 ……………………………………… 68
　　　3.4.1 数控加工程序的构成 ………………………… 68
　　　3.4.2 数控加工程序的分类 ………………………… 71
　本章小结 ………………………………………………………… 72
　习题 ……………………………………………………………… 72

4 数控车削工艺与编程　　　　　　　　　　　　　　75

　4.1 数控车削加工工艺分析 …………………………………… 75
　　　4.1.1 零件数控车削加工方案的拟定 ……………… 75

4.1.2　车刀的类型及选用 ………………………………… 83
　　　4.1.3　选择切削用量 ……………………………………… 87
　　　4.1.4　确定装夹方法 ……………………………………… 90
　4.2　数控车床的编程特点 ………………………………………… 94
　　　4.2.1　数控车床编程坐标系的建立 ……………………… 94
　　　4.2.2　数控车床及车削中心的编程特点 ………………… 95
　　　4.2.3　绝对编程方式与增量编程方式 …………………… 95
　4.3　BEIJING-FANUC 0i Mate-TC 系统的 G 代码在数控车削中的应用 ……………………………………………………………… 97
　　　4.3.1　进给功能设定（G98、G99）……………………… 97
　　　4.3.2　主轴转速功能设定（G97、G96、G50）………… 98
　　　4.3.3　刀具功能（T指令）………………………………… 99
　　　4.3.4　工件坐标系设定（G50）…………………………… 99
　　　4.3.5　自动回机床参考点（G28）………………………… 100
　　　4.3.6　基本移动 G 指令（G00、G01、G02、G03）……………………………………………………… 101
　　　4.3.7　暂停指令（G04）…………………………………… 106
　　　4.3.8　刀尖圆弧半径补偿（G41、G42、G40）………… 106
　　　4.3.9　车螺纹（G32）……………………………………… 109
　　　4.3.10　车削固定循环功能 ………………………………… 110
　　　4.3.11　编程实例 …………………………………………… 120
　4.4　典型车削零件的编程实例 …………………………………… 123
　　　4.4.1　轴类零件的编程实例 ……………………………… 123
　　　4.4.2　轴套类零件的编程实例 …………………………… 126
　本章小结 ……………………………………………………………… 129
　习题 …………………………………………………………………… 129

5　数控铣削工艺与编程　131

　5.1　数控铣削加工工艺分析 ……………………………………… 131
　　　5.1.1　零件数控铣削加工方案的拟定 …………………… 131
　　　5.1.2　铣削刀具的类型及选用 …………………………… 140
　　　5.1.3　确定切削用量 ……………………………………… 145
　　　5.1.4　确定装夹方法 ……………………………………… 147
　5.2　数控铣床的编程特点 ………………………………………… 157
　　　5.2.1　数控铣床的编程特点 ……………………………… 157
　　　5.2.2　绝对编程方式（G90）与增量编程方式（G91）…………………………………………………… 160

5.3 FANUC-0iMA 系统的 G 代码在数控铣削中的应用 … 161
 5.3.1 F、S、T 功能 …………………………………… 161
 5.3.2 工件坐标系设定（G92，G54～G59）…… 161
 5.3.3 快速点位运动（G00）…………………………… 163
 5.3.4 直线插补（G01）………………………………… 164
 5.3.5 插补平面选择（G17、G18、G19）…………… 164
 5.3.6 圆弧插补（G02、G03）………………………… 165
 5.3.7 螺旋线插补（G02、G03）……………………… 167
 5.3.8 任意角度倒角/拐角圆弧 ……………………… 168
 5.3.9 刀具半径补偿（G41、G42、G40）…………… 169
 5.3.10 刀具长度补偿（G43、G44、G49）………… 171
 5.3.11 子程序（M98、M99）……………………… 173
5.4 典型零件的镗铣加工工艺分析及编程 …………… 176
 5.4.1 盖板零件镗铣加工工艺及编程 ……………… 176
 5.4.2 支承套零件的加工工艺及编程 ……………… 182
本章小结 ……………………………………………… 189
习题 …………………………………………………… 189

6 西门子系统车削编程　　190

6.1 西门子 808 系统简介 ………………………………… 190
 6.1.1 西门子 808D 界面 ……………………………… 190
 6.1.2 西门子 808D 基本操作 ………………………… 196
6.2 西门子 808D 程序管理 ……………………………… 200
 6.2.1 程序创建与编辑 ………………………………… 200
 6.2.2 编程基础知识 …………………………………… 202
 6.2.3 西门子 808D 系统 ISO 模式编程 …………… 207
6.3 西门子 808D 编程实例 ……………………………… 210
 6.3.1 加工任务 ………………………………………… 210
 6.3.2 工艺分析 ………………………………………… 210
 6.3.3 程序编制 ………………………………………… 210
本章小结 ……………………………………………… 217
习题 …………………………………………………… 217

7 数控加工自动编程　　218

7.1 自动编程概述 ………………………………………… 218
 7.1.1 自动编程的特点 ………………………………… 218

7.1.2　自动编程软件的分类 ·················· 218
　　　7.1.3　自动编程的工作过程 ·················· 219
　　　7.1.4　自动编程的发展 ······················ 220
　7.2　典型 CAD/CAM 软件介绍 ······················ 222
　　　7.2.1　通用性系统软件 ······················ 223
　　　7.2.2　单功能系统 ·························· 227
　7.3　典型 CAD/CAM 软件应用实例 ·················· 230
本章小结 ······································ 233
习题 ·· 233

8　加工中心的程序编制　　234

　8.1　加工中心程序编制基础 ·························· 234
　　　8.1.1　加工中心的主要功能 ·················· 234
　　　8.1.2　加工中心的工艺及装备 ················ 235
　　　8.1.3　加工中心编程的特点 ·················· 238
　8.2　FANUC 系统固定循环功能（G81、G76、G73、
　　　 G84 等）······························· 238
　　　8.2.1　固定循环的特点 ······················ 238
　　　8.2.2　常用孔加工固定循环指令 ·············· 239
　　　8.2.3　使用孔加工固定循环的注意事项 ········ 246
　　　8.2.4　固定孔循环应用实例 ·················· 247

9　综合实训　　250

　9.1　中级数控车床编程实例 ························ 250
　　　9.1.1　阶梯轴类工件加工 ···················· 250
　　　9.1.2　螺纹类工件加工 ······················ 255
　9.2　高级数控车床编程实例 ························ 261
　　　9.2.1　配合件加工 ·························· 261
　　　9.2.2　车非圆曲线类件加工 ·················· 273
　9.3　加工中心编程实例 ···························· 278
　　　9.3.1　加工中心中级编程实例 ················ 278
　　　9.3.2　加工中心高级编程实例 ················ 288

附录　数控加工模拟试卷　　301

　数控车床操作工高级试卷（A）·················· 301

数控车床操作工高级试卷（B） …………………………… 305
加工中心操作工高级试卷（A） …………………………… 309
加工中心操作工高级试卷（B） …………………………… 313
模拟试卷参考答案 ………………………………………… 317

参考文献

1 数控加工概述

数控技术的发展是体现中国制造水平提高的重要标志。党的二十大报告指出，坚持把发展经济的着力点放在实体经济上，推进新型工业化，加快建设制造强国、质量强国、航天强国、交通强国、网络强国、数字中国。实施产业基础再造工程和重大技术装备攻关工程，支持专精特新企业发展，推动制造业高端化、智能化、绿色化发展。在全面推进中国式现代化的进程中，工业产品的更新、改型速度明显加快，对数控加工技术人才，尤其是懂工艺会编程的高技能人才需求旺盛。

1.1 数控加工工艺的概念和主要内容

数控（Numerical Control，简称 NC），国家标准 GB/T 8129 将其定义为："用数字化信号对机床运动及其加工过程进行控制的一种方法"。定义中的"机床"，不仅指金属切削机床（如车床、铣床、钻床、磨床、加工中心等），还包括其他各类机床（如折弯机、火焰切割机、线切割机床等），品种多达几百种。

数控机床（Numerical Control Machine Tools）是技术密集度及自动化程度很高的机电一体化加工装备。它按国际或国家或生产厂家规定的数字和文字编码方式，把各种机械位移量、运转参数（主轴、进给）、辅助功能（如刀具变换、排屑器启停、切削液自动供停等）用数字、文字符号表示出来，通过微电子系统识别、处理这些符号并变成电信号，继而利用相关的电气元器件把电能转换成机械能，实现要求的机械动作，从而完成加工任务。

数控加工工艺是伴随着数控机床的产生、发展而逐步完善起来的一种应用技术。它是人们大量数控加工实践的经验总结。虽然数控机床是一种先进的加工设备，但也必须由人们去熟悉、掌握和合理使用它，否则，再好的设备也难以发挥其所长。大量应用实践表明，数控机床的使用效果很大程度上取决于用户在数控加工中技术水平的高低。随着我国数控机床用户的不断增加，应用范围的不断扩大，普及与提高数控加工技术，已成为推动我国数控技术应用与发展的重要环节。

机械加工制造所用的机床在控制方式上经历了不同的发展阶段。传统机械加工机床加工零件时，就某道工序而言，其工步的安排，机床运动的先后次序、位移量、走刀路线及有关切削参数的选择等，都是由操作工人自行考虑和确定、用手工操作方式来进行控制的。自动车床、仿型车床和仿型铣床通过预先配置的凸轮、挡块或靠模来实现控制。数控机床在加工前，要把原先在通用机床上加工时需要操作工人考虑和决定的操作内容及动作，如：工步的划分与顺序、走刀路线、位移量和切削参数等,按规定的数码形式编排程序,记录在控制介质上。过去控制介质有纸带、磁带和磁盘,目前常用存储卡或计算机硬盘。控制介质是将人与机器联系起来的媒介物。加工时,控制介质上的数码信息输入数控机床的控制系统后,控制系统对输入信息进行运算与控制,并不断地向直接指挥机床运动的机电功能转换部件(机床的伺服机构)发送脉冲信号,伺服机构对脉冲信号进行转换与放大处理,然后由传动机构驱动机床按所编程序进行运动,就可以自动加工出所要求的零件形状。不难看出,实现数控加工的关键在编程。但光有编程还不行,数控加工还包括编程前必须要做的一系列准备工作及编程后的后续处理工作。一般来说,数控加工主要包括以下几个方面的内容:

① 选择并确定进行数控加工的零件及内容;
② 对零件图纸进行数控加工的工艺分析;
③ 数控加工的工艺设计;
④ 对零件图形的数学处理;
⑤ 编写加工程序单(自动编程时为源程序,由计算机自动生成目标程序——加工程序);
⑥ 按程序单制作控制介质;
⑦ 程序的校验与修改;
⑧ 首件试加工与现场问题处理;
⑨ 数控加工工艺技术文件的定型与归档。

1.2 数控机床的组成

数控机床是一种自动化程度较高、结构较复杂的先进加工设备,是一种典型的机电一体化产品,能实现机械加工的高速度、高精度和高度自动化,在企业生产中往往占有重要的地位。所以如何做好数控机床的管理工作,使其发挥应有的效率,直接关系到企业生产的经济利益。

数控机床一般由输入输出装置、CNC装置、伺服单元、驱动装置(或称执行机构)、可编程控制器(PLC)及电气控制装置、辅助装置、机床本体及测量装置组成。图1-1是数控机床的组成框图。

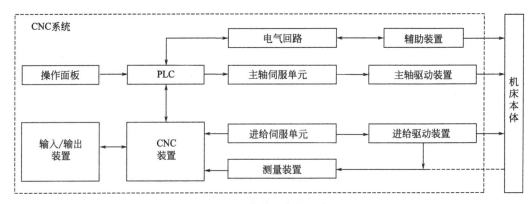

图1-1 数控机床的组成

(1) 输入和输出装置

输入和输出装置是机床数控系统和操作人员进行信息交流、实现人机对话的交互设备。

输入装置的作用是将程序载体内有关加工的信息读入数控装置。根据程序载体的不同，输入装置可以是计算机或存储卡等，也可以通过数控机床操作面板上的键盘，用手工将加工程序输入数控装置；或者将存储在计算机硬盘上的加工程序传送到数控装置。输出装置是显示器，有 CRT 显示器或彩色液晶显示器两种。输出装置的作用是：数控系统通过显示器为操作人员提供必要的信息。显示的信息可以是正在编辑的程序、坐标值以及报警信号等。

(2) 数控装置（或称计算机数控装置）

数控装置是计算机数控系统的核心，是由硬件和软件两部分组成的。它接收的是输入装置送来的脉冲信号，信号经过数控装置的系统软件或逻辑电路进行编译、运算和逻辑处理后，输出各种信号和指令，控制机床的各个部分，使其进行规定的、有序的动作。这些控制信号中最基本的信号是各坐标轴（即做进给运动的各执行部件）的进给速度、进给方向和位移量指令（送到伺服驱动系统驱动执行部件做进给运动），还有主轴的变速、换向和启停信号，选择和交换刀具的刀具指令信号，控制冷却液、润滑油启停，工件和机床部件松开、夹紧，分度工作和转位的辅助指令信号等。

数控装置主要包括微处理器（CPU）、存储器、局部总线、外围逻辑电路以及与 CNC 系统其他组成部分联系的接口等。

(3) 可编程控制器（PLC 或称 PMC）

在 FANUC 系统中专门用于控制机床的 PLC，记作 PMC，称为可编程机床控制器。数控机床通过 CNC 和 PMC 的共同作用来完成控制功能，其中 CNC 主要完成与数字运算和管理等有关的功能，如零件程序的编辑、插补运算、译码、刀具运动的位置伺服控制等。而 PMC 主要完成与逻辑运算有关的一些动作，它接收 CNC 的控制代码 M（辅助功能）、S（主轴转速）、T（选刀、换刀）等开关量动作信息，对开关量动作信息进行译码，转换成对应的控制信号，控制辅助装置完成机床相应的开关动作，如工件的装夹、刀具的更换、冷却液的开关等。它还接收机床操作面板的指令，一方面直接控制机床的动作（如手动操作机床），另一方面将一部分指令送往数控装置，用于加工过程的控制。

(4) 伺服单元

伺服单元接收来自数控装置的速度和位移指令。这些指令经伺服单元变换和放大后，通过驱动装置转变成机床进给运动的速度、方向和位移。因此，伺服单元是数控装置与机床本体的联系环节，它把来自于数控装置的微弱指令信号放大成控制驱动装置的大功率信号。伺服单元分为主轴单元和进给单元等，伺服单元就其系统而言又有开环系统、半闭环系统和闭环系统之分。

(5) 驱动装置

驱动装置把经过伺服单元放大的指令信号变为机械运动，通过机械连接部件驱动机床工作台，使工作台精确定位或按规定的轨迹做严格的相对运动，加工出形状、尺寸与精度符合要求的零件。目前常用的驱动装置有直流伺服电机和交流伺服电机，且交流伺服电机正逐渐取代直流伺服电机。

伺服单元和驱动装置合称为伺服驱动系统，它是机床工作的动力装置，计算机数控装置的指令要靠伺服驱动系统付诸实施，伺服驱动装置包括主轴驱动单元（主要控制主轴的速度）、进给驱动单元（主要是进给系统的速度控制和位置控制）。伺服驱动系统是数控机床的重要组成部分。从某种意义上说，数控机床的功能主要取决于数控装置，而数控机床的性能主要取决于伺服驱动系统。

（6）机床本体

机床本体即数控机床的机械部件，包括主运动部件、进给运动执行部件（工作台、拖板及其传动部件）和支承部件（床身、立柱等），还包括具有冷却、润滑、转位和夹紧等功能的辅助装置。加工中心类的数控机床还有存放刀具的刀库、交换刀具的机械手等部件，数控机床机械部件的组成与普通机床相似，由于数控机床的高速度、高精度、大切削用量和连续加工的要求，其机械部件在精度、刚度、抗振性等方面的要求更高。

此外，为保证数控机床功能的充分发挥，还有一些辅助系统，如冷却、润滑、液压（或气动）、排屑、防护系统等。

1.3　常见数控机床的类型

数控机床的种类很多，从不同角度对其进行考查，就有不同的分类方法，通常有以下几种分类方法。

1.3.1　按控制功能分类

（1）点位控制数控机床

这类数控机床仅能控制两个坐标轴带动刀具或工作台，从一个点（坐标位置）准确地快速移动到下一个点（坐标位置），然后控制第三个坐标轴进行钻、镗等切削加工。它具有较高的位置定位精度，在移动过程中不进行切削加工，因此对运动轨迹没有要求。点位控制的数控机床主要用于加工平面内的孔系，主要有数控钻床、数控镗床、数控冲床、三坐标测量机等。

（2）直线控制数控机床

这类数控机床可控制刀具或工作台以适当的进给速度，从一个点以一条直线准确地移动到下一个点，移动过程中能进行切削加工，进给速度根据切削条件可在一定范围内调节。现代组合机床采用数控进给伺服系统，驱动动力头带着多轴箱轴向进给进行钻、镗等切削加工，它可以算作一种直线控制的数控机床。

（3）轮廓控制数控机床

这类数控机床具有控制几个坐标轴同时协调运动，即多坐标轴联动的能力，使刀具相对于工件按程序规定的轨迹和速度运动，能在运动过程中进行连续切削加工。这类数控机床有用于加工曲线和曲面形状零件的数控车床、数控铣床、加工中心等。现代的数控机床基本上都是这种类型。若根据其联动轴数还可细分为2轴（X、Z或X、Y），2.5轴（任意2轴联动，第3轴周期进给），3轴（X、Y、Z），4轴（X、Y、Z和A或B），5轴（X、Y、Z和A、C或X、Y、Z和B、C或X、Y、Z和A、B）联动数控机床。联动坐标轴数越多，加工程序的编制越难，通常3轴以上联动的零件加工程序只能采用自动编程系统编制。

1.3.2 按进给伺服系统类型分类

按数控系统的进给伺服系统有无位置测量反馈装置可分为开环数控机床和闭环数控机床。在闭环数控系统中,根据位置测量装置安装的位置又可分为全闭环和半闭环两种。

(1) 开环数控机床

开环数控机床采用开环进给伺服系统。图 1-2 所示为开环进给伺服系统简图。由图可知,开环进给伺服系统没有位置测量反馈装置,信号流是单向的(数控装置—进给系统),故系统稳定性好。但由于无位置反馈,精度(相对闭环系统)不高,其精度主要取决于伺服驱动系统和机械传动机构的性能和精度。该系统一般以步进电动机作为伺服驱动元件,它具有结构简单、工作稳定、调试方便、维修简单、价格低廉等优点,在精度和速度要求不高、驱动力矩不大的场合得到广泛应用。

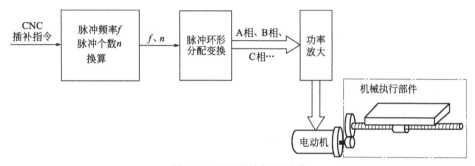

图 1-2　开环进给伺服系统

(2) 半闭环数控机床

半闭环数控机床的进给伺服系统如图 1-3 所示。半闭环数控系统的位置检测点是从驱动电动机(常用交、直流伺服电动机)或丝杠端引出,通过检测电动机和丝杠旋转角度来间接检测工作台的位移量,而不是直接检测工作台的实际位置。由于在半闭环环路内不包括或只包括少量机械传动环节,可获得较稳定的控制性能,其系统稳定性虽不如开环系统,但比闭环要好。另外,在位置环内各组成环节的误差可得到某种程度的纠正,位置环外不能直接消除的如丝杠螺距误差、齿轮间隙引起的运动误差等,可通过软件补偿这类误差来提高运动精度,因此在现代 CNC 机床中得到了广泛应用。

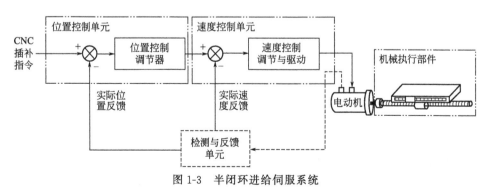

图 1-3　半闭环进给伺服系统

(3) 闭环数控机床

闭环进给伺服系统的位置检测点如图 1-4 中的点画线所示,它直接对工作台的实际位置进行检测。理论上讲，可以消除整个驱动和传动环节的误差、间隙和失动量，具有很高的位置控制精度。但由于位置环内的许多机械传动环节的摩擦特性、刚性和间隙都是非线性的，很容易造成系统不稳定。因此闭环系统的设计、安装和调试都有相当的难度，对其组成环节的精度、刚性和动态特性等都有较高的要求，价格昂贵。这类系统主要用于精度要求很高的镗铣床、超精车床、超精磨床以及较大型的数控机床等。

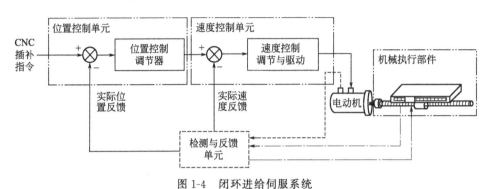

图 1-4　闭环进给伺服系统

1.3.3　按工艺用途（机床类型）分类

（1）切削加工类

即具有切削加工功能的数控机床。在金属切削机床常用的车床、铣床、刨床、磨床、钻床、镗床、插床、拉床、切断机床、齿轮加工机床等中，国内外都开发了数控机床，而且品种分得越来越细。比如，在数控磨床中不仅有数控外圆磨床，数控内圆磨床，集磨外圆、内圆于一机的数控万能磨床，数控平面磨床，数控坐标磨床，数控工具磨床，数控无心磨床，数控齿轮磨床，还有专用或专门化的数控轴承磨床、数控外螺纹磨床、数控内螺纹磨床、数控双端面磨床、数控凸轮轴磨床、数控曲轴磨床、能自动换砂轮的数控导轨磨床（又称导轨磨削中心），还有工艺范围更宽的车削中心、加工中心、柔性制造单元（FMC）等。

（2）成形加工类

此类是指具有通过物理方法改变工件形状功能的数控机床，如数控折弯机、数控冲床、数控弯管机、数控旋压机等。

（3）特种加工类

此类是指具有特种加工功能的数控机床，如数控电火花线切割机床、数控电火花成形机床、带有自动换电极功能的"电加工中心"、数控激光切割机床、数控激光热处理机床、数控激光板料成形机床、数控等离子切割机等。

（4）其他类型

是指一些广义上的数控设备，如数控装配机、数控测量机、机器人等。

1.4　数控加工的特点及应用

1.4.1　数控加工工艺的特点

数控加工自动化程度高、精度高、质量稳定、生产效率高、设备使用费用高，具有以下特点。

(1) 数控加工工艺内容要求具体、详细

如前所述，在用通用机床加工时，许多具体的工艺问题，如工艺中各工步的划分与安排、刀具的几何形状及尺寸、走刀路线、加工余量、切削用量等，在很大程度上都是由操作工人根据自己的实践经验和习惯自行考虑和决定的，一般无需工艺人员在设计工艺规程时进行过多的规定，零件的尺寸精度由试切保证。而在数控加工时，原本在普通机床上由操作工人灵活掌握并可通过适时调整来处理的上述工艺问题，不仅成为数控工艺设计时必须认真考虑的内容，而且编程人员必须事先设计和安排好并做出正确的选择编入加工程序中。数控工艺不仅包括详细描述的切削加工步骤，而且还包括工夹具型号、规格、切削用量和其他特殊要求的内容以及标有数控加工坐标位置的工序图等。在自动编程中更需要确定详细的各种工艺参数。

(2) 数控加工工艺要求更严密、精确

数控机床自适应性较差，它不能像普通机床加工时可以根据加工过程中出现的问题比较自由地进行人为调整。如在攻螺纹时，数控机床不知道孔中是否已挤满切屑，是否需要退刀清理一下切屑再继续进行，这些情况必须事先由工艺员精心考虑，否则可能会导致严重的后果。在普通机床加工零件时，通常是经过多次"试切"来满足零件的精度要求，而数控加工过程是严格按程序规定的尺寸进给的，因此要准确无误。在实际工作中，由于一个小数点或一个逗号的差错而酿成重大机床事故和质量事故的例子屡见不鲜。因此，数控加工工艺设计要求更加严密、精确。

(3) 制订数控加工工艺要进行零件图形的数学处理和编程尺寸设定值的计算

编程尺寸并不是零件图上设计的基本尺寸的简单再现，在对零件图进行数学处理和计算时，编程尺寸设定值要根据零件尺寸公差要求和零件的形状几何关系重新调整计算，才能确定合理的编程尺寸。这是编程前必须要做的一项基本工作，也是制订数控加工工艺要必须进行的分析工作。

(4) 制订数控加工工艺选择切削用量时要考虑进给速度对加工零件形状精度的影响

数控加工时，刀具怎么从起点沿运动轨迹走向终点是由数控系统的插补装置或插补软件来控制的。根据插补原理分析，在数控系统已定的条件下，进给速度越快，则插补精度越低；插补精度越低，工件的轮廓形状精度越差（详细分析见后）。因此，制定数控加工工艺选择切削用量时要考虑进给速度对加工零件形状精度的影响，特别是高精度加工时影响非常明显。

(5) 制订数控加工工艺时要特别强调刀具选择的重要性

复杂型面的加工编程通常要用自动编程软件来实现，由于绝大多数三轴以上联动的数控机床不具有刀具补偿功能，在自动编程时必须先选定刀具再生成刀具中心运动轨迹。若刀具预先选择不当，所编程序将只能推倒重来。

(6) 数控加工工艺的特殊要求

① 由于数控机床较普通机床的刚度高，所配的刀具也较好，因而在同等情况下，所采用的切削用量通常要比普通机床大，加工效率也较高。选择切削用量时要充分考虑这些特点。

② 由于数控机床的功能复合化程度越来越高，因此，工序相对集中是现代数控加工工艺的特点，其明显表现为工序数目少，工序内容多，并且由于在数控机床上尽可能安排较复杂的工序，所以数控加工的工序内容要比普通机床加工的工序内容复杂。

③ 由于数控机床加工的零件比较复杂，因此在确定装夹方式和夹具设计时，要特别注意刀具与夹具、工件的干涉问题。

(7) 数控加工程序的编写、校验与修改是数控加工工艺的一项特殊内容

普通工艺中划分工序选择设备等重要内容对数控加工工艺来说属于已基本确定的内容，所以制订数控加工工艺的着重点在整个数控加工过程的分析，关键在确定进给路线及生成刀具运动轨迹。复杂表面的刀具运动轨迹生成需借助自动编程软件，既是编程问题，当然也是数控加工工艺问题。这也是数控加工工艺与普通加工工艺最大的不同之处。

1.4.2 数控加工的适应性

这里所指的适应性是广义的，不讨论某个具体机床适应加工什么零件。

根据数控加工的优缺点及国内外大量应用实践，一般可按适应程度将零件分为下列三类。

(1) 最适应类

① 形状复杂，加工精度要求高，用通用机床无法加工或虽然能加工但很难保证产品质量的零件。

② 用数学模型描述的复杂曲线或曲面轮廓零件。

③ 具有难测量、难控制进给、难控制尺寸的不开敞内腔的壳体或盒型零件。

④ 必须在一次装夹中合并完成铣、镗、锪、铰或攻螺纹等多工序的零件。

对于上述零件，可以先不要过多地去考虑生产率与经济上是否合理，而首先应考虑能不能把它们加工出来，要着重考虑可能性问题。只要有可能，都应把对其进行数控加工作为优选方案。

(2) 较适应类

较适应数控加工的零件大致有下列几种。

① 在通用机床上加工时极易受人为因素（如情绪波动、体力强弱、技术水平高低等）干扰，零件价值又高，一旦质量失控便造成重大经济损失的零件。

② 在通用机床上加工时必须制造复杂的专用工装的零件。

③ 需要多次更改设计后才能定型的零件。

④ 在通用机床上加工需要做长时间调整的零件。

⑤ 用通用机床加工时，生产率很低或体力劳动强度很大的零件。

这类零件在首先分析其可加工性以后，还要在提高生产率及经济效益方面作全面衡量，一般可把它们作为数控加工的主要选择对象。

(3) 不适应类

根据数控加工的特点及应用实践提示，下列各种零件一般不太适合数控加工。

① 生产批量大的零件（当然不排除其中个别工序用数控机床加工）。

② 装夹困难或完全靠找正定位来保证加工精度的零件。

③ 加工余量很不稳定，且数控机床上无在线检测系统可自动调整零件坐标位置的。

④ 必须用特定的工艺装备协调加工的零件。

因为上述零件采用数控加工后，在生产效率与经济性方面一般无明显改善，更有可能弄巧成拙或得不偿失，故此类零件一般不作为数控加工的选择对象。

参考上述数控加工的适应性，就可以根据本单位拥有的数控机床来选择加工对象，或根据零件类型来考虑哪些应该先安排数控加工，或从技术改造角度考虑，是否要投资添置数控机床。

1.5 数控加工的步骤

利用数控机床完成零件数控加工的过程如图 1-5 所示，主要包括下列步骤。

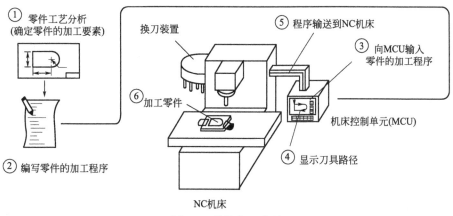

图 1-5 数控加工步骤

① 根据零件加工图样进行工艺分析，确定零件是否适合数控加工，如适合或部分适合数控加工，则确定加工方案、工艺参数和位移数据等。

a. 确定工件数控加工的范围；

b. 在机床上安装工件的方法；

c. 每个加工过程的加工顺序；

d. 所需刀具和加工路径。

② 用规定的程序代码和格式编写零件加工程序单，或用自动编程软件进行（CAD/CAM）编程工作，直接生成零件的加工程序文件。

③ 程序的输入或传输。由手工编写的程序，可以通过数控机床的操作面板输入程序；由编程软件生成的程序，通过计算机的串行通信接口直接传输到数控机床的数控单元（MCU）。

④ 将输入或传输到数控单元的加工程序，进行刀具路径模拟、试运行等。

⑤ 通过对机床的正确操作，运行程序，完成零件的加工。

⑥ 对工件进行精度检验，并根据程序运行情况修改调整程序。

由此可见，数控编程是数控加工的重要步骤。用数控机床对零件进行加工时，首先对零件进行加工工艺分析，以确定加工方法、加工工艺路线；正确地选择数控机床刀具和装卡方法；然后，按照加工工艺要求，根据所用数控机床规定的指令代码及程序格式，将刀具的运动轨迹、位移量、切削参数（主轴转速、进给量、吃刀深度等）以及辅助功能（换刀、主轴正反转、切削液开关等）编写成加工程序单，传送或输入到数控装置中，从而指挥机床加工零件。

1.6 数控技术的现状与发展方向

（1）高速化与高精度化

要实现数控设备高速化，首先要求计算机系统读入加工指令数据后，能高速处理并计算出伺服电机的移动量，并要求伺服电机能高速度地做出反应。为使在极短的时间内达到高速度和在高行程速度情况下保持高定位精度，必须具有高加（减）速度和高精度的位置检测系统和伺服品质。此外，必须使主轴转速、进给率、刀具交换、托板交换等各种关键部分实现高速化，并需重新考虑设备的全部特性，即从基本结构到刀架。

采用32位微处理器，是提高CNC速度的有效手段。当今国内外主要的系统生产厂家都采用了32位微处理器技术，主频速度达几十至上百兆。例如，日本FANUC15/16/18/21系列，在最小设定单位为$1\mu m$下，最大快速进给速度达240m/min。其一个程序段的处理时间可缩短到0.5ms，在连续$1\mu m$微小程序段的移动指令下，能实现的最大进给速度可达120m/min。

在数控设备高速化中，提高主轴转速占有重要地位。高速加工的趋势和因而产生的对高速主轴的需求将继续下去。主轴高速化的手段是采用内装式主轴电机，使主轴驱动不必通过变速箱，而是直接把电机与主轴连接成一体后装入主轴部件，从而可将主轴转速大大提高。日本新泻铁工所的V240立式加工中心主轴转速高达50000r/min，该机床加工一个NAC55钢模具，在普通机床上要9h，而在此机床上用陶瓷刀具加工，只需12～13min。

提高数控设备的加工精度，一般通过减少数控系统的误差和采用补偿技术来达到。在减少CNC系统控制误差方面，通常采用提高数控系统的分辨率，以微小程序段实现连续进给，使CNC控制单位精细化，提高位置检测精度（日本交流伺服电机已装上每转可产生100万个脉冲的内藏位置检测器，其位置检测精度能达到$0.01\mu m$/脉冲）以及位置伺服系统采用前馈控制与非线性控制等方法。

（2）复合化

复合化包含工序复合化和功能复合化，工件在一台设备上一次装夹后，通过自动换刀等各种措施，来完成多工序和多表面的加工。在一台数控设备上能完成多工序切削加工（如车、铣、镗、钻等）的加工中心，可代替多机床和多装夹的加工，既能减少装卸时间，省去工件搬运时间，提高每台机床的能力，减少半成品库存量，又能保证和提高形位精度，从而打破了传统的工序界限和分开加工的工艺规程。

从近期发展趋势看，加工中心主要是通过主轴头的立卧自动转换和数控工作台来完成五面和任意方位上的加工。此外，还出现了与车削或磨削复合的加工中心。现代数控系统控制轴数已达24轴，联动轴数达6轴。

（3）智能化

① 应用适应控制技术。

② 引入专家系统指导加工。

③ 故障自诊断功能。

④ 智能化交流伺服驱动装置。

(4) 高柔性化

柔性是指数控设备适应加工对象变化的能力。数控机床发展到今天，对满足加工对象变化有很强的适应能力，并在提高单机柔性化的同时，朝着单元柔性化和系统柔性化发展。

(5) 小型化与开放式结构

德国 SIEMENS 推出的 SINUMERIK 840D 的体积仅为 50mm×316mm×207mm，被认为是目前世界上最薄的 CNC 装置。

由于数控技术中大量采用计算机的新技术，新一代数控系统体系结构向开放式系统发展。目前，基本上有两种开放的体系结构：一种是基于 PC 机（PC based）的结构，即利用 PC 机主板加运动控制卡组成数控系统。另一种开放体系是通过 CNC 的专用接口与 PC 机通信，通过 PC 机用户可以运行自己的应用软件，FANUC-0i、MAZATROL FUSION 640 等属于这样的系统。

(6) 机床结构创新

未来发展的新概念是，优先考虑操作者的安全与健康；节省耗用能量；采用干式或半干式切削；机床附有切屑处理装置；数字化机械和数字化通信结合；集车、铣、激光加工、磨、测量于一体。机床规格参数达到：主轴转速 100000r/min；主轴加速度 $8g$（g 为重力加速度），切削速度 2Ma（Ma，马赫，1Ma 为 1 倍声速），主轴旋转时同步换刀，转台分度最小为 0.001°，转台转速达 8000r/min，6 轴 5 连动。

2 数控加工工艺基础

数控加工工艺设计是对工件进行数控加工的前期工艺准备工作,无论是手工编程还是自动编程,在编程前都要对所加工的工件进行工艺分析、拟定工艺路线、设计加工工序等工作,因此,合理的工艺设计方案是编制数控加工程序的依据。工艺方面考虑不周是造成数控加工差错的主要原因之一,工艺设计做不好,往往造成工作反复,工作量成倍增加甚至推倒重来。编程人员必须首先搞好工艺设计,然后再考虑编程。

2.1 工件在数控机床上的装夹

在机械加工中,必须使机床、夹具、刀具和工件之间保持正确的相互位置关系,才能加工出合格的零件。这种正确的相互位置关系是通过工件在夹具中的定位与夹紧、夹具在机床上的安装、刀具相对于夹具的调整来确定的。这种工件在夹具中的定位与夹紧的过程称为工件的装夹。用于装夹工件的工艺装备就是机床夹具。

机床夹具在机械加工中的作用:保证加工精度、提高生产率、降低成本、扩大机床的工艺范围、减轻工人的劳动强度。机床夹具由定位元件、夹紧装置、对刀或导向装置、连接元件、夹具体和其他装置或元件组成。

机床夹具的种类很多,按使用机床类型分类,可分为车床夹具、铣床夹具、钻床夹具、镗床夹具、加工中心夹具和其他机床夹具等。按驱动夹具工作的动力源分类,可分为手动夹具、气动夹具、液压夹具、电动夹具、磁力夹具、真空夹具、自夹紧夹具等。按专门化程度分类,可分为通用夹具、专用夹具、组合夹具、可调夹具。

2.1.1 工件定位的基本原理

2.1.1.1 六点定位原理

一个尚未定位的工件,其空间位置是不确定的,均有六个自由度,如图 2-1 所示,即沿空间坐标轴 X、Y、Z 三个方向的移动和绕这三个坐标轴的转动(分别以 $\vec{X}$、$\vec{Y}$、$\vec{Z}$ 和 $\hat{X}$、$\hat{Y}$、$\hat{Z}$ 表示)。

定位,就是限制自由度。如图 2-2 所示的长方体工件,欲使其完全定位,可以设置六个固定点,工件的三个面分别与这些点保持接触,在其底面设置三个不共线的点 1、2、3(构成一个面），限制工件的三个自由度：$\vec{Z}$、$\widehat{X}$、$\widehat{Y}$；侧面设置两个点4、5（成一条线），限制了$\vec{Y}$、$\widehat{Z}$两个自由度；端面设置一个点6，限制$\vec{X}$一个自由度。于是工件的六个自由度便都被限制了。这些用来限制工件自由度的固定点，称为定位支承点，简称支承点。

用合理分布的六个支承点限制工件六个自由度的法则，称为六点定位原理。

在应用"六点定位原理"分析工件的定位时，应注意以下几点。

① 定位支承点限制工件自由度的作用，应理解为定位支承点与工件定位基准面始终保持紧贴接触。若二者脱离，则意味着失去定位作用。

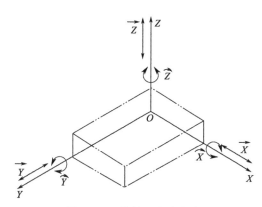
图2-1 工件的六个自由度

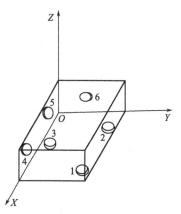
图2-2 长方体形工件的定位

② 一个定位支承点仅限制一个自由度，一个工件仅有六个自由度，所设置的定位支承点数目，原则上不应超过六个。

③ 分析定位支承点的定位作用时，不考虑力的影响。工件的某一自由度被限制，并非指工件在受到使其脱离定位支承点的外力时，不能运动。欲使其在外力作用下不能运动，是夹紧的任务；反之，工件在外力作用下不能运动，即被夹紧，也并非是说工件的所有自由度都被限制了。所以，定位和夹紧是两个概念，绝不能混淆。

2.1.1.2 工件定位中的几种情况

(1) 完全定位

工件的六个自由度全部被限制的定位，称为完全定位。当工件在X、Y、Z三个坐标方向上均有尺寸要求或位置精度要求时，一般采用这种定位方式。

例如在图2-3所示的工件上铣槽，槽宽(20 ± 0.05)mm取决于铣刀的尺寸；为了保证槽底面与A面的平行度和尺寸$60_{-0.2}^{0}$mm两项加工要求，必须限制$\vec{Z}$、$\widehat{X}$、$\widehat{Y}$三个自由度；为了保证槽侧面与B面的平行度和尺寸(30 ± 0.1)mm两项加工要求，必须限制$\vec{X}$、$\widehat{Z}$两个自由度；由于所铣的槽不是通槽，在长度方向上，槽的端部距离工件右端面的尺寸是50mm，所以必须限制$\vec{Y}$自由度。为此，应对工件采用完全定位的方式，选A面、B面和右端面作定位基准。

(2) 不完全定位

根据工件的加工要求，并不需要限制工件的全部自由度，这样的定位，称为不完全定位。

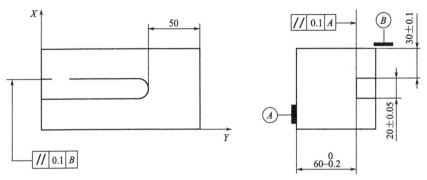

图 2-3 完全定位示例分析

如图 2-4(a) 为在车床上加工通孔，根据加工要求，不需要限制 $\vec{X}$ 和 $\widehat{X}$ 两个自由度，故用三爪卡盘夹持限制其余四个自由度，就能实现四点定位。图 2-4(b) 为平板工件磨平面，工件只有厚度和平行度要求，故只需限制 $\vec{Z}$、$\widehat{X}$、$\widehat{Y}$ 三个自由度，在磨床上采用电磁工作台即可实现三点定位。

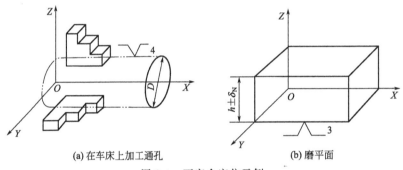

(a) 在车床上加工通孔　　　　(b) 磨平面

图 2-4 不完全定位示例

（3）欠定位

工件定位时，定位元件所能限制的自由度数，少于按加工工艺要求所需限制的自由度，称为欠定位。欠定位无法保证加工精度要求，因此不允许在欠定位情况下进行加工。

如图 2-5 所示，工件在支承 1 和两个圆柱销 2 上定位，按此定位方式，$\vec{X}$ 自由度未被限制，属欠定位。工件在 X 方向上的位置不确定，如图中的双点画线位置，因此钻出孔的位置也不确定，无法保证尺寸 A 的精度。只有在 X 方向设置一个止推销后，工件在 X 方向才能取得确定的位置。

（4）过定位

定位元件的支承点多于所能限制的自由度数，即工件上有某一自由度被两个或两个以上的支承点重复限制的定位，称为过定位，也称重复定位。

图 2-6(a) 为孔与端面联合定位情况，由于大端面限制 $\vec{Y}$、$\widehat{X}$、$\widehat{Z}$ 三个自由度，长销限制 $\vec{X}$、$\vec{Z}$ 和 $\widehat{X}$、$\widehat{Z}$ 四个

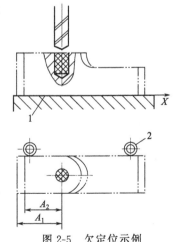

图 2-5 欠定位示例
1—支承；2—圆柱销

自由度，可见 $\vec{X}$ 被两个定位元件重复限制，出现过定位。图 2-6(b) 为平面与两个短圆柱销联合定位情况，平面限制 $\vec{Z}$、$\hat{X}$、$\hat{Y}$ 3 个自由度，两个短圆柱销分别限制 $\vec{X}$、$\vec{Y}$ 和 $\vec{Y}$、$\vec{Z}$ 4 个自由度，则 $\vec{Y}$ 自由度被重复限制，出现过定位。

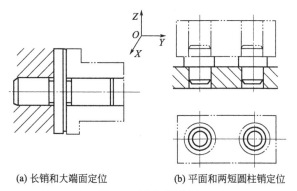

(a) 长销和大端面定位　　(b) 平面和两短圆柱销定位

图 2-6　过定位示例

由于工件与元件都存在误差，无法使工件的定位表面同时与两个进行重复定位的定位元件接触，如果强行夹紧，工件与定位元件将产生变形，甚至损坏。

① 消除过定位的措施　改变定位元件的结构，使定位元件重复限制自由度的部分不起定位作用。

例如将图 2-6(b) 右边的圆柱销改为削边销；对图 2-6(a) 的改进措施见图 2-7，其中图 2-7(a) 是在工件与大端面之间加球面垫圈，图 2-7(b) 将大端面改为小端面，从而避免过定位。

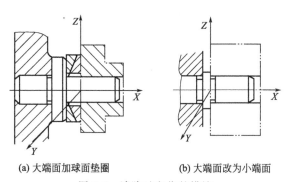

(a) 大端面加球面垫圈　　(b) 大端面改为小端面

图 2-7　消除过定位的措施

② 合理应用过定位　提高工件定位基准之间以及定位元件的工作表面之间的位置精度。图 2-8 所示滚齿夹具，是可以使用过定位这种定位方式的典型实例，其前提是齿坯加工时工艺上已保证了作为定位基准用的内孔和端面具有很高的垂直度，而且夹具上的定位芯轴和支承凸台之间也保证了很高的垂直度。此时，不必刻意消除被重复限制的自由度，利用过定位装夹工件，还提高了齿坯在加工中的刚性和稳定性，有利于保证加工精度，反而可以获得良好的效果。

2.1.2　定位方法与定位基准的选择

工件在夹具中的定位，是通过把定位支承点转化为具有一定结构的定位元件，再将其与

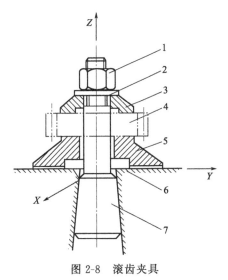

图 2-8 滚齿夹具
1—压紧螺母；2—垫圈；3—压板；4—工件；5—支承凸台；6—工作台；7—芯轴

工件相应的定位基准面相接触或配合而实现的。工件上的定位基准面与相应的定位元件合称为定位副。定位副的选择及其制造精度直接影响工件的定位精度、夹具的工作效率以及使用性能等。定位方法根据定位元件的结构形式不同可分为以下几种方式。

2.1.2.1 工件以平面定位

(1) 支承钉

如图 2-9 所示。当工件以粗糙不平的毛坯面定位时，采用球头支承钉（B型），使其与毛坯良好接触。齿纹头支承钉（C型）用在工件的侧面，能增大摩擦系数，防止工件滑动。当工件以加工过的平面定位时，可采用平头支承钉（A型）。

在支承钉的高度需要调整时，应采用可调支承。可调支承主要用于工件以粗基准面定位，或定位基面的形状复杂，以及各批毛坯的尺寸、形状变化较大时。如图 2-10 是在规格化的销轴端部铣槽，用可调支承 3 轴向定位，达到了使用同一夹具加工不同尺寸的相似件的目的。

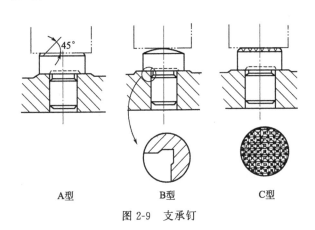

图 2-9 支承钉

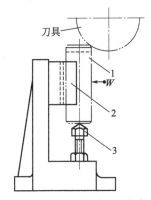

图 2-10 用可调支承加工相似件
1—销轴；2—V形块；3—可调支承

可调支承在一批工件加工前调整一次，调整后需要锁紧，其作用与固定支承相同。在工件定位过程中能自动调整位置的支承称为自位支承。这类支承的工作特点是：支承点的位置能随着工件定位基面的不同而自动调节，定位基面压下其中一点，其余点便上升，直至各点的位置都与工件接触。其作用相当于1个固定支承，只限制1个自由度。由于增加了接触点数，可提高工件的装夹刚度和稳定性，但夹具结构稍复杂，自位支承一般适用于毛面定位或刚性不足的场合。工件因尺寸形状或局部刚度较差，导致其定位不稳或受力变形等时，需增设辅助支承，用以承受工件重力、夹紧力或切削力。辅助支承的工作特点是：待工件定位夹紧后，再调整辅助支承，使其与工件的有关表面接触并锁紧。而且辅助支承是每安装一个工件就调整一次。但此支承不限制工件的自由度，也不允许破坏原有定位。

（2）支承板

工件以精基准面定位时，除采用上述平头支承钉外，还常用图 2-11 所示的支承板作定位元件。A型支承板结构简单，便于制造，但不利于清除切屑，故适用于顶面和侧面定位；B型支承板则易保证工作表面清洁，故适用于底面定位。

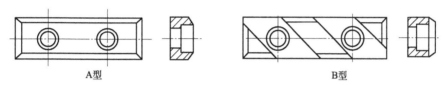

图 2-11 支承板

夹具装配时，为使几个支承钉或支承板严格共面，装配后，需将其工作表面一次磨平，从而保证各定位表面的等高性。

2.1.2.2 工件以圆柱孔定位

套筒类、盘类、杠杆类、拨叉类等零件，常以圆柱孔定位。所采用的定位元件有圆柱销和各种芯轴。这种定位方式的基本特点是：定位孔与定位元件之间处于配合状态，并要求确保孔中心线与夹具规定的轴线相重合。孔定位还经常与平面定位联合使用。

（1）圆柱销

图 2-12 为常用的标准化的圆柱定位销结构。图 2-12(a)～(c) 所示为最简单的定位销，用于不经常需要更换的情况下。图 2-12(d) 所示为带衬套可换式定位销。

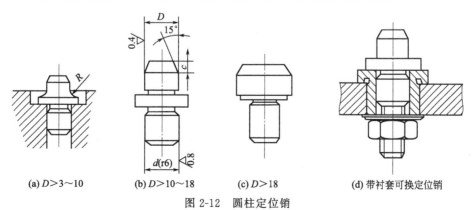

(a) $D>3\sim10$　　(b) $D>10\sim18$　　(c) $D>18$　　(d) 带衬套可换定位销

图 2-12 圆柱定位销

（2）圆柱芯轴

芯轴主要用于套筒类和空心盘类工件的车、铣、磨及齿轮加工。图 2-13 为常用圆柱芯轴的结构形式。其中图 2-13(a) 为间隙配合芯轴，图 2-13(b) 为过盈配合芯轴，图 2-13(c) 是花键芯轴。

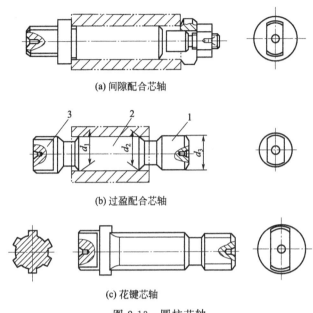

(a) 间隙配合芯轴

(b) 过盈配合芯轴

(c) 花键芯轴

图 2-13　圆柱芯轴

1—引导部分；2—工作部分；3—传动部分

（3）圆锥销

如图 2-14 所示，工件以圆柱孔在圆锥销上定位。孔端与锥销接触，其交线是一个圆，相当于三个止推定位支承，限制了工件的三个自由度（$\vec{X}$、$\vec{Y}$、$\vec{Z}$）。图 2-14(a) 用于粗基准，图 2-14(b) 用于精基准。

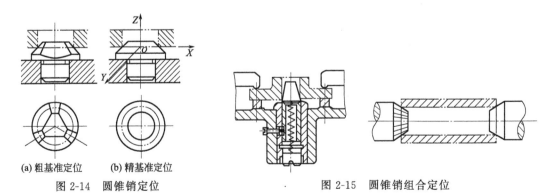

(a) 粗基准定位　(b) 精基准定位

图 2-14　圆锥销定位　　　　　图 2-15　圆锥销组合定位

但是工件以单个圆锥销定位时易倾斜，故在定位时可成对使用，或与其他定位元件联合使用。如图 2-15 采用圆锥销组合定位，均限制了工件的五个自由度。

（4）小锥度芯轴

这种定位方式的定心精度较高，但工件的轴向位移定位误差较大，适用于工件定位孔精度不低于IT7的精车和磨削加工，不能加工端面。

2.1.2.3 工件以圆锥孔定位

（1）圆锥芯轴

圆锥芯轴限制了工件除绕轴线转动自由度以外的其他五个自由度。

（2）顶尖

在加工轴类或某些要求准确定心的工件时，在工件上专为定位加工出工艺定位面——中心孔。中心孔与顶尖配合，即为锥孔与锥销配合。两个中心孔是定位基面，所体现的定位基准是由两个中心孔确定的中心线。如图2-16所示，左中心孔用轴向固定的前顶尖定位，限制了$\vec{X}$、$\vec{Y}$、$\vec{Z}$三个自由度；右中心孔用活动后顶尖定位，与左中心孔一起联合限制了$\hat{Y}$、$\hat{Z}$两个自由度。中心孔定位的优点是定心精度高，还可实现定位基准统一，并能加工出所有的外圆表面。这是轴类零件加工普遍采用的定位方式。

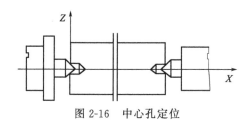

图2-16 中心孔定位

2.1.2.4 工件以外圆柱表面定位

（1）V形架

V形架定位的最大优点是对中性好。即使作为定位基面的外圆直径存在误差，仍可保证一批工件的定位基准轴线始终处在V形架的对称面上，并且使安装方便。见图2-17。

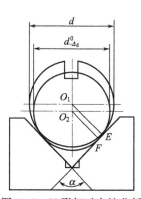

图2-17 V形架对中性分析

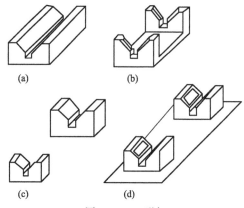

图2-18 V形架

图2-18为常用V形架结构。(a)用于较短的精基准面的定位；(b)和(c)用于较长的或阶梯轴的圆柱面，其中(b)用于粗基准面，(c)用于精基准面；(d)用于工件较长且定位基面直径较大的场合，V形架做成在铸铁底座上镶装淬火钢垫板的结构。

V形架可分为固定式和活动式。固定式V形架在夹具体上的装配，一般用螺钉和两个定位销连接。活动V形架除限制工件一个自由度外,还兼有夹紧作用,其应用见图2-19。

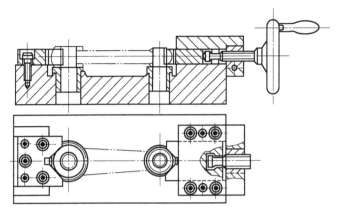

图 2-19 活动V形架应用

(2) 定位套

工件以外圆柱面在圆孔中定位,这种定位方法一般适用于精基准定位,常与端面联合定位。所用定位件结构简单,通常做成钢套装于夹具中,有时也可在夹具体上直接做出定位孔。

工件以外圆柱面定位,有时也可用半圆套或锥套作定位元件。

常见定位元件及其组合所能限制的自由度见表2-1。

表 2-1 常见定位元件能限制的工件自由度

工件定位基面	定位元件	定位简图	定位元件特点	限制的自由度
平面	支承钉		平面组合	$1、2、3—\vec{Z}、\hat{X}、\hat{Y}$ $4、5—\vec{X}、\hat{Z}$ $6—\vec{Y}$
	支承板		平面组合	$1、2—\vec{Z}、\hat{X}、\hat{Y}$ $3—\vec{X}、\hat{Z}$
圆孔	定位销 (芯轴)		短销 (短芯轴)	$\vec{X}、\vec{Y}$
			长销 (长芯轴)	$\vec{X}、\vec{Y}$ $\hat{X}、\hat{Y}$
	菱形销		短菱形销	$\vec{Y}$

续表

工件定位基面	定位元件	定位简图	定位元件特点	限制的自由度
圆孔	菱形销		长菱形销	$\vec{Y}$、$\widehat{X}$
	锥销		单锥销	$\vec{X}$、$\vec{Y}$、$\vec{Z}$
			1—固定锥销 2—活动锥销	$\vec{X}$、$\vec{Y}$、$\vec{Z}$ $\widehat{X}$、$\widehat{Y}$
外圆柱面	支承板或支承钉		短支承板或支承钉	$\vec{Z}$
			长支承板或两个支承钉	$\vec{Z}$、$\widehat{X}$
	V形架		窄V形架	$\vec{X}$、$\vec{Z}$
			宽V形架	$\vec{X}$、$\vec{Z}$ $\widehat{X}$、$\widehat{Z}$
	定位套		短套	$\vec{X}$、$\vec{Z}$
			长套	$\vec{X}$、$\vec{Z}$ $\widehat{X}$、$\widehat{Z}$
	半圆套		短半圆套	$\vec{X}$、$\vec{Z}$
			长半圆套	$\vec{X}$、$\vec{Z}$ $\widehat{X}$、$\widehat{Z}$
	锥套		单锥套	$\vec{X}$、$\vec{Y}$、$\vec{Z}$
			1—固定锥套 2—活动锥套	$\vec{X}$、$\vec{Y}$、$\vec{Z}$ $\widehat{X}$、$\widehat{Z}$

2.1.2.5 组合表面定位

以上所述定位方法，多为以单一表面定位。实际上，工件往往是以两个或两个以上的表面同时定位的，即采取组合定位方式。

组合定位的方式很多，生产中最常用的就是"一面两孔"定位。如加工箱体、杠杆、盖板等。这种定位方式简单、可靠、夹紧方便，易于做到工艺过程中的基准统一，保证工件的相互位置精度。

工件采用一面两孔定位时，定位平面一般是加工过的精基面，两孔可以是工件结构上原有的，也可以是为定位需要专门设置的工艺孔。相应的定位元件是支承板和两定位销。图 2-20 所示为某箱体镗孔时以一面两孔定位的示意图。支承板限制工件 $\vec{Z}$、$\hat{X}$、$\hat{Y}$ 三个自由度；短圆柱销 1 限制工件的 $\vec{X}$、$\vec{Y}$ 两个自由度；短圆柱销 2 限制工件的 $\vec{X}$、$\vec{Z}$ 两个自由度。可见 $\vec{X}$ 被两个圆柱销重复限制，产生过定位现象，严重时将不能安装工件。

一批工件定位可能出现干涉的最坏情况为：孔心距最大，销心距最小，或者反之。为使工件在两种极端情况下都能装到定位销上，可把短圆柱销 2 上与工件孔壁相碰的那部分削去，即做成削边销。图 2-21 所示为削边销的形成机理。

为保证削边销的强度，一般多采用菱形结构，故又称为菱形销。图 2-22 所示为常用削边销结构。

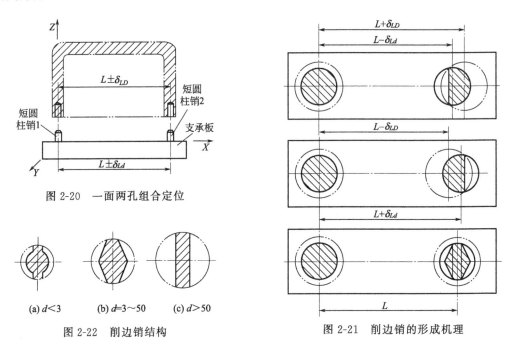

图 2-20 一面两孔组合定位

(a) $d<3$　(b) $d=3\sim50$　(c) $d>50$

图 2-22 削边销结构

图 2-21 削边销的形成机理

安装削边销时，削边方向应垂直于两销的连心线。

其他组合定位方式还有以一孔及其端面定位（齿轮加工中常用），有时还会采用 V 形导轨、燕尾导轨等组合成形表面作为定位基面。

2.1.3 工件的夹紧

机械加工过程中，为保证工件在定位时所确定的正确加工位置，防止工件在切削力、惯性力、离心力或重力等作用下发生位移和振动，必须将工件夹紧。这种将工件压紧夹牢的机构称为夹紧装置。

2.1.3.1 夹紧装置的组成及基本要求

机械加工过程中，工件会受到切削力、离心力、重力、惯性力等的作用，在这些外力作用下，为了使工件仍能在夹具中保持已由定位元件所确定的加工位置，而不致发生振动或位移，保证加工质量和生产安全，一般夹具结构中都必须设置夹紧装置将工件可靠夹牢。

(1) 夹紧装置的组成

典型的夹紧装置由两个基本部分组成。

① 力源装置 提供原始夹紧力 Q 的力源装置。常用力源装置有：液压装置、气压装置、电磁装置、电动装置、气-液联动装置和真空装置等。以人力为力源时，称为手动夹紧，没有力源装置。

② 夹紧机构 夹紧机构是指除力源以外用于夹紧的机构和元件。典型的夹紧机构又可分解为以下两部分。

a. 夹紧元件：是指夹紧装置的终端执行元件，它与工件直接接触，并施以夹紧力 Q 而实现夹紧。

b. 中间递力机构：是指介于力源与夹紧元件之间，起传递增力作用的机构。此机构在传递夹紧力的过程中，起着改变力的大小、改变力的方向和自锁作用。

图 2-23 所示为铣床夹具上的气压夹紧装置。其中，配气阀 6、气缸体 4、活塞 5、活塞杆 3 等组成了气压力源装置，连杆 2 是力的传递机构，压板 1 是执行元件，它们共同组成了铰链压板夹紧机构。

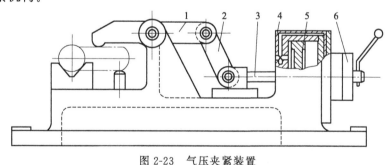

图 2-23 气压夹紧装置

1—压板；2—连杆；3—活塞杆；4—气缸体；5—活塞；6—配气阀

(2) 对夹具装置的要求

必须指出，夹紧装置的具体组成并非一成不变，需根据工件的加工要求、安装方法和生产规模等条件来确定。但无论其组成如何，都必须满足以下基本要求。

① 夹紧时应保持工件定位后所占据的正确位置。

② 夹紧力大小要适当。夹紧机构既要保证工件在加工过程中不产生松动或振动。同时，又不得产生过大的夹紧变形和表面损伤。

③ 夹紧机构的自动化程度和复杂程度应和工件的生产规模相适应,并有良好的结构工艺性,尽可能采用标准化元件。

④ 夹紧动作要迅速、可靠,且操作要方便、省力、安全。

(3) **夹紧力三要素确定**

设计夹紧机构,必须首先合理确定夹紧力的三要素:大小、方向和作用点。

① 夹紧力方向的确定　确定夹紧力作用方向时,应与工件定位基准的配置及所受外力的作用方向等结合起来考虑。其确定原则如下。

a. 夹紧力的作用方向应垂直于主要定位基准面。

图 2-24 所示直角支座以 A、B 面定位镗孔,要求保证孔中心线垂直于 A 面。为此应选择 A 面为主要定位基准,夹紧力 Q 的方向垂直于 A 面。这样,无论 A 面与 B 面有多大的垂直度误差,都能保证孔中心线与 A 面垂直。否则,如图 2-24(b) 所示夹紧力方向垂直于 B 面,则因 A、B 面间有垂直度误差($\alpha>90°$ 或 $\alpha<90°$),镗出的孔不垂直于 A 面而可能报废。

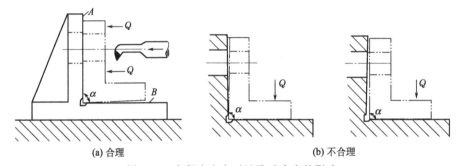

图 2-24　夹紧力方向对镗孔垂直度的影响

b. 夹紧力作用方向应使所需夹紧力最小。

这样可使机构轻便、紧凑,工件变形小,对手动夹紧可减轻工人劳动强度,提高生产效率。为此,应使夹紧力 Q 的方向最好与切削力 F、工件的重力 G 的方向重合,这时所需要的夹紧力为最小。

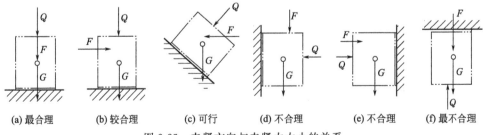

图 2-25　夹紧方向与夹紧力大小的关系

图 2-25 表示了 F、G、Q 三力不同方向之间关系的几种情况。显然,图 2-25(a) 最合理,图 2-25(f) 情况为最差。

c. 夹紧力作用方向应使工件变形最小。

由于工件不同方向上的刚度是不一致的,不同的受力表面也因其接触面积不同而变形各异,尤其在夹紧薄壁工件时,更需注意。

如图 2-26 所示套筒，用三爪自定心卡盘夹紧外圆，显然要比用特制螺母从轴向夹紧工件的变形大得多。

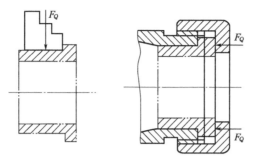

图 2-26　夹紧力方向与工件刚性关系

② 夹紧力作用点的确定　选择作用点的问题是指在夹紧方向已定的情况下，确定夹紧力作用点的位置和数目。应依据以下原则。

a. 夹紧力作用点应落在支承元件上或几个支承元件所形成的支承面内。

如图 2-27(a) 所示，夹紧力作用在支承面范围之外，会使工件倾斜或移动；而图 2-27(b) 则是合理的。

b. 夹紧力作用点应落在工件刚性好的部位上。

如图 2-28 所示，将作用在壳体中部的单点改成在工件外缘处的两点夹紧，工件的变形大为改善，且夹紧也更可靠。该原则对刚度差的工件尤其重要。

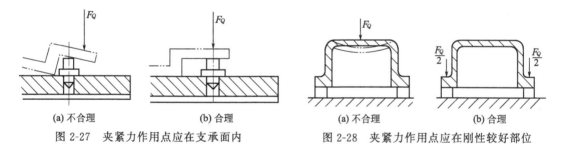

图 2-27　夹紧力作用点应在支承面内　　　　图 2-28　夹紧力作用点应在刚性较好部位

c. 夹紧力作用点应尽可能靠近被加工表面，以减小切削力对工件造成的翻转力矩。

必要时应在工件刚性差的部位增加辅助支承并施加夹紧力，以免振动和变形。如图 2-29 所示，支承 a 尽量靠近被加工表面，同时给予夹紧力 Q_2。这样翻转力矩小又增加了工件的刚性，既保证了定位夹紧的可靠性，又减小了振动和变形。

③ 夹紧力大小的确定　夹紧力大小要适当，过大了会使工件变形，过小了则在加工时工件会松动，造成报废甚至发生事故。采用手动夹紧时，可凭人力来控制夹紧力的大小，一般不需要算出所需夹紧力的确切数值，只是必要时进行概略的估算。

当设计机动（如气动、液压、电动等）夹紧

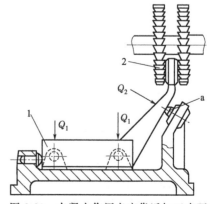

图 2-29　夹紧力作用点应靠近加工表面

装置时，则需要计算夹紧力的大小，以便决定动力部件（如气缸、液压缸直径等）的尺寸。

进行夹紧力计算时，通常将夹具和工件看作一刚性系统，以简化计算。根据工件在切削力、夹紧力（重型工件要考虑重力，高速时要考虑惯性力）作用下处于静力平衡，列出静力平衡方程式，即可算出理论夹紧力，再乘以安全系数，作为所需的实际夹紧力。实际夹紧力一般比理论计算值大 2～3 倍。

夹紧力三要素的确定，是一个综合性问题。必须全面考虑工件的结构特点、工艺方法、定位元件的结构和布置等多种因素，才能最后确定并具体设计出较为理想的夹紧机构。

2.1.3.2 典型夹紧机构

(1) 楔块夹紧

楔块夹紧是夹紧机构中最基本的一种形式。其他一些夹紧如偏心轮、螺钉等都是这种楔块的变型。图 2-30 所示为楔块夹紧钻模。

楔块夹紧的工作特点如下。

① 楔块的自锁性。当原始力 Q 一旦消失或撤除后，夹紧机械在纯摩擦力的作用下，仍应保持其处于夹紧状态而不松开，以保证夹紧的可靠性。楔块的自锁条件为：$\alpha \leqslant \varphi_1 + \varphi_2$。为保证自锁可靠，取 $\alpha = 5° \sim 7°$。

② 楔块能改变夹紧作用力的方向。

③ 楔块具有增力作用，增力比 $i = Q/F \approx 3$。

④ 楔块夹紧行程小。

⑤ 结构简单，夹紧和松开需要敲击大、小端，操作不方便。

对于楔块夹紧，由于增力比、行程大小和自锁条件是相互制约的，故在确定楔块升角 α 时，应兼顾三者在不同条件下的实际需要。当机构既要求自锁，又要有较大的夹紧行程时，可采用双斜面楔块（见图 2-31），前部大升角用于夹紧前的快速行程，后部小升角保证自锁。

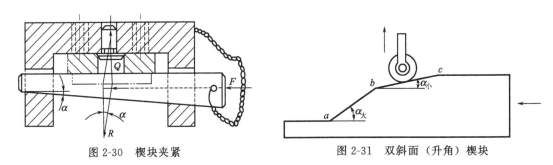

图 2-30　楔块夹紧　　　　图 2-31　双斜面（升角）楔块

单一楔块夹紧机构夹紧力和增力比均较小且操作不便，夹紧行程也难满足实际需要，因此很少使用，通常用于机动夹紧或组合夹紧机构中。楔块一般用 20 钢渗碳淬火达到 58～62HRC，有时也用 45 钢淬硬至 42～46HRC。

(2) 螺旋夹紧机构

将楔块的斜面绕在圆柱体上就成为螺旋面，因此螺旋夹紧的作用原理与楔块相同。

图 2-32 是最简单的单螺旋夹紧机构。夹具体上装有螺母 2，转动螺杆 1，通过压块 4 将工件夹紧。螺母为可换式，螺钉 3 防止其转动。压块可避免螺杆头部与工件直接接触，夹紧

时带动工件转动，并造成压痕。

螺旋夹紧的工作特点如下。

① 自锁性能好。

通常采用标准的夹紧螺钉，螺旋升角 α 甚小，如 M8～M48 的螺钉，$\alpha=1°50'\sim3°10'$，远小于摩擦角，故夹紧可靠，保证自锁。

② 增力比大（$i\approx75$）。

③ 夹紧行程调节范围大。

④ 夹紧动作慢、工件装卸费时。

由于螺旋夹紧具有以上特点，很适用于手动夹紧，在机动夹紧机构中应用较少。针对其夹紧动作慢、辅助时间长的缺点，通常采用各种形式的快速夹紧机构，在实际生产中，螺旋-压板组合夹紧比单螺旋夹紧用得更为普遍。

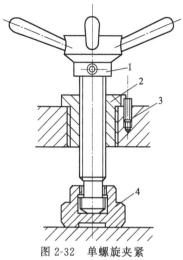

图 2-32　单螺旋夹紧

1—螺杆；2—螺母；3—螺钉；4—压块

（3）偏心夹紧

图 2-33(a) 所示为直径为 D、偏心距为 e 的偏心轮。偏心轮可以看作是一个绕在转轴上的弧形楔（图中径向影线部分）。将偏心轮上起夹紧作用的廓线展开，如图 2-33(b) 所示，则可知圆偏心实质是一曲线斜楔，夹紧的最大行程为 $2e$，曲线上各点的升角不相等，P 点升角最大则夹紧力最小，但 P 点附近升角变化小，因而夹紧比较稳定。

① 圆偏心夹紧的自锁条件：$D/e\geqslant14$。D/e 值叫做偏心轮的偏心特性，表示偏心轮工作的可靠性，此值大，自锁性能好，但结构尺寸也大。

② 增力比：$i=12\sim13$。

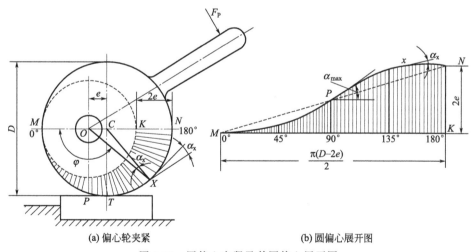

(a) 偏心轮夹紧　　(b) 圆偏心展开图

图 2-33　圆偏心夹紧及其圆偏心展开图

偏心夹紧的主要优点是操作方便，动作迅速，结构简单，其缺点是工作行程小，自锁性不如螺旋夹紧好，结构不耐振，适用于切削平稳且切削力不大的场合，常用于手动夹紧机构。由于偏心轮带手柄，所以在旋转的夹具上不允许用偏心夹紧机构，以防误操作。

(4) 联动夹紧机构

联动夹紧机构是操作一个手柄或用一个动力装置在几个夹紧位置上同时夹紧一个工件（单件多位夹紧）或夹紧几个工件（多件多位夹紧）的夹紧机构。根据工件的特点和要求，为了减少工件装夹时间，提高生产率，简化结构，常采用联动夹紧机构。

在设计联动夹紧机构时应注意的问题如下。

① 必须设置浮动环节，以补偿同批工件尺寸偏差的变化，保证同时且均匀地夹紧工件。

② 联动夹紧一般要求有较大的总夹紧力，故机构要有足够刚度，防止夹紧变形。

③ 工件的定位和夹紧联动时，应保证夹紧时不破坏工件在定位时所取得的位置。

(5) 定心夹紧机构

当工件被加工面以中心要素（轴线、中心平面等）为工序基准时，为使基准重合以减少定位误差，需采用定心夹紧机构。

定心夹紧机构是指能保证工件的对称点（或对称线、面）在夹紧过程中始终处于固定准确位置的夹紧机构。它的特点是：夹紧机构的定位元件与夹紧元件合为一体，并且定位和夹紧动作是同时进行的。

定心夹紧机构按其工作原理分为两种类型：一种是按定位夹紧元件等速移动原理来实现定心夹紧的，三爪自定心卡盘就是典型实例；另一种是按定位夹紧元件均匀弹性变形原理来实现定心夹紧的机构，如弹簧夹筒、膜片卡盘、液性塑料等。

2.2 数控加工工艺概述

通过本节学习，可以了解编制数控加工工艺时应注意的问题，了解数控加工工艺所包含的主要内容，并具备正确分析零件加工工艺的技能。

2.2.1 编制数控加工工艺应注意的问题

① 审查零件图的工艺及加工尺寸精度要求。
② 分析加工零件的工艺性。
③ 其他工序的技术条件对数控工序的影响。
④ 熟悉数控加工设备的性能。
⑤ 加工尺寸精度
⑥ 夹具。
⑦ 刀具。
⑧ 编制加工工艺时应注意的检测问题。
⑨ 借鉴相关类似的加工工艺方法。

2.2.1.1 对零件图的工艺审查

对零件图的工艺审查主要是审查该零件的加工工艺性，主要内容有以下几方面。

① 加工尺寸的精度，包括形状和位置公差（以下简称形位公差）。

② 加工几何形状的工艺性，是否存在加工工艺窄口（如：表面粗糙度，变形，材料较硬，窄槽，薄壁，不容易测量，零件的刚性）。

③ 检测：用通用量具的可测性。
④ 设计基准是否合理。
⑤ 组合加工的技术要求。
⑥ 零件热处理和表面处理的技术条件对精加工的影响。

如果在零件图中有不合理和要求过高的地方，在不影响产品质量和性能的条件下，设计人员可以进行更改，从而改善零件的加工性。

2.2.1.2 加工零件的工艺性分析

工艺分析有两种，一种是对加工工序进行工艺分析，另一种是对整个零件进行工艺分析。内容如下：

① 通过工艺分析，制定加工方案，编制加工工艺流程。
② 提出或发现问题，制定解决问题的方法和措施（如：加工尺寸精度、装夹定位、加工过程中易变形、检测、刀具、基准转换和工序间相应连接的技术条件问题）。
③ 整个零件在加工过程中所使用的刀具、夹具、量具及辅具（这里包括通用的工具和专用工具）。
④ 测量方法的制定（一是用量具直接测量，二是间接测量，三是在线测量，四是工艺保证，五是加工完后用仪器测量）。
⑤ 加工过程中的辅助条件。

2.2.1.3 其他工序的技术条件对数控工序的影响

一个几何形状复杂、加工精度要求高的零件，在粗加工、半精加工和精加工3个阶段中，有许多道加工工序，其中有普通加工工序，也有数控加工工序以及热处理工序，这些工序相互穿插进行。这时应特别注意其他工序的技术条件对数控工序的影响（如：其他工序给数控工序准备的装夹定位基准面和孔的尺寸精度、形位公差、余量的大小和热处理的变形等）。

2.2.1.4 熟悉数控加工设备的性能

在加工高精度零件，精度等级在IT6～IT8级，形位公差在0.01～0.03时，对数控机床的了解是很有必要的，作为使用者应了解数控机床以下几个方面的特点。

① 数控机床的几何精度（见出厂检测报告）。它主要影响加工零件的形位公差。
② 数控机床的定位精度和重复定位精度（见出厂检测报告）。它们主要影响加工尺寸精度和加工尺寸的一致性。
③ 数控机床附加轴的几何精度、定位精度和重复定位精度（如：数控车床的A轴、立式加工中心和卧式加工中心工作转台等）。这些因素同样影响加工零件的尺寸精度和形位公差精度。
④ 了解各种数控机床工作台的装夹和定位结构形状以及空间尺寸。这对设计专用夹具和使用组合夹具都非常有用。
⑤ 熟练掌握数控机床的操作和编程方法。

2.2.1.5 加工尺寸精度

在分析加工尺寸精度时应注意如下几点。

① 所使用的加工设备在精度上满足零件的加工需要。
② 对用来定位和作为基准使用的面和孔，可以适当提高加工精度。
③ 为了满足组合件的装配精度，在单件加工零件时要进行公差分配，加工工艺好的零件精度可适当提高，对于加工工艺性差的零件精度可适当降低。
④ 当基准转换后，有些尺寸公差要进行尺寸链计算。
⑤ 在定位和装夹可靠的情况下，或切削要素选择正确的情况下，许多形位公差是由设备和工艺保证的。
⑥ 装配后以及零件加工完，因测量的需要，基准支承面、找正面、找正孔等应与加工基准有尺寸关系，加工精度应比零件精度高。

2.2.1.6 夹具

① 数控车床所用的专用夹具大致分为四类，一是自动夹具如气动和液压夹具，二是手动夹具，三是组合夹具，四是一次性自身加工使用的夹具（用于高精度零件的加工）。另外就是与主轴配套的夹管。夹具设计与普通机床所用的夹具一样，只是与主轴连接部分有所不同。在这里应注意一点，那就是随着机床加工性能的提高和加工范围的扩大，夹具的用量越来越少，夹具的结构也越来越简单。

② 加工中心和数控铣床所用的专用夹具和普通铣床、镗床用的夹具一样。在大批量生产时用自动夹具和转换夹具，在单件和小批量生产时用手动夹具。但大部分工厂还是以组合夹具为主。应当注意的是卧式加工中心在加工时，一次装夹可以加工多个面，所以在设计夹具时要充分考虑干涉问题。

2.2.1.7 刀具

刀具的选择和使用主要根据零件的加工内容和生产现场条件。

薄壁和沟槽在零件的几何图中只是局部形状。用铣削的方法加工高精度尺寸的零件难度很大，因为此类零件的加工工艺性差。

在加工薄壁和沟槽时要考虑如下问题和方法。
① 刀具的旋转直径（用试切法确定）。
② 刀具要锋利，刃带倒锥。
③ 测量方法。
④ 改善结构，增加强度。
⑤ 防止振动，添加阻尼材料（橡胶泥、硅橡胶）。
⑥ 镗、铣结合。
⑦ 分层加工，从上而下。
⑧ 粗、精加工分开，充分引用刀具半径补偿。
⑨ 切削参数选择合理。
⑩ 对称加工。

2.2.1.8 编制加工工艺时应注意的检测问题

① 在加工中对孔、轴、槽、深度、高度、长方形的凸凹台等，都可以用专用量具和通用量具直接测量。但位置尺寸在加工中就很难用通用量具测量（位置尺寸如：多台阶的距

离、多槽的距离、孔距等)。这时操作者应会用千分杠杆表和机床手动方式对位置尺寸自检。

② 对形位公差的测量。由于数控车床和加工中心的难易程度不同，所测的项目也不同。

对数控车床来讲，形位公差可以通过打表来自检，唯一不好测量的就是轮廓精度。对加工中心来讲，形位公差测量的难度较大，如轮廓度、同轴度、平面度和圆柱度等。

2.2.1.9 借鉴相关类似加工工艺方法

① 车床加工方法与数控车床加工方法的关系。

② 铣削加工方法、镗削加工方法与加工中心加工方法的关系。

合理确定数控加工工艺对保证数控加工质量，做到高效和经济加工具有极为重要的作用。因此，要选择合适的机床、刀具、夹具、走刀路线及切削用量等，对工件进行详细的工艺分析，拟定合理的加工方案。

2.2.2 数控加工工艺的基本特点

在设计零件的数控加工工艺时，首先要遵循普通加工工艺的基本原则和方法，同时还必须考虑数控加工本身的特点和零件编程要求。主要基本特点有以下几方面。

(1) 必须事先设计好工艺问题

在加工之前必须对工件加工部位、加工顺序、刀具配置与使用顺序、刀具轨迹、切削参数等方面进行详细的分析和设计，具体到每一次走刀路线和每一个操作细节。这与普通机床加工有较大的区别，在普通机床加工时许多工艺问题可以由操作工人在加工中灵活掌握并通过适时调整来处理，而在数控加工中就必须由编程人员事先具体设计和明确安排。

(2) 数控加工工艺设计应十分准确而严密

在数控加工的工艺设计中必须注意加工过程中的每一个细节，尤其是对图形进行数学处理、计算和编程时必须准确无误。否则，可能会出现重大机械事故和质量事故。编程人员除了必须具有扎实的工艺知识和丰富的实际工作经验外，还必须具有耐心、细致的工作作风和高度的工作责任感。

(3) 可以加工复杂的表面

数控加工可以加工复杂表面、特殊表面或有特殊要求的表面，并且其加工质量与生产效率非常高。在工件的一次装夹中可以完成多个表面的多种加工，甚至可在工作台上装夹几个相同或相似的工件进行加工，从而缩短了加工工艺路线和生产周期，减少了加工设备、工艺装备和工件的运输工作量。

(4) 工艺装备先进

为了满足数控加工中高质量、高效率和高柔性的要求，数控加工中广泛采用先进的数控刀具、组合夹具等工艺装备。

2.2.3 数控加工工艺的主要内容

根据实际应用需要，数控加工工艺主要包括以下内容。

① 确定数控机床加工的工件和内容。

② 对零件图样进行工艺分析，确定加工内容及技术要求。

③ 具体设计数控加工工序，如工步的划分、工件的定位与夹具的选择、刀具的选择和切削用量的确定等。

④ 选择对刀点、换刀点的位置，确定加工路线，确定刀具补偿、加工余量。

⑤ 数控加工工艺文件整理和归档。

2.3 数控加工工艺规程的制订

数控加工工艺是数控编程与操作的基础，合理的工艺是保证数控加工质量、发挥数控机床效能的前提条件。数控加工工艺规程主要内容包括：毛坯的确定、定位基准的选择、工艺路线的拟订、加工余量的确定、工序尺寸的计算、切削用量的确定等。设计者应根据从生产实践中总结出来的一些综合性工艺原则，结合本厂的实际生产条件，提出几种方案，通过对比分析，从中选择最佳方案。

2.3.1 毛坯种类及选择

在制订机械加工工艺规程时，正确选择合适的毛坯，对零件的加工质量、材料消耗和加工工时都有很大的影响。显然毛坯的尺寸和形状越接近成品零件，机械加工的劳动量就越少，但是毛坯的制造成本就越高，所以应根据生产纲领，综合考虑毛坯制造和机械加工的费用来确定毛坯，以求得最好的经济效益。

2.3.1.1 毛坯的种类

毛坯是根据零件所要求的形状、工艺尺寸等而制成的供进一步加工用的生产对象。机械加工中常用的毛坯类型有下述几种。

（1）铸件

铸件适用于形状较复杂的零件毛坯。其铸造方法有砂型铸造、精密铸造、金属型铸造、压力铸造等。较常用的是砂型铸造，当毛坯精度要求低、生产批量较小时，采用木模手工造型法；当毛坯精度要求高、生产批量很大时，采用金属型机器造型法。铸件材料有铸铁、铸钢及铜、铝等有色金属。

（2）锻件

锻件适用于强度要求高、形状比较简单的零件毛坯。其锻造方法有自由锻和模锻两种。自由锻毛坯精度低、加工余量大、生产率低，适用于单件小批生产以及大型零件毛坯。模锻毛坯精度高、加工余量小、生产率高，但成本也高，适用于中小型零件毛坯的大批大量生产。

（3）型材

型材有热轧和冷拉两种。热轧适用于尺寸较大、精度较低的毛坯；冷拉适用于尺寸较小、精度较高的毛坯。

（4）焊接件

焊接件是根据需要将型材或钢板等焊接而成的毛坯件，它简单方便，生产周期短，但需经时效处理后才能进行机械加工。

(5) 冷冲压件

冷冲压件毛坯可以非常接近成品要求,在小型机械、仪表、轻工电子产品方面应用广泛。但因冲压模具昂贵而仅用于大批大量生产。

2.3.1.2 毛坯选择时应考虑的因素

(1) 零件的材料及力学性能要求

零件材料的工艺特性和力学性能大致决定了毛坯的种类。例如铸铁零件用铸造毛坯;钢质零件当形状较简单且力学性能要求不高时常用棒料,对于重要的钢质零件,为获得良好的力学性能,应选用锻件,当形状复杂、力学性能要求不高时用铸钢件;有色金属零件常用型材或铸造毛坯。

(2) 零件的结构形状与外形尺寸

大型且结构较简单的零件毛坯多用砂型铸造或自由锻;结构复杂的毛坯多用铸造;小型零件可用模锻件或压力铸造毛坯;板状钢质零件多用锻件毛坯;轴类零件的毛坯,若台阶直径相差不大,可用棒料;若各台阶尺寸相差较大,则宜选择锻件。

(3) 生产纲领的大小

大批大量生产中,应采用精度和生产率都较高的毛坯制造方法。铸件采用金属模机器造型和精密铸造,锻件用模锻或精密锻造。在单件小批生产中用木模手工造型或自由锻来制造毛坯。

(4) 现有生产条件

确定毛坯时,必须结合具体的生产条件,如现场毛坯制造的实际水平和能力、外协的可能性等,否则就不现实。

(5) 充分利用新工艺、新材料

为节约材料和能源,提高机械加工生产率,应充分考虑精密铸造、精锻、冷轧、冷挤压、粉末冶金、异型钢材及工程塑料等在机械中的应用,这样,可大大减少机械加工量,甚至不需要进行加工,经济效益非常显著。

2.3.1.3 毛坯的形状与尺寸

现代机械制造发展的趋势之一是精化毛坯,使毛坯形状和尺寸尽量接近零件,从而实现少屑甚至无屑加工。但由于毛坯制造技术和设备投资的经济性等方面的原因,目前毛坯表面仍留有加工余量,并通过机械加工使零件达到质量要求。毛坯制造尺寸与零件相应尺寸的差值称为毛坯加工余量,毛坯制造尺寸的公差称为毛坯公差。毛坯加工余量和毛坯公差与毛坯制造方法、零件尺寸、材质等有关,生产中可参阅有关机械加工工艺手册选取。

确定毛坯的形状与尺寸的步骤如下:在毛坯制造方法已确定的前提下,通过查工艺手册,首先选取毛坯加工余量和毛坯公差,其次将毛坯加工余量叠加在零件的相应加工表面上,从而计算出毛坯尺寸,最后按对称形式标注毛坯的尺寸与公差。在决定毛坯形状时,还需要考虑加工工艺对毛坯形状的影响。例如有时为使零件在加工中装夹方便,在其毛坯上做出工艺凸台。所谓工艺凸台,是指为了满足工艺的需要而在工件上增设的凸台,如图

2-34(a)所示，零件加工后一般应将其切除。有时将分离的零件做成一个毛坯，使其易于加工，并确保加工质量。如图 2-34(b) 所示，机床丝杠的开合螺母，将其毛坯做成整体，待加工到一定阶段后才切割分离开。

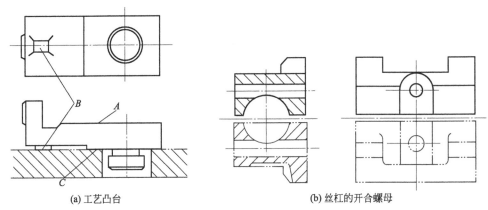

(a) 工艺凸台　　　　　　　　　　　(b) 丝杠的开合螺母

图 2-34　毛坯形状

2.3.2　定位基准的选择

在制订工艺规程时，定位基准选择的正确与否，对能否保证零件的尺寸精度和相互位置精度要求，以及对零件各表面间的加工顺序安排都有很大影响，当用夹具安装工件时，定位基准的选择还会影响到夹具结构的复杂程度。因此，定位基准的选择是一个很重要的工艺问题。

选择定位基准时，是从保证工件加工精度要求出发的，因此，定位基准的选择应先选择精基准，再选择粗基准。各工序定位基准的选择，影响着加工精度、工艺流程、夹具的结构及实现流水线、自动线的可能性。因此，要通盘考虑各方面的因素，选择一种合理的定位方案。这是制订机械加工工艺规程的又一重要问题。

选择定位基准时，一般是先看用哪些表面为基准能最好地把各个表面都加工出来，然后再考虑选择哪个表面为粗基准来加工被选为精基准的表面。

2.3.2.1　精基准的选择原则

选择精基准时，主要应考虑保证加工精度和工件安装方便可靠。其选择原则如下。

(1) 基准重合原则

即选用设计基准作为定位基准，以避免定位基准与设计基准不重合而引起的基准不重合误差。

图 2-35 所示的零件，设计尺寸为 a 和 c，设顶面 B 和底面 A 已加工好（即尺寸 a 已经保证），现在用调整法铣削一批零件的 C 面。为保证设计尺寸 c，以 A 面定位，则定位基准 A 与设计基准 B 不重合，见图 2-35(b)。由于铣刀是相对于夹具定位面（或机床工作台面）调整的，对于一批零件来说，刀具调整好后位置不再变动。加工后尺寸 c 的大小除受本工序加工误差（Δ_j）的影响外，还与上道工序的加工误差（T_a）有关。这一误差是由于所选的定位基准与设计基准不重合而产生的，这种定位误差称为基准不重合误差。它的大小等于设

计（工序）基准与定位基准之间的联系尺寸 a（定位尺寸）的公差 T_a。

从图 2-35(c) 中可看出，欲加工尺寸 c 的误差包括 Δ_j 和 T_a，为了保证尺寸 c 的精度，应使：

$$\Delta_j + T_a \leqslant T_c$$

显然，采用基准不重合的定位方案，必须控制该工序的加工误差和基准不重合误差的总和不超过尺寸 c 公差 T_c。这样既缩小了本道工序的加工允差，又对前面工序提出了较高的要求，使加工成本提高，当然是应当避免的。所以，在选择定位基准时，应当尽量使定位基准与设计基准相重合。

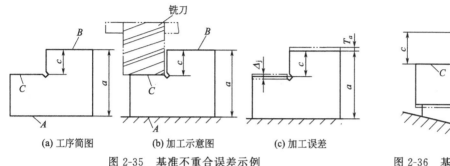

(a) 工序简图　　(b) 加工示意图　　(c) 加工误差

图 2-35　基准不重合误差示例　　　　图 2-36　基准重合安装示意

如图 2-36 所示，以 B 面定位加工 C 面，使得基准重合，此时尺寸 a 的误差对加工尺寸 c 无影响，本工序的加工误差只需满足 $\Delta_j \leqslant T_c$ 即可。

显然，这种基准重合的情况能使本工序允许出现的误差加大，使加工更容易达到精度要求，经济性更好。但是，这样往往会使夹具结构复杂，增加操作的困难。而为了保证加工精度，有时不得不采取这种方案。

（2）基准统一原则

一个零件上往往有很多表面需要加工，这些表面之间还有相互位置精度要求。采用某一个或一组表面作统一的精基准来定位，把尽可能多的其他表面都加工出来，这样因基准统一，易于保证各加工表面间的相互位置精度。

例如轴类零件，采用顶尖孔作为统一精基准加工各个外圆表面及轴肩端面，这样可以保证各个外圆表面之间的同轴度以及各轴肩端面与轴心线的垂直度。机床主轴箱箱体多采用底面和导向面作为统一精基准加工各轴孔、前端面和侧面。一般箱体形零件常采用一个大平面和两个距离较远的孔作为统一精基准。圆盘和齿轮零件常采用一端面和短孔作为统一精基准。活塞常采用底面和止口作为统一精基准。

图 2-37 所示为汽车发动机的机体，在加工机体上的主轴承座孔、凸轮轴座孔、气缸孔及座孔端面时，就是采用统一的基准——底面 A 及底面 A 上相距较远的两个工艺孔作为精基准的，这样就能较好地保证这些加工表面的相互位置关系。

（3）自为基准原则

某些要求加工余量小而均匀的精加工工序，选择加工表面本身作为定位基准，称为自为基准原则。如图 2-38 所示，磨削车床导轨面，用可调支承支承床身零件，在导轨磨床上，用百分表找正导轨面相对机床运动方向的正确位置，然后加工导轨面以保证其余量均匀，满足对导轨面的质量要求。还有浮动镗刀镗孔、珩磨孔、拉孔、无心磨外圆等也都是自为基准的实例。

（4）互为基准原则

当对工件上两个相互位置精度要求很高的表面进行加工时，需要用两个表面互相作为基准，反复进行加工，以保证位置精度要求。例如，精密齿轮的精加工通常是在齿面淬硬以后，先以齿面定位磨内孔，再以内孔定位磨齿面，因齿面淬硬层较薄，磨齿余量应力求小而均匀，所以就须先以齿面为基准磨内孔（图 2-39），然后再以内孔为基准磨齿面。这样，不但可以做到磨齿余量小而均匀，而且还能保证轮齿基圆对内孔有较高的同轴度。再如车床主轴的前锥孔与主轴支承轴颈间有严格的同轴度要求，加工时就是先以轴颈外圆为定位基准加工锥孔，再以锥孔为定位基准加工外圆，如此反复多次，最终达到加工要求。这都是互为基准的典型实例。

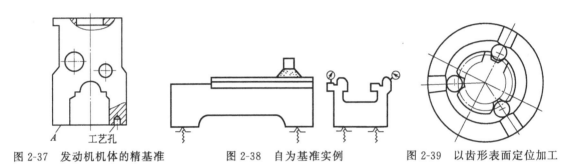

图 2-37 发动机机体的精基准　　图 2-38 自为基准实例　　图 2-39 以齿形表面定位加工

（5）便于装夹原则

所选精基准应保证工件安装可靠，夹具设计简单、操作方便。

2.3.2.2 粗基准选择原则

选择粗基准时，主要要求保证各加工面有足够的余量，使加工面与不加工面间的位置符合图样要求，并特别注意要尽快获得精基面。具体选择时应考虑下列原则。

（1）选择重要表面为粗基准

为保证工件上重要表面的加工余量小而均匀，则应选择该表面为粗基准。所谓重要表面一般是工件上加工精度以及表面质量要求较高的表面，如床身的导轨面、车床主轴箱的主轴孔，都是各自的重要表面。因此，加工床身和主轴箱时，应以导轨面或主轴孔为粗基准。如图 2-40 所示。

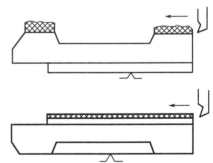

图 2-40 床身加工的粗基准选择

（2）选择不加工表面为粗基准

为了保证加工面与不加工面间的位置要求，一般应选择不加工面为粗基准。如果工件上有多个不加工面，则应选其中与加工面位置要求较高的不加工面为粗基准，以便保证精度要求，使外形对称等。

如图 2-41 所示铸件毛坯的外圆与内孔不同轴，导致其壁厚不均匀。如以外圆表面定位车削内孔，则加工出的孔与不加工表面（外圆）同轴，也就是保证了不加工表面（外圆）与加工表面（孔）的位置，经加工后工件壁厚均匀了。

选择不同的粗基准所带来的影响可以通过图2-42的例子来说明。图2-42所示的零件毛坯，由于在铸造时内孔2与外圆1之间难免没有偏心，因此在加工时，如果用不需加工的外圆1为粗基准（用三爪自定心卡盘夹持外圆）加工内孔，由于此时外圆1的中心线与机床主轴的回转中心线重合，所以加工后内孔2与外圆1是同轴的，即加工后孔的壁厚是均匀的，但是内孔的加工余量却是不均匀的，如图2-42(a)所示。相反，如果选择内孔2作为粗基准（用四爪单动卡盘夹持外圆1，然后按内孔2找正），由于此时粗基准的选择使内孔2的中心线与机床主轴的回转中心线重合，所以内孔2的加工余量则是均匀的，但加工后的内孔2与外圆1不同轴，即加工后的壁厚是不均匀的，见图2-42(b)。由此可见，粗基准的选择主要影响不加工表面与加工表面间的相互位置精度（如图2-42加工后的壁厚均匀性），以及影响加工表面的余量分配。

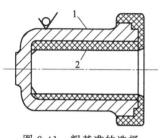
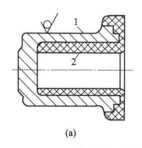
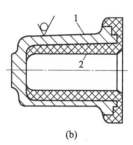

图2-41 粗基准的选择
1—外圆；2—内孔

图2-42 粗基准选择的对比
1—外圆；2—内孔

（3）选择加工余量最小的表面为粗基准

在没有要求保证重要表面加工余量均匀的情况下，如果零件上每个表面都要加工，则应选择其中加工余量最小的表面为粗基准，以避免该表面在加工时因余量不足而留下部分毛坯面，造成工件废品。

（4）选择较为平整光洁、加工面积较大的表面为粗基准

以便工件定位可靠、夹紧方便。

（5）粗基准在同一尺寸方向上只能使用一次

因为粗基准本身都是未经机械加工的毛坯面，其表面粗糙且精度低，若重复使用将产生较大的误差。

实际上，无论精基准还是粗基准的选择，上述原则都不可能同时满足，有时还是互相矛盾的。因此，在选择时应根据具体情况进行分析，权衡利弊，保证其主要的要求。

2.3.3 零件数控加工工艺路线的拟定

零件机械加工的工艺路线是指零件生产过程中，由毛坯到成品所经过的工序先后顺序。在拟定工艺路线时，除了首先考虑定位基准的选择外，还应当考虑各表面加工方法的选择，工序集中与分散的程度，加工阶段的划分和工序先后顺序的安排等问题。目前还没有一套通用而完整的工艺路线拟定方法，只总结出一些综合性原则，在具体运用这些原则时，要根据具体条件综合分析。拟定工艺路线的基本过程见图2-43。

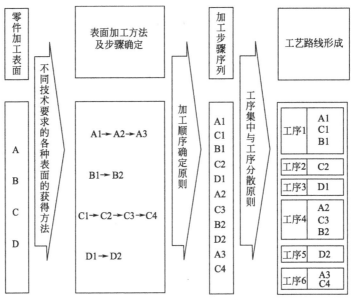

图 2-43 拟定工艺路线的基本过程

2.3.3.1 表面加工方法的选择

表面加工方法的选择,就是为零件上每一个有质量要求的表面选择一套合理的加工方法。在选择时,一般先根据表面的精度和粗糙度要求选定最终加工方法,然后再确定精加工前准备工序的加工方法,即确定加工方案。由于获得同一精度和粗糙度的加工方法往往有几种,在选择时除了考虑生产率要求和经济效益外,还应考虑下列因素。

(1) 工件材料的性质

例如,淬硬钢零件的精加工要用磨削的方法;有色金属零件的精加工应采用精细车或精细镗等加工方法,而不应采用磨削。

(2) 工件的结构和尺寸

例如,对于IT7级精度的孔采用拉削、铰削、镗削和磨削等加工方法都可。但是箱体上的孔一般不用拉或磨,而常常采用铰孔和镗孔,直径大于60mm的孔不宜采用钻、扩、铰。

(3) 生产类型

选择加工方法要与生产类型相适应。大批大量生产应选用生产率高和质量稳定的加工方法。例如,平面和孔采用拉削加工。单件小批生产则采用刨削、铣削平面和钻、扩、铰孔。又如为保证质量可靠和稳定,保证较高的成品率,在大批大量生产中采用珩磨和超精加工工艺加工较精密零件。

(4) 具体生产条件

应充分利用现有设备和工艺手段,不断引进新技术,对老设备进行技术改造,挖掘企业潜力,提高工艺水平。

表 2-2～表 2-5 分别列出了外圆、内孔和平面的加工方案及经济精度,供选择加工方法时参考。

表 2-2 外圆表面加工方案

序号	加 工 方 案	经济精度级	表面粗糙度 Ra 值/μm	适用范围
1	粗车	IT11 以下	50~12.5	适用于淬火钢以外的各种金属
2	粗车→半精车	IT8~10	6.3~3.2	
3	粗车→半精车→精车	IT7~8	1.6~0.8	
4	粗车→半精车→精车→滚压(或抛光)	IT7~8	0.2~0.025	
5	粗车→半精车→磨削	IT7~8	0.8~0.4	主要用于淬火钢,也可用于未淬火钢,但不宜加工有色金属
6	粗车→半精车→粗磨→精磨	IT6~7	0.4~0.1	
7	粗车→半精车→粗磨→精磨→超精加工(或轮式超精磨)	IT5	0.1~Rz0.1	
8	粗车→半精车→精车→金刚石车	IT6~7	0.4~0.025	主要用于要求较高的有色金属加工
9	粗车→半精车→粗磨→精磨→超精磨或镜面磨	IT5 以上	0.025~Rz0.05	极高精度的外圆加工
10	粗车→半精车→粗磨→精磨→研磨	IT5 以上	0.1~Rz0.05	

表 2-3 内孔加工方案

序号	加 工 方 案	经济精度级	表面粗糙度 Ra 值/μm	适用范围
1	钻	IT11~12	12.5	加工未淬火钢及铸铁的实心毛坯,也可用于加工有色金属(但表面粗糙度稍大,孔径小于 15~20mm)
2	钻→铰	IT9	3.2~1.6	
3	钻→铰→精铰	IT7~8	1.6~0.8	
4	钻→扩	IT10~11	12.5~6.3	同上,但孔径大于 15~20mm
5	钻→扩→铰	IT8~9	3.2~1.6	
6	钻→扩→粗铰→精铰	IT7	1.6~0.8	
7	钻→扩→机铰→手铰	IT6~7	0.4~0.1	
8	钻→扩→拉	IT7~9	1.6~0.1	大批大量生产(精度由拉刀的精度而定)
9	粗镗(或扩孔)	IT11~12	12.5~6.3	除淬火钢外各种材料,毛坯有铸出孔或锻出孔
10	粗镗(粗扩)→半精镗(精扩)	IT8~9	3.2~1.6	
11	粗镗(扩)→半精镗(精扩)→精镗(铰)	IT7~8	1.6~0.8	
12	粗镗(扩)→半精镗(精扩)→精镗→浮动镗刀精镗	IT6~7	0.8~0.4	
13	粗镗(扩)→半精镗→磨孔	IT7~8	0.8~0.2	主要用于淬火钢也可用于未淬火钢,但不宜用于有色金属
14	粗镗(扩)→半精镗→粗磨→精磨	IT6~7	0.2~0.1	
15	粗镗→半精镗→精镗→金刚镗	IT6~7	0.4~0.05	主要用于精度要求高的有色金属加工
16	钻→(扩)→粗铰→精铰→珩磨;钻→(扩)→拉→珩磨;粗镗→半精镗→精镗→珩磨	IT6~7	0.2~0.025	精度要求很高的孔
17	以研磨代替上述方案中的珩磨	IT6 级以上		

表 2-4 平面加工方案

序号	加 工 方 案	经济精度级	表面粗糙度 Ra 值/μm	适用范围
1	粗车→半精车	IT9	6.3～3.2	端面
2	粗车→半精车→精车	IT7～IT8	1.6～0.8	
3	粗车→半精车→磨削	IT8～IT9	0.8～0.2	
4	粗刨（或粗铣）→精刨（或精铣）	IT8～IT9	6.3～1.6	一般不淬硬平面（端铣表面粗糙度较细）
5	粗刨（或粗铣）→精刨（或精铣）→刮研	IT6～IT7	0.8～0.1	精度要求较高的不淬硬平面；批量较大时宜采用宽刃精刨方案
6	以宽刃刨削代替上述方案刮研	IT7	0.8～0.2	
7	粗刨（或粗铣）→精刨（或精铣）→磨削	IT7	0.8～0.2	精度要求高的淬硬平面或不淬硬平面
8	粗刨（或粗铣）→精刨（或精铣）→粗磨→精磨	IT6～IT7	0.4～0.02	
9	粗铣→拉	IT7～IT9	0.8～0.2	大量生产，较小的平面（精度视拉刀精度而定）
10	粗铣→精铣→磨削→研磨	IT6 级以上	0.1～Rz0.05	高精度平面

表 2-5 各种加工方法的经济精度和表面粗糙度（中批生产）

被加工表面	加工方法	经济精度 IT	表面粗糙度 Ra/μm
外圆和端面	粗车	11～13	50～12.5
	半精车	8～11	6.3～3.2
	精车	7～9	3.2～1.6
	粗磨	8～11	3.2～0.8
	精磨	6～8	0.8～0.2
	研磨	5	0.2～0.012
	超精加工	5	0.2～0.012
	精细车（金刚车）	5～6	0.8～0.05
孔	钻孔	11～13	50～6.3
	铸锻孔的粗扩（镗）	11～13	50～12.5
	精扩	9～11	6.3～3.2
	粗铰	8～9	6.3～1.6
	精铰	6～7	3.2～0.8
	半精镗	9～11	6.3～3.2
	精镗（浮动镗）	7～9	3.2～0.8
	精细镗（金刚镗）	6～7	0.8～0.1
	粗磨	9～11	6.3～3.2
	精磨	7～9	1.6～0.4
	研磨	6	0.2～0.012
	珩磨	6～7	0.4～0.1
	拉孔	7～9	1.6～0.8
平面	粗刨、粗铣	11～13	50～12.5
	半精刨、半精铣	8～11	6.3～3.2
	精刨、精铣	6～8	3.2～0.8
	拉削	7～8	1.6～0.8
	粗磨	8～11	6.3～0.8
	精磨	6～8	0.8～0.2
	研磨	5～6	0.2～0.012

2.3.3.2 工序的安排

(1) 划分加工阶段

对于那些加工质量要求较高或较复杂的零件，通常将整个工艺路线划分为以下几个阶段。

① 粗加工阶段　主要任务是切除各表面上的大部分余量，其关键问题是提高生产率。

② 半精加工阶段　完成次要表面的加工，并为主要表面的精加工做准备。

③ 精加工阶段　保证各主要表面达到图样要求，其主要问题是如何保证加工质量。

④ 光整加工阶段　对于表面粗糙度要求很细和尺寸精度要求很高的表面，还需要进行光整加工阶段。这个阶段的主要目的是提高表面质量，一般不能用于提高形状精度和位置精度。常用的加工方法有金刚车（镗）、研磨、珩磨、超精加工、镜面磨、抛光及无屑加工等。

划分加工阶段的原因：

① 保证加工质量。粗加工时，由于加工余量大，所受的切削力、夹紧力也大，将引起较大的变形，如果不划分阶段连续进行粗精加工，上述变形来不及恢复，将影响加工精度。所以，需要划分加工阶段，使粗加工产生的误差和变形，通过半精加工和精加工予以纠正，并逐步提高零件的精度和表面质量。

② 合理使用设备。粗加工要求采用刚性好、效率高而精度较低的机床，精加工则要求机床精度高。划分加工阶段后，可避免以精干粗，可以充分发挥机床的性能，延长使用寿命。

③ 便于安排热处理工序，使冷热加工工序配合得更好。粗加工后，一般要安排去应力的时效处理，以消除内应力。精加工前要安排淬火等最终热处理，其变形可以通过精加工予以消除。

④ 有利于及早发现毛坯的缺陷（如铸件的砂眼气孔等）。粗加工时去除了加工表面的大部分余量，若发现了毛坯缺陷，应及时予以报废，以免继续加工造成工时的浪费。

应当指出：加工阶段的划分不是绝对的，必须根据工件的加工精度要求和工件的刚性来决定。一般说来，工件精度要求越高、刚性越差，划分阶段应越细；当工件批量小、精度要求不太高、工件刚性较好时也可以不分或少分阶段；重型零件由于输送及装夹困难，一般在一次装夹下完成粗精加工，为了弥补不分阶段带来的弊端，常常在粗加工工步后松开工件，然后以较小的夹紧力重新夹紧，再继续进行精加工工步。

(2) 安排加工顺序

1) 切削加工顺序的安排

① 先粗后精　先安排粗加工，中间安排半精加工，最后安排精加工和光整加工。

② 先主后次　先安排零件的装配基面和工作表面等主要表面的加工，后安排如键槽、紧固用的光孔和螺纹孔等次要表面的加工。由于次要表面加工工作量小，又常与主要表面有位置精度要求，所以一般放在主要表面的半精加工之后，精加工之前进行。

③ 先面后孔　对于箱体、支架、连杆、底座等零件，先加工用作定位的平面和孔的端面，然后再加工孔。这样可使工件定位夹紧稳定可靠，利于保证孔与平面的位置精度，减小刀具的磨损，同时也给孔加工带来方便。

④ 基面先行　用作精基准的表面，要首先加工出来。所以，第一道工序一般是进行定

位面的粗加工和半精加工（有时包括精加工），然后再以精基面定位加工其他表面。例如，轴类零件顶尖孔的加工。

2) 热处理工序的安排

热处理可以提高材料的力学性能，改善金属的切削性能以及消除残余应力。在制订工艺路线时，应根据零件的技术要求和材料的性质，合理地安排热处理工序。

① 退火与正火　退火或正火的目的是为了消除组织的不均匀，细化晶粒，改善金属的加工性能。对高碳钢零件用退火降低其硬度，对低碳钢零件用正火提高其硬度，以获得适中的较好的可切削性，同时能消除毛坯制造中的应力。退火与正火一般安排在机械加工之前进行。

② 时效处理　以消除内应力、减少工件变形为目的。为了消除残余应力，在工艺过程中需安排时效处理。对于一般铸件，常在粗加工前或粗加工后安排一次时效处理；对于要求较高的零件，在半精加工后尚需再安排一次时效处理；对于一些刚性较差、精度要求特别高的重要零件（如精密丝杠、主轴等），常常在每个加工阶段之间都安排一次时效处理。

③ 调质　对零件淬火后再高温回火，能消除内应力、改善加工性能并能获得较好的综合力学性能。一般安排在粗加工之后进行。对一些性能要求不高的零件，调质也常作为最终热处理。

④ 淬火、渗碳淬火和渗氮　它们的主要目的是提高零件的硬度和耐磨性，常安排在精加工（磨削）之前进行，其中渗氮由于热处理温度较低，零件变形很小，也可以安排在精加工之后。

3) 辅助工序的安排

检验工序是主要的辅助工序，除每道工序由操作者自行检验外，在粗加工之后、精加工之前、零件转换车间时以及重要工序之后和全部加工完毕、进库之前，一般都要安排检验工序。

除检验外，其他辅助工序有：表面强化和去毛刺、倒棱、清洗、防锈等。正确地安排辅助工序是十分重要的。如果安排不当或遗漏，将会给后续工序和装配带来困难，甚至影响产品的质量，所以必须给予重视。

(3) 工序的集中与分散

经过以上所述，零件加工的工步顺序已经排定，如何将这些工步组成工序，就需要考虑采用工序集中还是工序分散的原则。

1) 工序集中

就是将零件的加工集中在少数几道工序中完成，每道工序加工内容多，工艺路线短。其主要特点是：

① 可以采用高效机床和工艺装备，生产率高；
② 减少了设备数量以及操作工人人数和占地面积，节省人力、物力；
③ 减少了工件安装次数，利于保证表面间的位置精度；
④ 采用的工装设备结构复杂，调整维修较困难，生产准备工作量大。

2) 工序分散

工序分散就是将零件的加工分散到很多道工序内完成，每道工序加工的内容少，工艺路线很长。其主要特点是：

① 设备和工艺装备比较简单，便于调整，容易适应产品的变换；

② 对工人的技术要求较低；
③ 可以采用最合理的切削用量，减少机动时间；
④ 所需设备和工艺装备的数目多，操作工人多，占地面积大。

在拟定工艺路线时，工序集中或分散的程度，主要取决于生产规模、零件的结构特点和技术要求，有时，还要考虑各工序生产节拍的一致性。一般情况下，单件小批生产时，只能工序集中，在一台普通机床上加工出尽量多的表面；大批大量生产时，既可以采用多刀、多轴等高效、自动机床，将工序集中，也可以将工序分散后组织流水生产。批量生产应尽可能采用效率较高的半自动机床，使工序适当集中，从而有效地提高生产率。

对于重型零件，为了减少工件装卸和运输的劳动量，工序应适当集中；对于刚性差且精度高的精密工件，则工序应适当分散。

据统计，在我国的机械产品中，属于中小批量生产性质的企业已超过了企业总数的90%，单件中小批量生产方式占绝对优势。随着数控技术的普及，多品种中小批量生产中，越来越多地使用加工中心机床，从发展趋势来看，倾向于采用工序集中的方法来组织生产。

2.3.4 加工余量的确定

2.3.4.1 加工余量的概念

加工余量是指加工过程中所切去的金属层厚度。余量有总加工余量和工序余量之分。由毛坯转变为零件的过程中，在某加工表面上切除金属层的总厚度，称为该表面的总加工余量（亦称毛坯余量）；一般情况下，总加工余量并非一次切除，而是分在各工序中逐渐切除，故每道工序所切除的金属层厚度称为该工序加工余量（简称工序余量）。工序余量是相邻两工序的工序尺寸之差，毛坯余量是毛坯尺寸与零件图样的设计尺寸之差。

由于工序尺寸有公差，故实际切除的余量大小不等。

图 2-44 表示工序余量与工序尺寸的关系。由图可知，工序余量的基本尺寸（简称基本余量或公称余量）Z 可按下式计算。

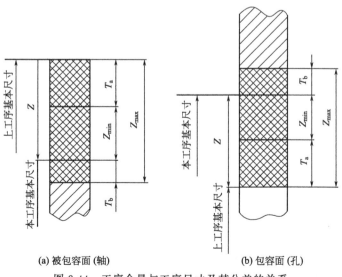

图 2-44　工序余量与工序尺寸及其公差的关系

对于被包容面　　　　　$Z=$上工序基本尺寸$-$本工序基本尺寸

对于包容面　　　　　　$Z=$本工序基本尺寸$-$上工序基本尺寸

为了便于加工，工序尺寸都按"入体原则"标注极限偏差，即被包容面的工序尺寸取上偏差为零；包容面的工序尺寸取下偏差为零。毛坯尺寸则按双向布置上、下偏差。

工序余量和工序尺寸及其公差的计算公式

$$Z=Z_{\min}+T_a \tag{2-1}$$

$$Z_{\max}=Z+T_b=Z_{\min}+T_a+T_b \tag{2-2}$$

式中　$Z_{\min}$——最小工序余量；

　　　$Z_{\max}$——最大工序余量；

　　　T_a——上工序尺寸的公差；

　　　T_b——本工序尺寸的公差。

由于毛坯尺寸、零件尺寸和各道工序的工序尺寸都存在误差，所以无论是总加工余量，还是工序加工余量都是一个变动值，出现了最大和最小加工余量，它们与工序尺寸及其公差的关系可用图 2-45 说明。

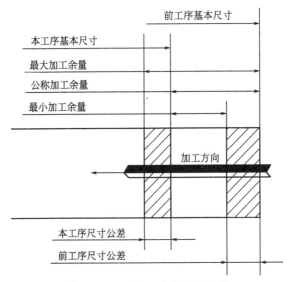

图 2-45　工序加工余量及其公差

由图 2-45 可以看出，公称加工余量为前工序和本工序尺寸之差，最小加工余量为前工序尺寸的最小值和本工序尺寸的最大值之差；最大加工余量为前工序尺寸的最大值和本工序尺寸的最小值之差。工序加工余量的变动范围（最大加工余量与最小加工余量之差）等于前工序与本工序的工序尺寸公差之和。

2.3.4.2　影响加工余量的因素

在确定工序的具体内容时，其工作之一就是合理地确定工序加工余量。加工余量的大小对零件的加工质量和制造的经济性均有较大的影响。加工余量过大，必然增加机械加工的劳动量、降低生产率；增加原材料、设备、工具及电力等的消耗。加工余量过小，又不能确保切除上工序形成的各种误差和表面缺陷，影响零件的质量，甚至产生废品。由图 2-45 可知，工序加工余量（公称值，以下同）除可用相邻工序的工序尺寸表示外，还可以用另外一种方法表示，即：工序加工余量等于最小加工余量与前工序工序尺寸公差之和。因此，在讨论影响加工余量的因素时，应首先研究影响最小加工余量的因素。

影响最小加工余量的因素较多，现将主要影响因素分单项介绍如下。

(1) 前工序形成的表面粗糙度和缺陷层深度（Ra 和 D_a）

为了使工件的加工质量逐步提高，一般每道工序都应切到待加工表面以下的正常金属组织，将上道工序形成的表面粗糙度和缺陷层切掉。

(2) 前工序形成的形状误差和位置误差（Δ_x 和 Δ_w）

当形状公差、位置公差和尺寸公差之间的关系遵循独立原则时，尺寸公差不控制形位公差。此时，最小加工余量应保证将前工序形成的形状和位置误差切掉。

以上影响因素中的误差及缺陷，有时会重叠在一起，如图 2-46 所示，图中的 Δ_x 为平面度误差、Δ_w 为平行度误差，但为了保证加工质量，可对各项进行简单叠加，以便彻底切除。

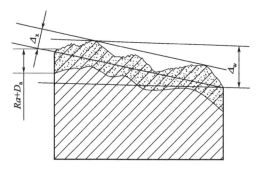

图 2-46 影响最小加工余量的因素

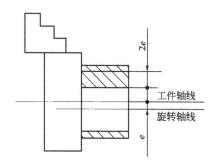

图 2-47 装夹误差对加工余量的影响

上述各项误差和缺陷都是前工序形成的，为能将其全部切除，还要考虑本工序的装夹误差 ε_b 的影响。如图 2-47 所示，由于三爪自定心卡盘定心不准，使工件轴线偏离主轴旋转轴线 e 值，造成加工余量不均匀，为确保将前工序的各项误差和缺陷全部切除，直径上的余量应增加 $2e$。装夹误差 ε_b 的数量，可在求出定位误差、夹紧误差和夹具的对定误差后求得。

综上所述，影响工序加工余量的因素可归纳为下列几点。

① 前工序的工序尺寸公差（T_a）。
② 前工序形成的表面粗糙度和表面缺陷层深度（$Ra+D_a$）。
③ 前工序形成的形状误差和位置误差（Δ_x、Δ_w）。
④ 本工序的装夹误差（ε_b）。

2.3.4.3 确定加工余量的方法

确定加工余量的方法有以下三种。

(1) 查表修正法

根据生产实践和试验研究，已将毛坯余量和各种工序的工序余量数据列于手册中。确定加工余量时，可从手册中获得所需数据，然后结合工厂的实际情况进行修正。查表时应注意表中的数据为公称值，对称表面（轴孔等）的加工余量是双边余量，非对称表面的加工余量是单边的。这种方法目前应用最广。

（2）经验估计法

此法是根据实践经验确定加工余量。为防止加工余量不足而产生废品，往往估计的数值总是偏大，因而这种方法只适用于单件、小批生产。

（3）分析计算法

此法是根据加工余量计算公式和一定的试验资料，通过计算确定加工余量的一种方法。采用这种方法确定的加工余量比较经济合理，但必须有比较全面可靠的试验资料及先进的计算手段方可进行，故目前应用较少。

在确定加工余量时，总加工余量和工序加工余量要分别确定。总加工余量的大小与选择的毛坯制造精度有关。用查表法确定工序加工余量时，粗加工工序的加工余量不应查表确定，而是用总加工余量减去各工序余量求得，同时要对求得的粗加工工序余量进行分析，如果过小，要增加总加工余量；过大，应适当减少总加工余量，以免造成浪费。

2.3.5 工序尺寸的计算

零件上的设计尺寸一般要经过几道加工工序才能得到，每道工序尺寸及其偏差的确定，不仅取决于设计尺寸、加工余量及各工序所能达到的经济精度，而且还与定位基准、工序基准、测量基准、编程原点的确定及基准的转换有关。因此，确定工序尺寸及其公差时，应具体情况具体分析。

（1）基准重合时工序尺寸及其公差的计算

当定位基准、工序基准、测量基准、编程原点与设计基准重合时，工序尺寸及其公差直接由各工序的加工余量和所能达到的精度确定。其计算方法是由最后一道工序开始向前推算，具体步骤如下。

① 确定毛坯总余量和工序余量。

② 确定工序公差。最终工序公差等于零件图上设计尺寸公差，其余工序尺寸公差按经济精度确定。

③ 计算工序基本尺寸。从零件图上的设计尺寸开始向前推算，直至毛坯尺寸。最终工序尺寸等于零件图的基本尺寸，其余工序尺寸等于后道工序基本尺寸加上或减去后道工序余量。

④ 标注工序尺寸公差。最后一道工序的公差按零件图设计尺寸公差标注，中间工序尺寸公差按"入体原则"标注，毛坯尺寸公差按双向标注。

例如某车床主轴箱主轴孔的设计尺寸为 $\phi 100mm$，表面粗糙度为 $Ra=0.8\mu m$，毛坯为铸铁件。已知其加工工艺过程为粗镗—半精镗—精镗—浮动镗。用查表法或经验估算法确定毛坯总余量和各工序余量，其中粗镗余量由毛坯余量减去其余各工序余量之和确定，各道工序的基本余量为

浮动镗 $Z=0.1mm$

精镗 $Z=0.5mm$

半精镗 $Z=2.4mm$

毛坯 $Z=8mm$

粗镗 $Z=[8-(2.4+0.5+0.1)]mm=5mm$

最后一道工序浮动镗的公差等于设计尺寸公差，其余各工序按所能达到的经济精度查表确定，各工序尺寸公差分别为

浮动镗 $T=0.035\text{mm}$
精镗 $T=0.054\text{mm}$
半精镗 $T=0.23\text{mm}$
粗镗 $T=0.46\text{mm}$
毛坯 $T=2.4\text{mm}$

各工序的基本尺寸计算如下。

浮动镗 $D=100\text{mm}$
精镗 $D=(100-0.1)\text{mm}=99.9\text{mm}$
半精镗 $D=(99.9-0.5)\text{mm}=99.4\text{mm}$
粗镗 $D=(99.4-2.4)\text{mm}=97\text{mm}$
毛坯 $D=(97-5)\text{mm}=92\text{mm}$

按工艺要求分布公差，最终得到各工序尺寸及其偏差为

毛坯 $\phi 92^{+1.2}_{-1.2}$；粗镗 $\phi 97^{+0.46}_{0}$；半精镗 $\phi 99.4^{+0.23}_{0}$；精镗 $\phi 99.9^{+0.54}_{0}$；浮动镗 $\phi 100^{+0.035}_{0}$。

孔加工余量、公差及工序尺寸分布如图 2-48 所示。

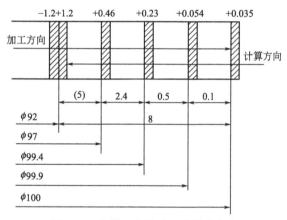

图 2-48 余量、公差及工序尺寸分布

（2）基准不重合时工序尺寸及其公差的确定

当工序基准、测量基准、定位基准或编程原点与设计基准不重合时，工序尺寸及其公差的确定，需要借助工艺尺寸链的基本尺寸和计算方法才能确定。

2.3.6 工艺尺寸链的概念

（1）工艺尺寸链的定义

在机器装配或零件加工过程中，由互相联系且按一定顺序排列的尺寸组成的封闭链环，称为尺寸链。图 2-49 所示为用调整法加工凹槽时定位基准与设计基准不重合的工艺尺寸链。图 2-50 为测量基准与设计基准不重合的工艺尺寸链。

(2) 工艺尺寸链的特征

① 关联性　任何一个直接保证的尺寸及其精度的变化，必将影响间接保证的尺寸及其精度。

② 封闭性　尺寸链中的各个尺寸首尾相接组成封闭的链环。

(3) 工艺尺寸链的组成

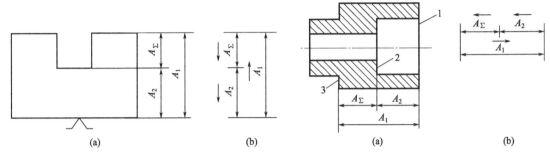

图 2-49　定位基准与设计基准不重合的工艺尺寸链　　图 2-50　测量基准与设计基准不重合的工艺尺寸链

尺寸链中的每一个尺寸称为尺寸链的环，尺寸链的环按性质分为组成环和封闭环两类。

组成环是加工过程中直接形成的尺寸，封闭环是由其他尺寸最终间接得到的尺寸。组成环按其对封闭环的影响可分为增环和减环。当某一组成环增大时，若封闭环也增大，则称该组成环为增环；反之，为减环。一个尺寸链中，只有一个封闭环。

(4) 工艺尺寸链的基本计算公式

尺寸链计算的关键是正确判定封闭环，常用计算方法有极值法和概率法。生产中一般用极值法，其计算公式如下。

$$\begin{cases} A_\Sigma = \sum_{i=1}^{m} \vec{A}_i - \sum_{j=m+1}^{n-1} \overleftarrow{A}_j & A_{\Sigma\max} = \sum_{i=1}^{m} \vec{A}_{i\max} - \sum_{j=m+1}^{n-1} \overleftarrow{A}_{j\min} \\ A_{\Sigma\min} = \sum_{i=1}^{m} \vec{A}_{i\min} - \sum_{j=m+1}^{n-1} \overleftarrow{A}_{j\max} & \text{ES}_{A_\Sigma} = \sum_{i=1}^{m} \text{ES}_{\vec{A}_i} - \sum_{j=m+1}^{n-1} \text{EI}_{\overleftarrow{A}_j} \\ \text{EI}_{A_\Sigma} = \sum_{i=1}^{m} \text{EI}_{\vec{A}_i} - \sum_{j=m+1}^{n-1} \text{ES}_{\overleftarrow{A}_j} & T_{A_\Sigma} = \text{ES}_{A_\Sigma} - \text{EI}_{A_\Sigma} = \sum_{i=1}^{n-1} T_i \end{cases} \quad (2\text{-}3)$$

式中　A_Σ——封闭环的基本尺寸，mm；

$A_{\Sigma\max}$——封闭环的最大极限尺寸，mm；

$A_{\Sigma\min}$——封闭环的最小极限尺寸，mm；

ES_{A_Σ}——封闭环的上偏差，mm；

EI_{A_Σ}——封闭环的下偏差，mm；

T_{A_Σ}——封闭环的公差，mm；

m——增环的环数；

n——包括封闭环在内的总环数。

在极值算法中，封闭环的公差大于任一组成环的公差。当封闭环的公差一定时，若组成环数目较多，各组成环的公差就会过小，造成加工困难。因此，分析尺寸链时，应使尺寸链的组成环数目为最少，即遵循尺寸链最短原则。

（5）工序尺寸及其公差计算实例

重点以数控编程原点与设计基准不重合为例。设计零件图时，从保证使用性能的角度考虑，尺寸标注多采用局部分散法。而在数控编程中，所有点、线、面的尺寸和位置都是以编程原点为基准的。当编程原点与设计基准不重合时，为方便编程，必须将分散标注的尺寸换算成以编程原点为基准的工序尺寸。

以图 2-51 所示阶梯轴为例，轴上部轴向尺寸 Z_1、Z_2、…、Z_6 为设计尺寸，编程原点在左端面与轴线的交点上，与尺寸 Z_2、Z_3、Z_4、Z_5 的设计基准不重合，编程时按工序尺寸 Z'_1、Z'_2、…、Z'_6 编程。为此必须计算工序尺寸 Z'_2、Z'_3、Z'_4、Z'_5 及其偏差。所用尺寸链分别如图 2-51(b)、(c)、(d)、(e) 所示，Z_2、Z_3、Z_4、Z_5 为封闭环，计算过程从略。计算结果如下。

$$Z'_2 = 42^{-0.28}_{-0.6}, \qquad Z'_3 = 142^{-0.6}_{-1.08}$$

$$Z'_4 = 164^{-0.28}_{-0.54}, \qquad Z'_5 = 184^{-0.24}_{-0.58}$$

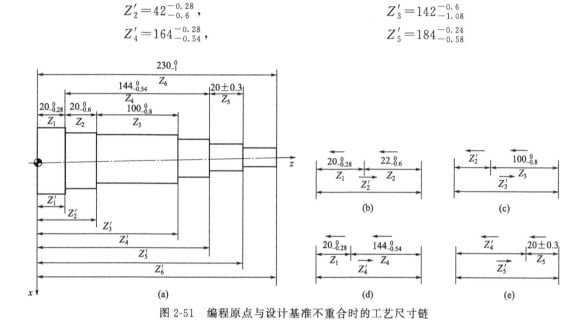

图 2-51　编程原点与设计基准不重合时的工艺尺寸链

2.3.7　机床工艺装备的选择

在工艺规程制订过程中，需要确定各工序加工时所需要的加工设备及工艺装备。加工设备是指完成工艺过程的主要生产装置，如各种机床、加热炉等；工艺装备是指产品在制造过程中所采用的各种工具的总称，它包括刀具、夹具、模具、量具等，简称为工装。对同一零件的同一表面的加工，可采用多种不同的设备与工装，但不同设备与工装的生产率与成本也是不同的，只有选择合适的设备与工装，才能满足优质高产低成本的要求。在选择设备与工装时应考虑下列几个方面。

（1）设备与工装的尺寸规格

设备与工装的主要规格、尺寸应与工件的外廓尺寸相适应，体积庞大的零件才选择较大的工装与设备。

（2）设备与工装的精度

设备、工装的经济精度与零件的加工精度相适应，才能满足加工精度、降低加工费用。

低精度零件用高精度设备或采用高精度工装加工，一方面会使设备与工装的精度下降，另一方面会使加工费用增大；而高精度零件在低精度设备上加工则难以满足零件的加工精度要求。

（3）设备与工装的生产效率

设备与工装的生产率与零件加工的生产类型相适应。对单件小批生产，应选择通用设备、通用工装；对大批量生产，应选择专用设备与工装；单件小批生产的高精度零件，则可以选择数控设备加工，以保证高质量高效率。

（4）结合企业生产现场情况

设备与工装的选择应结合本企业的现场实际情况与生产的实际情况，应优先选择本企业现有的设备与工装，充分挖掘潜力，取得良好的经济效益。在保证加工质量、生产率及生产成本的前提下，也可组织外协加工。在个别情况下，单件生产大型零件时，若缺乏大型设备也可采用"蚂蚁啃骨头"的办法以小干大。

确定了加工设备与工装之后，就需要合理选择切削用量。正确选择切削用量，对满足加工精度、提高生产率、降低刀具的消耗意义很大。在一般工厂中，由于工件材料、毛坯状况、刀具的材料与几何角度及机床刚度等工艺因素的变化较大，故在工艺文件上不规定切削用量，而由操作者根据实际情况自己确定。但是在大批量生产中，特别是流水线或自动线生产上，必须合理地确定每一道工序的切削用量，确定切削用量可查阅有关的工艺手册或按经验估计而定。

（1）夹具的选择

数控加工的特点对夹具提出了两个基本要求：一是保证夹具的坐标方向与机床的坐标方向相对固定；二是要能协调零件与机床坐标系的尺寸。

除此之外，在选择夹具时应重点考虑以下几点。

① 单件小批量生产时，优先选用组合夹具、可调夹具和其他通用夹具，以缩短生产准备时间和节省生产费用。

② 在成批生产时，才考虑采用专用夹具，并力求结构简单。

③ 零件的装卸要快速、方便、可靠，以缩短机床的停顿时间。

④ 夹具上各零部件应不妨碍机床对零件各表面的加工，即夹具要敞开，其定位、夹紧机构元件不能影响加工中的走刀（如产生碰撞等）。

⑤ 为提高数控加工的效率，批量较大的零件加工可以采用多工位、气动或液压夹具。

（2）刀具的选择

刀具的选择是数控加工工序设计的重要内容之一，它不仅影响机床的加工效率，而且直接影响加工质量。另外，数控机床主轴转速比普通机床高1~2倍，且主轴输出功率大，因此与传统加工方法相比，数控加工对刀具的要求更高，不仅要求精度高、强度大、刚度好、耐用度高，而且要求尺寸稳定、安装调整方便。这就要求采用新型优质材料制造数控加工刀具，并合理选择刀具结构、几何参数。

刀具的选择应考虑工件材质、加工轮廓类型、机床允许的切削用量和刚性以及刀具耐用度等因素。一般情况下应优先选用标准刀具（特别是硬质合金可转位刀具），必要时也可采用各种高生产率的复合刀具及其他一些专用刀具。对于硬度大的难加工工件，可选整体硬质合金、陶瓷刀具、CBN刀具等。刀具的类型、规格和精度等级应符合加工要求。

(3) 机床的选择

当工件表面的加工方法确定之后,机床的种类也就基本上确定了。但是,每一类机床都有不同的型式,其工艺范围、技术规格、加工精度、生产率及自动化程度都各不相同。为了正确地为每一道工序选择机床,除了充分了解机床的性能外,尚需考虑以下几点。

① 机床的类型应与工序划分的原则相适应。数控机床或通用机床适用于工序集中的单件小批生产;对大批大量生产,则应选择高效自动化机床和多刀、多轴机床。若工序按分散原则划分,则应选择结构简单的专用机床。

② 机床的主要规格尺寸应与工件的外形尺寸和加工表面的有关尺寸相适应。即小工件用小规格的机床加工,大工件用大规格的机床加工。

③ 机床的精度与工序要求的加工精度相适应。粗加工工序,应选用精度低的机床;精度要求高的精加工工序,应选用精度高的机床。但机床精度不能过低,也不能过高。机床精度过低,不能保证加工精度;机床精度过高,会增加零件制造成本。应根据零件加工精度要求合理选择机床。

(4) 量具的选择

数控加工主要用于单件小批生产,一般采用通用量具,如游标卡尺、百分表等。对于成批生产和大批大量生产中部分数控工序,应采用各种量规和一些高生产率的专用检具与量仪等。量具精度必须与加工精度相适应。

2.3.8 切削用量的确定

对于高效率的金属切削机床加工来说,被加工材料、切削刀具、切削用量是三大要素。这些条件决定着加工时间、刀具寿命和加工质量。经济的、有效的加工方式,要求必须合理地选择切削条件。编程人员在确定每道工序的切削用量时,应根据刀具的耐用度和机床说明书中的规定去选择。也可以结合实际经验用类比法确定切削用量。在选择切削用量时要充分保证刀具能加工完一个零件,或保证刀具耐用度不低于一个工作班,最少不低于半个工作班的工作时间。

背吃刀量主要受机床刚度的限制,在机床刚度允许的情况下,尽可能使背吃刀量等于工序的加工余量,这样可以减少走刀次数,提高加工效率。对于表面粗糙度和精度要求较高的零件,要留有足够的精加工余量,数控加工的精加工余量可比通用机床加工的余量小一些。

编程人员在确定切削用量时,要根据被加工工件材料、硬度、切削状态、背吃刀量、进给量、刀具耐用度,最后选择合适的切削速度。表2-6为车削加工时选择切削条件的参考数据。

表2-6 车削加工的切削速度　　　　　　　　　　　　　　m/min

被切削材料名称		轻切削 切深0.5~1mm 进给量0.05~0.3mm/r	一般切削 切深1~4mm 进给量0.2~0.5mm/r	重切削 切深5~12mm 进给量0.4~0.8mm/r
优质碳素结构钢	10	100~250	150~250	80~220
	45	60~230	70~220	80~180
合金钢	$\sigma_b \leqslant 750$MPa	100~220	100~230	70~220
	$\sigma_b > 750$MPa	70~220	80~220	80~200

2.4 数控加工工艺文件的编制

填写数控加工专用技术文件是数控加工工艺设计的重要内容之一。这些技术文件既是数控加工的依据、产品验收的依据，也是操作者必须遵守、执行的规程。技术文件是对数控加工的具体说明，目的是让操作者更明确加工程序的内容、装夹方式、各个加工部位所选用的刀具及其他技术问题。数控加工技术文件主要有：数控编程任务书、工件安装和原点设定卡片、数控加工工序卡片、数控加工走刀路线图、数控刀具卡片等。以下提供了常用文件格式，文件格式可根据企业实际情况自行设计。

2.4.1 数控加工工序卡片

数控加工工序卡与普通加工工序卡有许多相似之处，所不同的是：工序简图中应注明编程原点与对刀点，要进行简要编程说明（如所用机床型号、程序编号、刀具半径补偿、镜像对称加工方式等）及切削参数（即程序编入的主轴转速、进给速度、最大背吃刀量或宽度等）的选择，详见表2-7。

表2-7 数控加工工序卡片

单位		数控加工工序卡片		产品名称或代号		零件名称		零件图号	
工序简图				车　　间			使用设备		
				工艺序号			程序编号		
				夹具名称			夹具编号		
工步号	工步作业内容			加工面	刀具号	刀补量	主轴转速	进给速度	背吃刀量	备注
编制		审核		批准		年　月　日		共　页	第　页

2.4.2 数控刀具卡片

数控加工时，对刀具的要求十分严格，一般要在机外对刀仪上预先调整刀具直径和长度。刀具卡反映刀具编号、刀具结构、尾柄规格、组合件名称代号、刀片型号和材料等。它是组装刀具和调整刀具的依据，详见表2-8。

表 2-8　数控刀具卡片

零件图号	J30102-4		数控刀具卡片		使用设备	
刀具名称	镗刀				TC-30	
刀具编号	T13006	换刀方式	自动	程序编号		
刀具组成	序号	编号	刀具名称	规格	数量	备注
	1	T013960	拉钉		1	
	2	390、140-50 50 027	刀柄		1	
	3	391、01-50 50 100	接杆	$\phi50\times100$	1	
	4	391、68-03650 085	镗刀杆		1	
	5	R416.3-122053 25	镗刀组件	$\phi41\sim53$	1	
	6	TCMM110208-52	刀片		21	GC435

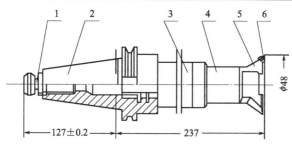

备注						
编制		审校		批准	共　页	第　页

2.4.3　数控加工走刀路线图

走刀路线就是刀具在整个加工工序中的运动轨迹,它不但包括了工步的内容,也反映出工步顺序。走刀路线是编写程序的依据之一。确定走刀路线时应注意以下几点。

2.4.3.1　寻求最短加工路线

如加工图 2-52(a) 所示零件上的孔系。图 2-52(b) 的走刀路线为先加工完外圈孔后,再加工内圈孔。若改用图 2-52(c) 的走刀路线,减少空刀时间,则可节省定位时间近一倍,提高了加工效率。

2.4.3.2　最终轮廓一次走刀完成

为保证工件轮廓表面加工后的粗糙度要求,最终轮廓应安排在最后一次走刀中连续加工出来。

如图 2-53(a) 为用行切方式加工内腔的走刀路线,这种走刀能切除内腔中的全部余量,不留死角,不伤轮廓。但行切法将在两次走刀的起点和终点间留下残留高度,而达不到要求的表面粗糙度。所以如采用图 2-53(b) 的走刀路线,先用行切法,最后沿周向

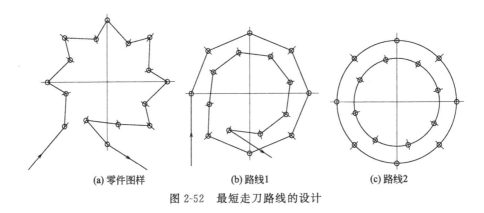

(a) 零件图样　　　　(b) 路线1　　　　(c) 路线2

图 2-52　最短走刀路线的设计

环切一刀，光整轮廓表面，能获得较好的效果。图 2-53（c）也是一种较好的走刀路线方式。

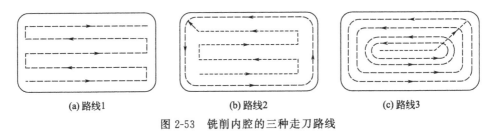

(a) 路线1　　　　(b) 路线2　　　　(c) 路线3

图 2-53　铣削内腔的三种走刀路线

2.4.3.3　选择切入切出方向

考虑刀具的进、退刀（切入、切出）路线时，刀具的切出或切入点应在沿零件轮廓的切线上，以保证工件轮廓光滑；应避免在工件轮廓面的垂直方向上进退刀而划伤工件表面；尽量减少在轮廓加工切削过程中的暂停（切削力突然变化造成弹性变形），以免留下刀痕，如图 2-54 所示。

2.4.3.4　选择使工件在加工后变形小的路线

对横截面积小的细长零件或薄板零件应采用分几次走刀加工到最后尺寸或对称去除余量法安排走刀路线。安排工步时，应先安排对工件刚性破坏较小的工步。

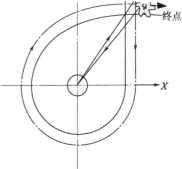

图 2-54　刀具切入和切出时的外延

在数控加工中，常常要注意并防止刀具在运动过程中与夹具或工件发生意外碰撞，为此必须设法告诉操作者关于编程中的刀具运动路线（如：从哪里下刀、在哪里抬刀、哪里是斜下刀等）。为简化走刀路线图，一般可采用统一约定的符号来表示。不同的机床可以采用不同的图例与格式，表 2-9 为一种常用格式。

不同的机床或不同的加工目的可能会需要不同形式的数控加工专用技术文件。在工作中，可根据企业的具体情况设计文件格式。

表 2-9 数控加工走刀路线图

数控加工走刀路线图		零件图号	NC01	工序号		工步号		程序号	O100
机床型号	XK5032	程序段号	N10～N170	加工内容		铣轮廓周边		共 1 页	第 页

符号	⊙	⊗	◉	○→	→	←↲	○—○	○⌒○⌒○	▭▭
含义	抬刀	下刀	编程原点	起刀点	走刀方向	走刀线相交	爬斜坡	铰孔	行切

编程	
校对	
审批	

2.5 综合实训

2.5.1 综合实例 1——轴套类零件的工艺分析、编程及操作

2.5.1.1 轴套类零件的特点

轴套类零件一般由内、外圆柱面，端面，台阶孔，沟槽等组成，如图 2-55 所示，其结构的主要特点是：内外圆同轴度公差为 0.02mm；$\phi 18$ 的圆柱度公差为 0.01mm，B 端面对 $\phi 18$ 孔轴线垂直度公差为 0.01mm。

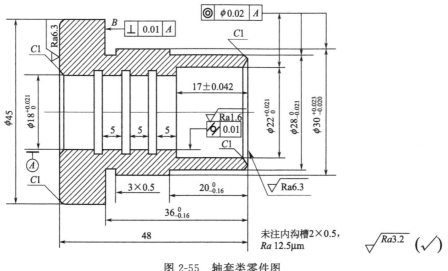

图 2-55 轴套类零件图

2.5.1.2 工艺分析

(1) 根据零件材料及几何形状,选 $\phi48$ 的棒料

该轴套零件外圆和内孔的精度均为 IT7 级精度,采用精车的方法,则内孔加工顺序为钻孔→粗车孔→半精车孔→精车孔。内外表面的同轴度及端面与孔轴线的垂直度的一般保证方法如下。

方案 1:

① 在一次装夹中完成内外表面及端面的全部加工,但不适于尺寸较大的套筒。

② 先精加工外圆,再以外圆为精基准加工内孔。采用三爪自定心卡盘装夹,工件装夹迅速可靠,但位置精度较低;采用软爪卡盘或弹簧套筒装夹,可获得较高同轴度,且不易伤害工件表面。

方案 2:

① 采用内孔定位,以结构简单、容易精确制造的芯轴为夹具。

② 先精加工孔,再用芯轴装夹精加工外圆和端面。

(2) 该类零件加工过程中容易变形,防止变形的方法

① 粗、精加工分开。

② 采用过渡套、弹簧套、软爪卡盘或弹簧套筒装夹或采用专用夹具轴向夹紧。

③ 将热处理安排在粗、精加工之间,并将精加工余量适当留大些。

工件原点取在工件装夹后右端面与轴线的交点处,换刀点距主轴轴线 100mm,距装夹后的工件右端面 100mm。

(3) 加工路线确定

① 车端面→钻孔 $\phi15$。

② 粗车、半精车 $\phi28$、$\phi30$ 外圆和台阶面,外圆留精车余量 0.25mm,$\phi45$ 车至要求尺寸→粗车、半精车 $\phi22$、$\phi18$ 内孔和台阶面,内孔留精车余量 0.3mm→内孔倒角 $C1$→精车 $\phi22$ 内孔至要求尺寸→车三处内沟槽 2mm×0.5mm→精车 $\phi28$ 外圆至要求尺寸→精车 $\phi30$ 外圆至要求尺寸→车外沟槽 3mm×0.5mm 至要求尺寸→切断。

③ 工件调头车 $\phi18$ 及 $\phi45$ 端面的内外圆倒角。

(4) 刀具选用及刀位点

① 外圆粗车、半精车、精车用 90°外圆车刀,并作为 1 号刀,以其为基准刀具。

② 内孔的粗车、半精车、精车使用内孔车刀,并作为 2 号刀。

③ 内沟槽用内沟槽车刀,并作为 3 号刀,主切削刃宽 2mm,刀位点取右刀尖。

④ 外径槽及切断用切断刀,并作为 4 号刀,主切削刃宽 3mm,刀位点取左刀尖。

(5) 切削用量

① 粗车外圆、内孔:$S=300$r/min,$F=0.4$mm/r(内孔时),$a_p=0.4$mm。

② 半精车外圆、内孔:$S=300$r/min,$F=0.15$mm/r,$a_p=0.125$mm。

③ 精车外圆、内孔:$S=460$r/min,$F=0.08$mm/r。

④ 车槽、切断:$S=460$r/min,$F=0.1$mm/r。

2.5.2 综合实例 2——车圆球锥轴

圆球锥轴零件如图 2-56 所示。工艺分析如下。

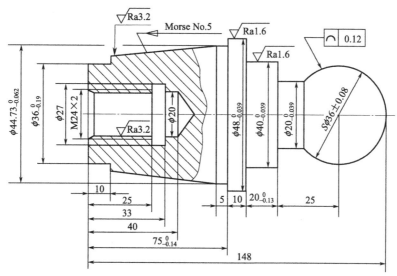

图 2-56 圆球锥轴零件图

(1) 加工路线确定

车端面→粗车 $\phi48$、$\phi40$、$\phi36$ 外圆,留 1mm 的精车余量→切 $\phi20$ 的槽→粗车 $S\phi36$ 的球→工件调头,钻中心孔→钻孔→车 M24 内孔→车内槽→车内螺纹 M24×2→车端面、粗车、精车 $\phi36$、$\phi44$ 外圆及莫氏 5 号锥度。

(2) 设置工件零点

由于工件需两次装夹,故需两个工件零点。前 1~3 个工序设在 $\phi48$ 外圆右端面中心处,后 4~9 个工序设在工件左端面中心处。

(3) 刀具选用及刀位点(以下略)

(4) 加工程序编写校验

(5) 装夹工件及对刀操作

(6) 加工操作

2.5.3 实训练习

1) 数控车削加工的切削用量如何确定?试选择图 2-57 所示零件的切削用量。毛坯为 $\phi50$ 的棒料。

2) 确定图 2-57 所示零件的加工路线,并选择相应的加工刀具。

3) 根据图 2-57 所示零件设定机床参考点,建立工件坐标系。

4) 编制加工程序。

5) 程序编辑过程中,如何删除一条指令?

6) 叙述该零件加工时的对刀过程。

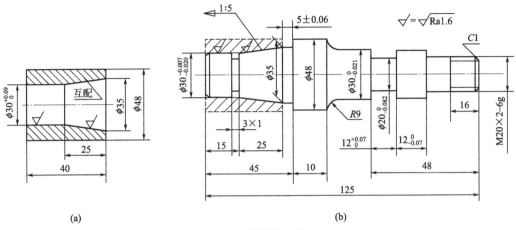

图 2-57 圆锥配合件

本章小结

工艺,即产品的制造方法。数控加工工艺是数控编程的核心和灵魂。在掌握普通机械加工工艺知识的基础上,抓住数控加工的特点,加深对数控加工工艺的理解,综合运用所学的知识,编制合理、实用、高效的数控加工程序。

习 题

1. 数控工艺与传统工艺相比有哪些特点?
2. 数控编程开始前,进行工艺分析的目的是什么?
3. 说明工艺规程的作用及制订工艺规程的基本原则。制订工艺过程时,为什么要划分加工阶段?
4. 何谓"工序集中"及"工序分散"?各有什么特点?
5. 选择粗基准和精基准时,应分别遵循哪些原则?
6. 如何从经济观点出发来分析何种零件在数控机床上加工合适?
7. 确定走刀路线时应考虑哪些问题?
8. 简要说明切削用量三要素选择的原则。
9. 在数控机床上加工时定位基准和夹紧方案的选择应考虑哪些问题?
10. 指出下列夹紧方案中(图 2-58~图 2-61)不合理之处,并提出改进方案。

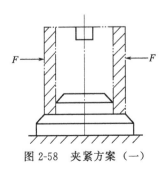

图 2-58 夹紧方案(一)

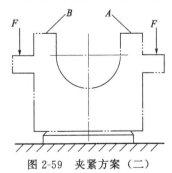

图 2-59 夹紧方案(二)

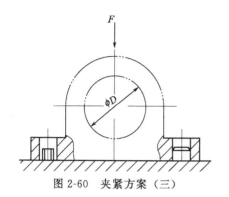

图 2-60 夹紧方案（三）

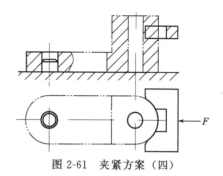

图 2-61 夹紧方案（四）

3

数控编程基础

数控系统的种类繁多,它们使用的数控程序语言规则和格式也不尽相同,本章以 ISO (国际标准化组织)标准为主来介绍加工程序的编制方法。当针对某一台数控机床编制加工程序时,应该严格按机床编程手册中的规定格式进行程序编制。

3.1 数控机床的坐标系统

数控加工中描述机床的运动、刀具与工件的相对位置,必须在相应坐标系下才能确定。数控机床的坐标系统包括:坐标系、坐标原点和运动方向,对于数控工艺制订、编程及操作,是一个十分重要的概念。比如在考虑工件装夹方案时,工件在普通机床或专用机床上找正或定位,目的是保证工件的定位基面(本质是设计基准)与刀具的相对位置关系,而在数控机床上找正或定位时,是保证工件坐标系与机床坐标系的相对位置关系。要保证工件坐标系各坐标轴与机床坐标系各对应坐标轴平行、正方向一致,工件坐标系原点位置则由对刀保证。由于工件在数控机床上一次安装往往加工许多工艺内容,工序集中,在确定工件坐标系时需考虑的因素必然很多,所以每一个数控工艺员、编程员和数控机床的操作者,都必须对数控机床的坐标系统有一个完整、正确的理解。否则,工艺制订、程序编制将发生混乱,操作时更会发生事故。为了使数控系统规范化及简化数控编程,ISO 对数控机床规定了标准坐标系。

3.1.1 标准坐标系及其运动方向

3.1.1.1 机床坐标系的确定

(1) 机床相对运动的规定

在数控机床上,不论机床的具体结构是工件静止、刀具运动,或是工件运动、刀具静止,在确定坐标系时,一律看作是刀具相对静止的工件运动。这样编程人员在不考虑机床上工件与刀具具体运动的情况下,就可以依据零件图样,确定加工过程。

(2) 机床坐标系的规定

在数控机床上,机床的动作是由数控装置来控制的,为了确定数控机床上的成形运动和辅助运动,必须先确定机床上运动的位移和运动的方向,这就需要通过坐标系来实现,这个坐标系被称为机床坐标系。

例如普通铣床上,有机床的纵向运动、横向运动以及垂向运动,如图 3-1 所示。在数控加工中就应该用机床坐标系来描述。

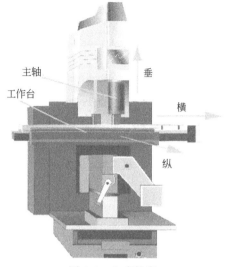

图 3-1 立式铣床

标准机床坐标系中 X、Y、Z 坐标轴的相互关系用右手笛卡儿直角坐标系决定(见图 3-2)。

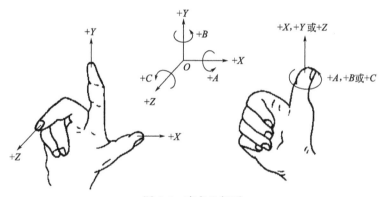

图 3-2 直角坐标系

① 伸出右手的大拇指、食指和中指,并互为 90°,则大拇指代表 X 坐标,食指代表 Y 坐标,中指代表 Z 坐标。

② 大拇指的指向为 X 坐标的正方向,食指的指向为 Y 坐标的正方向,中指的指向为 Z 坐标的正方向。

③ 围绕 X、Y、Z 坐标旋转的旋转坐标分别用 A、B、C 表示,根据右手螺旋定则,大拇指的指向为 X、Y、Z 坐标中任意轴的正向,则其余四指的旋转方向即为旋转坐标 A、B、C 的正向。

(3) 运动方向的规定

增大刀具与工件距离的方向即为各坐标轴的正方向,如图 3-3 所示为数控车床上两个运动的正方向。

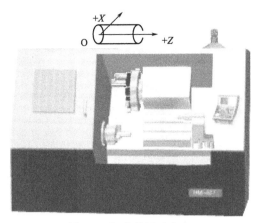

图 3-3 机床的运动方向

3.1.1.2 各坐标轴方向的确定

机床的直线坐标轴 X、Y、Z 的判定顺序是：先 Z 轴，再 X 轴，最后判定 Y 轴。

(1) Z 轴

① 规定传递切削力的主轴轴线为 Z 坐标轴。

② 无主轴的机床，规定 Z 轴垂直于工件的装夹表面。

③ 多主轴的机床选垂直于工件装夹表面的轴为 Z 轴。

④ Z 轴可以是垂直的，也可以是水平的，主要是看动力轴的方向。

(2) X 轴

① X 轴总是水平的，它平行于工件的装夹面。

② 对工件旋转的机床，X 轴的方向在工件的径向上，并且平行于横滑座 [如数控车床，图 3-4(a)]。

③ 对刀具旋转的机床，如果 Z 轴坐标是水平的 [如卧式数控铣床，图 3-4(c)]，当从主轴向工件看时，$+X$ 坐标方向指向右方；如果 Z 坐标是垂直的 [如立式数控铣床，图 3-4

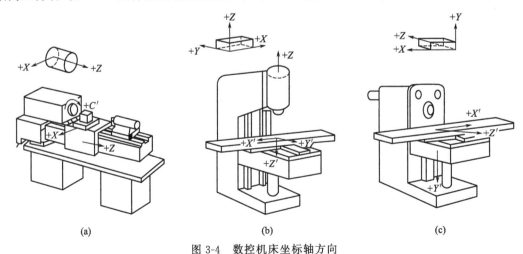

(a)   (b)   (c)

图 3-4 数控机床坐标轴方向

(b)]，对单立柱机床，当从刀具的主轴向立柱看时，+X 坐标方向指向右方；对于双立柱机床，当从主轴向左侧立柱看时，X 轴向的正方向指向右边。

④ 对刀具或工件均不旋转的机床，X 坐标平行于主要切削方向，并以该方向为正方向。

(3) Y 轴

根据 Z 坐标轴和 X 坐标轴，按照右手直角坐标系（笛卡儿坐标系）确定 Y 坐标轴。

3.1.1.3 附加坐标系

为编程和加工方便，有时还要设置附加坐标系，如有平行于 X、Y、Z 的第二组和第三组坐标，则规定为：U、V、W 和 P、Q、R。所谓第一坐标是指靠近主轴的直线运动，稍远的为第二坐标系，更远的为第三坐标系。

3.1.2 数控机床的两种坐标系

3.1.2.1 机床坐标系与机床原点、机床参考点

(1) 机床坐标系

机床坐标系是机床上固有的坐标系，是用来确定工件坐标系的基本坐标系，是确定刀具（刀架）或工件（工作台）位置的参考系，并建立在机床原点上。机床坐标系各坐标和运动正方向按前述标准坐标系规定设定。

(2) 机床原点

现代数控机床都有一个基准位置，称为机床原点，是机床制造商设置在机床上的一个物理位置，其作用是使机床与控制系统同步，建立测量机床运动坐标的起始点。机床上有一些固定的基准线，如主轴中心线；固定的基准面，如工作台面、主轴端面等。机床原点一般设在主轴位于正极限位置时的一基准点上，当机床的坐标轴手动返回各自的零点以后，用各坐标轴部件上基准线和基准面之间的给定距离来决定机床原点的位置。

(3) 机床参考点

与机床原点相对应的还有一个机床参考点，它也是机床上的一个固定点，通常不同于机床原点。一般来说，加工中心的参考点设在工作台位于负极限位置时的一基准点上。通常数控机床工作前，必须先进行回参考点动作（即各坐标轴回零），才可建立机床坐标系。参考点的位置可以通过调整机械挡块的位置来改变，但必须位于各坐标轴的移动范围内，改变后必须重新精确测量并修改机床参数。

3.1.2.2 工件坐标系与工件坐标系原点

(1) 工件坐标系

编程人员在编程时设定的坐标系，也称为编程坐标系。在进行数控编程时，首先要根据被加工零件的形状特点和尺寸，在零件图纸上建立工件坐标系，使零件上的所有几何元素都有确定的位置，同时也决定了在数控加工时，零件在机床上的安放方向。工件坐标系的建立，包括坐标原点的选择和坐标轴的确定。

(2) 工件坐标系原点

工件坐标系原点也称为工件原点或编程原点，一般用 G54～G59 或 G92 指令指定（即

使同样采用这些指令，在不同的数控系统中其含义仍有不同，要参阅具体数控系统的编程手册）。

工件坐标系原点是由编程人员根据编程计算方便、机床调整方便、对刀方便，而在毛坯上任意确定的。在选择工件坐标系原点时，尽可能将工件零点选择在工艺定位基准上，这样对保证加工精度有利。编程人员以零件图上的某一固定点为原点建立工件坐标系，编程尺寸均按工件坐标系中的尺寸给定，编程是按工件坐标系进行的。加工时，首先测量工件原点与机床原点之间的距离，即工件原点偏置值。该偏置值可预存到数控系统中，在加工时工件原点偏置值便自动加到工件坐标系上，使数控系统可按机床坐标系确定加工时的坐标值。而编程人员不必考虑工件坐标系在机床坐标系中的实际位置，这样使用起来非常方便。

如图 3-5 所示为数控车床机械原点和工件原点之间的关系。图 3-6 所示为数控铣床机械原点和工件原点之间的关系。

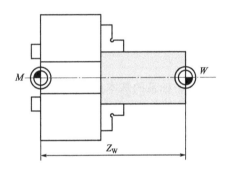

图 3-5 数控车床机械原点和工件原点的关系　　图 3-6 数控铣床机械原点和工件原点的关系

3.2 数控编程的种类及步骤

3.2.1 数控编程的种类

数控加工程序的编制方法主要有两种：手工编制程序和自动编制程序。

3.2.1.1 手工编程

手工编程指主要由人工来完成数控编程中各个阶段的工作。一般对几何形状不太复杂的零件，所需的加工程序不长，计算比较简单，用手工编程比较合适。

手工编程的特点：耗费时间较长，容易出现错误，无法胜任复杂形状零件的编程。据国外资料统计，当采用手工编程时，一段程序的编写时间与其在机床上运行加工的实际时间之比，平均约为 30∶1，而数控机床不能开动的原因中有 20%～30% 是由于加工程序编制困难，编程时间较长。

3.2.1.2 自动编程

自动编程也称为计算机（或编程机）辅助编程，即程序编制工作的大部分或全部由计算机完成。如完成坐标值计算、编写零件加工程序单等，有时甚至能帮助进行工艺处理。自动编程编出的程序还可通过计算机或自动绘图仪进行刀具运动轨迹的图形模拟检查，编程人员可以及时检查程序是否正确，并及时修改。自动编程大大减轻了编程人员的劳动强度，提高效率几十倍乃至上百倍，同时解决了手工编程无法解决的许多复杂零件的编程难题。工作表面形状愈复杂，工艺过程愈繁琐，自动编程的优势愈明显。

自动编程的主要类型有：数控语言编程（如 APT 语言）、图形交互式编程（如 CAD/CAM 软件）、语音式自动编程和实物模型式自动编程等。

3.2.2 手工编程的步骤

一般说来，数控机床程序编制的内容主要为：分析零件图、确定机床、工艺处理、数值计算、编写程序及检验和试切工件。

(1) 分析零件图

首先是能正确地分析零件图，确定零件的加工部位，根据零件图的技术要求，分析零件的形状、基准面、尺寸公差和粗糙度要求，以及加工面的种类、零件的材料、热处理等其他技术要求。

(2) 确定机床

通过分析，根据零件形状和加工的内容及范围，确定该零件或哪些表面适宜在数控机床上加工，并确定数控机床的类型如数控车床、数控铣床、加工中心或和其他数控机床。

(3) 工艺处理

在对零件图进行分析并确定好机床之后，确定零件的装夹定位方法、加工路线（如对刀点、换刀点、进给路线）、刀具及切削用量等工艺参数（如进给速度、主轴转速、切削宽度和切削深度等）。在该阶段要确定加工的顺序和步骤，一般分粗加工、半精加工、精加工三个阶段。粗加工一般留 1mm 的加工余量，半精加工留约 0.2mm 的加工余量，精加工直接形成产品的最终尺寸精度和表面粗糙度。对于要求较高的表面要分别进行加工，要求不高时粗加工留约 0.5mm 的加工余量，半精和精加工一次完成。根据粗、精加工的要求，合理选用刀具，所采用的刀具要满足加工质量和效率的要求。

(4) 数值计算

根据零件图、刀具的加工路线和设定的编程坐标系来计算刀具运动轨迹的坐标值。对于表面由圆弧、直线组成的简单零件，只需计算出零件轮廓上相邻几何元素的交点或切点（基点）的坐标值，得出直线的起点、终点，圆弧的起点、终点和圆心坐标值。对于较复杂的零件，计算会复杂一些，如对于非圆曲线需用直线段或圆弧段来逼近。对于自由曲线、曲面等加工，要借助计算机辅助编程来完成。

(5) 编写程序及检验

根据所计算出的刀具运动轨迹坐标值和已确定的切削用量以及辅助动作，结合数控系统规定使用的指令代码及程序段格式，编写零件加工程序单。将编好的程序输入到数控系统的方法有两种：一种是通过操作面板上的按钮手工直接把程序输入数控系统，另一种是通过计算机 RS-232 接口与数控机床连接传送程序。为了检验程序是否正确，可通过数控系统图形模拟功能来显示刀具轨迹或用机床空运行来检验机床运动轨迹，检查刀具运动轨迹是否符合加工要求。

(6) 试切工件

用图形模拟功能和机床空运行来检验机床运动轨迹，只能检验刀具的运动轨迹是否正确，不能检查加工精度。因此，还应进行零件的试切。如果通过试切发现零件的精度达不到要求，则应对程序进行修改，以及采用误差补偿的方法，直至达到零件的加工精度要求为止。在试切削工件时可用单步执行程序的方法，即每按一次启动按钮只执行一个程序段，如发现问题及时处理。

3.3 数控程序的指令代码

数控机床在加工过程中的动作，都是事先由编程人员在程序中用指令的方式给以规定的，当程序开始执行时，刀具便把工件加工成图样上要求的形状。机床的工艺指令大体分为G指令、F指令、S指令、T指令和M指令。

3.3.1 准备功能字G

准备功能字的地址符是G，又称为G功能或G指令，是用于建立机床或控制系统工作方式的一种指令。后续数字一般为1~3位正整数，往往同一个G指令用在不同的系统其含义也有所不同，常用G指令见表3-1。

表3-1 G功能字含义

G代码	分组	FANUC 0i系统数控车准备功能	分组	FANUC 0系统数控铣准备功能
*G00	01	定位(快速移动)	01	定位(快速移动)
*G01	01	直线插补(进给速度)	01	直线插补(进给速度)
G02	01	顺时针圆弧插补	01	顺时针圆弧插补
G03	01	逆时针圆弧插补	01	逆时针圆弧插补
G04	00	暂停,精确停止	00	暂停,精确停止
G09			00	精确停止
G17			02	*选择XY平面
G18	16	*选择ZX平面	02	选择ZX平面
G19			02	选择YZ平面
G20	06	英寸输送		
G21	06	毫米输入		
G27	00	返回并检查参考点	00	返回并检查参考点
G28	00	返回参考点	00	返回参考点
G29	00		00	从参考点返回
G30	00	返回第二参考点	00	返回第二参考点
G32	01	螺纹切削		
*G40	07	刀尖半径补偿取消	07	取消刀具半径补偿
G41	07	左侧刀尖半径补偿	07	左侧刀具半径补偿
G42	07	右侧刀尖半径补偿	07	右侧刀具半径补偿
G43			08	刀具长度补偿＋
G44			08	刀具长度补偿－
*G49			08	取消刀具长度补偿
G50	00	坐标系设定或主轴最大转速钳制		
G52	00	设置局部坐标系	00	设置局部坐标系
G53	00	选择机床坐标系	00	选择机床坐标系
*G54	14	选用1号工件坐标系	14	选用1号工件坐标系
G55	14	选用2号工件坐标系	14	选用2号工件坐标系
G56	14	选用3号工件坐标系	14	选用3号工件坐标系
G57	14	选用4号工件坐标系	14	选用4号工件坐标系

续表

G 代码	分组	FANUC 0i 系统数控车准备功能	分组	FANUC 0 系统数控铣准备功能
G58	14	选用 5 号工件坐标系	14	选用 5 号工件坐标系
G59	14	选用 6 号工件坐标系	14	选用 6 号工件坐标系
G60			00	单一方向定位
G61			15	精确停止方式
*G64			15	切削方式
G65	00	宏程序调用	00	宏程序调用
G66	12	模态宏程序调用	12	模态宏程序调用
*G67	12	模态宏程序调用取消	12	模态宏程序调用取消
G70	00	精加工循环		
G71	00	外圆粗切循环		
G72	00	端面粗切循环		
G73	00	封闭切削循环	09	深孔钻削固定循环
G74	00	深孔钻循环	09	反螺纹攻螺纹固定循环
G75	00	外径切槽循环		
G76	00	复合螺纹切削循环	09	精镗固定循环
*G80	10	取消固定循环	09	取消固定循环
G81			09	钻削固定循环
G82			09	钻削固定循环
G83	10	平面钻孔循环	09	深孔钻削固定循环
G84	10	平面攻螺纹循环	09	攻螺纹固定循环
G85	10	正面镗孔循环	09	镗削固定循环
G86			09	镗削固定循环
G87	10	侧钻循环	09	反镗固定循环
G88	10	侧攻螺纹循环	09	镗削固定循环
G89	10	侧镗循环	09	镗削固定循环
*G90	01	外径/内径切削循环	03	绝对值指令方式
*G91			03	增量值指令方式
G92	01	螺纹切削循环	00	工件零点设定
G94	01	端面切削循环		
G96	02	恒表面速度控制		
G97	02	恒表面速度控制取消		
*G98	05	每分进给量	10	固定循环返回初始点
G99	05	每转进给量	10	固定循环返回 R 点

注：*代码为开机时的初始状态。

3.3.2 F、S、T 指令

(1) F 指令

F 指令为进给速度指令，是表示刀具向工件进给的相对速度，单位一般为 mm/min，当进给速度与主轴转速有关（如车螺纹）时，单位为 mm/r。进给速度一般有如下两种表示方法。

① 代码法　即 F 后跟的两位数字并不直接表示进给速度的大小，而是机床进给速度序列的代号，可以是算术级数，也可以是几何级数。

② 直接指定法　即 F 后跟的数字就是进给速度的大小。如 F100 表示进给速度是 100mm/min。这种方法较为直观，目前大多数数控机床都采用此方法。

(2) S 指令

S 指令为主轴转速指令，用来指定主轴的转速，单位为 r/min。同样也可有代码法和直接指定法两种表示方法。

(3) T 指令

T 指令为刀具指令，在加工中心机床中，该指令用以自动换刀时选择所需的刀具。在车床中，常为 T 后跟 2 或 4 位数，前 1（2）位为刀具号，后 1（2）位为刀具补偿号。在铣镗床中，T 后常跟两位数，用于表示刀具号，刀补号则用 H 代码或 D 代码表示。

在上述这些工艺指令代码中，有相当一部分属于模态代码（又称续效代码）。这种代码在程序段中一经指定，便保持有效直到被以后的程序段中出现同组类的另一代码所替代。模态代码一经应用，如果其后续的程序段中还有相同功能的操作，且没有出现过同组类代码时，则在后续的程序段中可以不再指令和书写这一功能代码。比如，接连几段直线的加工，可在第一段直线加工时用 G01 指令，后续几段直线就不需再书写 G01 指令，直到遇到 G02（G03）圆弧插补指令或 G00 快速移动等指令方可改变其运动状态。

另一部分非模态代码功能只对当前程序段有效，如果下面某一程序段还需要使用此功能则还需要重新书写。

3.3.3 M 指令

辅助功能字的地址符是 M，又称为 M 功能或 M 指令，后续数字一般为 1~3 位正整数，用于指定数控机床辅助装置的开关动作，常用 M 指令见表 3-2。

表 3-2 M 功能字含义

M 功能字	含义	M 功能字	含义
M00	程序停止	M07	2 号冷却液开
M01	计划停止	M08	1 号冷却液开
M02	程序停止	M09	冷却液关
M03	主轴顺时针旋转	M30	程序停止并返回开始处
M04	主轴逆时针旋转	M98	调用子程序
M05	主轴旋转停止	M99	返回子程序
M06	换刀		

3.4 数控加工程序的结构

在本节中，学生可以掌握数控机床程序的结构与格式形式，并应掌握正确指出各程序段功能的技能。

3.4.1 数控加工程序的构成

(1) 程序结构

程序段是可作为一个单位来处理的连续的字符组，它实际是数控加工程序中的一段程序。零件加工程序的主体由若干个程序段组成。多数程序段是用来指令机床完成或执行某一动作。程序段是由尺寸字、非尺寸字和程序段结束指令构成。在书写和打印时，每个程序段一般占一行，在屏幕显示程序时也是如此。

（2）程序格式

常规加工程序由开始符（单列一段）、程序名（单列一段）、程序主体和程序结束指令（一般单列一段）组成。程序的最后还有一个程序结束符。程序开始符与程序结束符是同一个字符：在 ISO 代码中是％，在 EIA 代码中是 ER。程序结束指令可用 M02（程序结束）或 M30（纸带结束）。现在的数控机床一般都使用存储式的程序运行，此时 M02 与 M30 的共同点是：在完成了所在程序段其他所有指令之后，用以停止主轴、冷却液和进给，并使控制系统复位。M02 与 M30 在有些机床（系统）上使用时是完全等效的，而在另一些机床（系统）上使用有如下不同：用 M02 结束程序场合，自动运行结束后光标停在程序结束处；而用 M30 结束程序运行场合，自动运行结束后光标和屏幕显示能自动返回到程序开头处，一按启动钮就可以再次运行程序。虽然 M02 与 M30 允许与其他程序字合用一个程序段，但最好还是将其单列一段，或者只与顺序号共用一个程序段。

程序名位于程序主体之前、程序开始符之后，它一般独占一行。程序名有两种形式。一种是以规定的英文字（多用 O）打头、后面紧跟若干位数字组成。数字的最多允许位数由说明书规定，常见的是两位和四位两种。这种形式的程序名也可称作程序号。另一种形式是，程序名由英文字母或英文字母和数字混合组成，中间还可以加入"—"号。这种形式使用户命名程序比较灵活，例如在 LC30 型数控车床上加工零件图号为 215 的法兰第三道工序的程序，可命名为 LC30-FIANGE-215-3，这就给使用、存储和检索等带来很大方便。程序名用哪种形式是由数控系统决定的。

某工件车削加工程序示例如下。

程序内容	程序说明
％	程序开始符
O0002；	程序名
N0 G99 G97 S600 M03；	程序主体部分
N5 T0101；	
N10 G00 X200.0 Z100.0；	
N15 X32.0 Z2.0；	
N20 G71 U1.5 R0.5；	
N25 G71 P30 Q65 U0.5 W0.05 F0.15；	
N30 G00 X0；	
N35 G01 Z0；	
N40 X12.0 C1.0；	
N45 Z−6.0；	
N50 G02 X20.0 Z−10.0 R4.0；	
N55 G01 Z−20.0；	
N60 X28.0 Z−25.0；	
N65 Z−35.0；	
N70 G00 X200.0 Z100.0；	
N75 M05；	
N80 M30；	程序结束指令
％	程序结束符

（3）程序段格式

程序段中字、字符和数据的安排形式的规则称为程序段格式（block format）。数控历史上曾经用过固定顺序格式和分隔符（HT 或 TAB）程序段格式。这两种程序段格式均已经过时，目前国内外都广泛采用字地址可变程序段格式，又称为字地址格式。在这种格式中，程序字长是不固定的，程序字的个数也是可变的，绝大多数数控系统允许程序字的顺序是任意排列的，故属于可变程序段格式。但是，在大多数场合，为了书写、输入、检查和校对的方便，程序字在程序段中习惯按一定的顺序排列。

数控机床的编程说明书中用详细格式来分类规定程序编制的细节：程序编制所用字符、程序段中程序字的顺序及字长等。例如

```
N02 M03 S800
N04 T4 M06
/N06 G02 X53.0 Y53.0 R25.0 F100
```

上例详细格式分类说明如下：N××为程序段序号；M03 为辅助功能指令主轴正转；S800 为主轴转速；T4 为所使用刀具的刀号；M06 为辅助功能指令刀具交换；G02 表示加工的轨迹为顺时针圆弧；X53.0、Y53.0 表示所加工圆弧的终点坐标；R25.0 表示所加工圆弧的圆弧半径；F100 为加工进给速度；/为跳步选择指令。

跳步选择指令的作用是：在程序不变的前提下，操作者可以对程序中的有跳步选择指令的程序段作出执行或不执行的选择。选择的方法，通常是通过操作面板上的跳步选择开关扳向 ON 或 OFF，来实现不执行或执行有"/"的程序段。

(4) 主程序与子程序

编制加工程序有时会遇到这种情况：一组程序段在一个程序中多次出现，或者在几个程序中都要使用它。这时可以把这组程序段摘出来，命名后单独储存，这组程序段就是子程序。子程序是可由适当的机床控制指令调用的一段加工程序，它在加工中一般具有独立意义。调用第一层子程序的指令所在的加工程序叫做主程序。调用子程序的指令也是一个程序段，它一般由子程序调用指令、子程序名称和调用次数组成，具体规则和格式随系统而别，例如同样是"调用 55 号子程序一次"，FANUC 系统用"M98 P55。"，而美国 A-B 公司系统用"P55x"。

子程序可以多重嵌套，即一层套一层。上一层与下一层的关系，跟主程序与第一层子程序的关系相同。最多可以嵌套多少层，由具体的数控系统决定。子程序的形式和组成与主程序大体相同：第一行是子程序号（名），最后一行则是"子程序结束"指令，它们之间的部分是子程序主体。不过，主程序结束指令作用是结束主程序、让数控系统复位，其指令已经标准化，各系统都用 M02 或 M30；而子程序结束指令作用是结束子程序、返回主程序或上一层子程序，其指令各系统也不统一，如 FANUC 系统用 M99、西门子系统用 M17，美国 A-B 公司的系统用 M02 等。

(5) 宏程序

在数控加工程序中可以使用用户宏程序。所谓宏程序就是含有变量的子程序，在程序中调用宏程序的指令称为用户宏指令，系统可以使用用户宏程序的功能叫做用户宏功能。执行时只需写出用户宏命令，就可以执行其用户宏功能。

用户宏的最大特征是：

① 可以在用户宏中使用变量。

② 可以使用演算式、转向语句及多种函数。

③ 可以用用户宏命令对变量进行赋值。

数控机床采用成组技术进行零件的加工，可扩大批量、减少编程量、提高经济效益。在成组加工中，将零件进行分类，对这一类零件编制加工程序，而不需要对每一个零件都编一个程序。在加工同一类零件只是尺寸不同时，使用用户宏的主要方便之处是可以用变量代替具体数值，到实际加工时，只需将此零件的实际尺寸数值用用户宏命令赋予变量即可。

3.4.2 数控加工程序的分类

数控程序按程序段（行）的表达形式可分为固定顺序格式、表格顺序格式和地址数字格式三种。

固定顺序格式属于早期采用的数控程序格式，因其可读性差、编程不直观等原因，现已基本不用。

表格顺序格式程序的每个程序行都具有统一的格式，加工用数据之间用固定的分隔符分隔，其编程工作类似于填表。当某一项数值为零时，其数值虽然可省略，但分隔符却不能省略；否则，在数控装置读取数据时就会出错。比如，国产数控快走丝线切割机床所采用的3B、4B 程序格式，就是这种表格顺序格式类型。

地址数字格式程序是目前国际上较为通用的一种程序格式。其组成程序的最基本的单位称之为"字"，每个字由地址字符（英文字母）加上带符号的数字组成。各种指令字组合而成的一行即为程序段，整个程序则由多个程序段组成。即：字母＋符号＋数字→指令字→程序段→程序。

一般地，一个程序行可按如下形式书写：

N04 G02 X43 Y43…F32 S04 T02 M02

程序行中：

N04——N 表示程序段号，04 表示其后最多可跟 4 位数，N0044 可直接表示为 N44。程序段号指令数字最前的 0 可省略不写。

G02——G 为准备功能字，02 表示其后最多可跟 2 位数，数字最前的 0 可省略不写。

X43，Y43——坐标功能字，±表示后跟的数字值有正负之分，正号可省略，负号不能省略。43 表示小数点前取 4 位数，小数点后可跟 3 位数。程序中作为坐标功能字的主要有作为第一坐标系的 X、Y、Z；平行于 X、Y、Z 的第二坐标字 U、V、W；第三坐标字 P、Q、R 以及表示圆弧圆心相对位置的坐标字 I、J、K；在五轴加工中心上可能还用到绕 X、Y、Z 旋转的对应坐标字 A、B、C 等等。坐标数值单位由程序指令设定或系统参数设定。

F32——F 为进给速度指令字，32 表示小数点前取 3 位数，小数点后可跟 2 位数。

S04——S 为主轴转速指令字，04 表示其后最多可跟 4 位数，数字最前的 0 可省略不写。

T02——T 为刀具功能字，02 表示其后最多可跟 2 位数，数字最前的 0 可省略不写。

M02——M 为辅助功能字，02 表示其后最多可跟 2 位数，数字最前的 0 可省略不写。

总体来说，在地址数字格式程序中代码字的排列顺序没有严格的要求，不需要的代码字可以不写。整个程序的书写相对来说是比较自由的。

如铣削一个轨迹为长 10mm、宽 8mm 的长方形，其程序可简单编写如下：

```
G01 X0 Y0 F100
Y8.0
X10.0
Y0
X0
…
```

此外，为了方便程序编写，有时也往往将一些多次重复用到的程序段，单独抽出做成子程序存放，这样就将整个加工程序做成了主-子程序的结构形式。在执行主程序的过程中，如果需要，可多次重复调用子程序，有的还允许在子程序中再调用另外的子程序，即所谓

"多层嵌套",从而大大简化了编程工作。至于主-子程序结构的程序例子,将会在后面实际加工应用中列举出来,到时再慢慢体会。

即使是广为应用的地址数字程序格式,不同的生产厂家,不同的数控系统,由于其各种功能指令的设定不同,所以对应的程序格式也有所差别。在加工编程时,一定要先了解清楚机床所用的数控系统及其编程格式后才能着手进行。

本章小结

通过本章的学习,掌握程序编制的内容与方法、数控机床的坐标系的分类和坐标的确定方法、常用编程指令程序结构与格式以及数控编程中数值的计算方法;通过学习能够理解各程序段的含义,具有编制简单程序的能力。

习 题

1. 数控机床加工程序的编制步骤有哪些?
2. 数控机床加工程序的编制方法有哪些?它们分别适用于什么场合?
3. 用 G92 程序段设置的加工坐标系原点在机床坐标系中的位置是否不变?
4. 何为 F、S、T 功能?
5. 编写图 3-7～图 3-10 所示零件的加工轨迹程序。

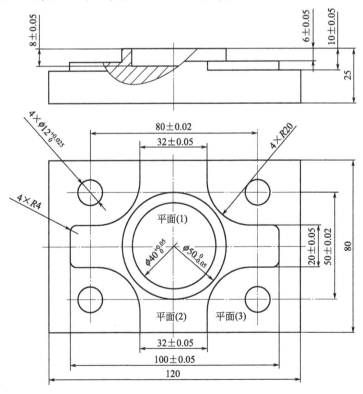

图 3-7 习题图 1

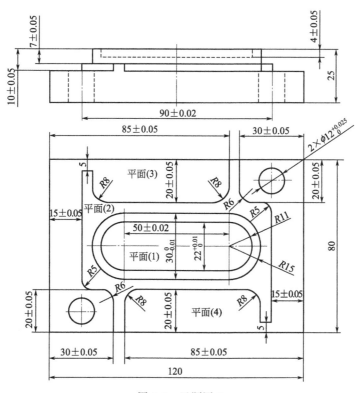

图 3-8 习题图 2

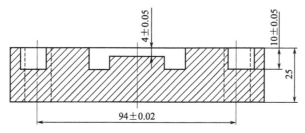

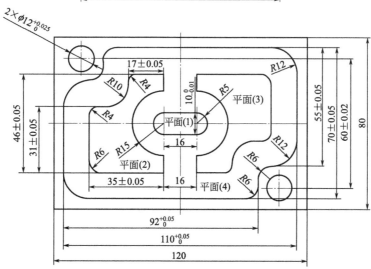

图 3-9 习题图 3

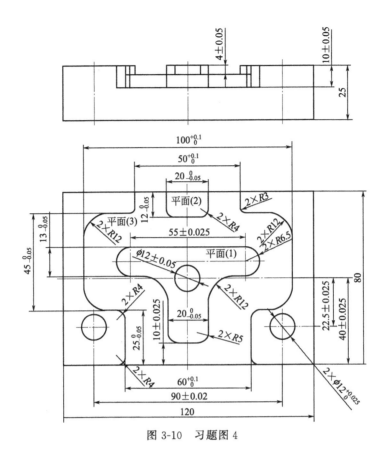

图 3-10 习题图 4

4 数控车削工艺与编程

4.1 数控车削加工工艺分析

数控车床是目前使用最广泛的数控机床之一。数控车床主要用于加工轴类、盘类等回转体零件。通过数控加工程序的运行,可自动完成内外圆柱面、圆锥面、成形面、螺纹和端面等工序的切削加工,并能进行车槽、钻孔、扩孔、铰孔等工作。而数控车削加工的加工工艺与普通车床同出一源,在设计零件的数控加工工艺时,首先要遵循普通加工工艺的基本原则和方法,同时还必须考虑数控加工本身的特点和零件编程要求。数控加工工艺合理的编制对实现安全、优质、高效、经济的加工具有极为重要的作用。其内容包括选择合适的机床、刀具、夹具、走刀路线及切削用量等,只有合理选择工艺参数及切削策略才能获得较理想的加工效果。

4.1.1 零件数控车削加工方案的拟定

数控车床具有加工精度高,能作直线、圆弧和非圆曲线插补,在加工过程中能自动变速的特点。因此,其工艺范围比普通车床宽得多。凡是能在普通车床上加工的回转体零件均能在数控车床上完成。但是,不是什么工件都适合在数控机床上进行加工,或者说不是什么工件都有必要在数控机床上完成。当选择并决定对某个零件进行数控加工后,一般情况下,也并非其全部加工内容都适合在数控机床上完成,而往往只是其中的一部分工艺内容适合数控加工。这就需要对零件图样进行仔细的工艺分析,选择那些工序内容最适合、最需要进行数控加工内容,尽量减少贵重机床的占用时间,充分发挥数控加工的优势。

(1) 适于数控车床加工的内容

① 精度要求高的回转体零件。

由于数控车床刚性好,加工精度高,以及能方便和精确地进行人工补偿和自动补偿,所以能加工尺寸精度要求较高的零件,在有些场合可以以车代磨。此外,数控车削的刀具运动是通过高精度插补运算和伺服驱动系统来实现的,能加工对母线直线度、圆度、圆柱度等形状精度要求高的零件。对于圆弧以及其他曲线轮廓,加工出的形状与图纸上所要求的几何形状的接近程度比用仿形车床要高得多。数控车削工件时,一次装夹可完成多道工序的加工,因而对提高加工工件的位置精度特别有效。不少位置精度要求高的零件用普通车床车削时，因机床制造精度低、工件反复装夹次数多，从而达不到设计要求，只能在车削后用磨削或其他方法弥补。

② 表面粗糙度要求高的回转体零件。

数控车床具有恒线速切削功能，能加工出表面粗糙度值小而均匀的零件。在材质、精车余量和刀具已定的情况下，表面粗糙度取决于进给量和切削速度。在普通车床上车削锥面和端面时，由于转速恒定不变，车削后的表面粗糙度不一致，只有某一直径处的粗糙度值最小。使用数控车床的恒线速切削功能，就可选用最佳线速度来切削锥面和端面，使切削后的表面粗糙度值能够保持一致。数控车削还适合于车削各部分表面粗糙度要求不同的零件，粗糙度值要求大的部位选用大的进给量，要求小的部位选用小的进给量。

③ 表面形状复杂的回转体零件。

由于数控车床具有直线和圆弧插补功能，可以车削由任意直线和曲线组成的形状复杂的回转体零件、壳体零件封闭内腔的成形面，在普通车床上是无法加工的，而在数控车床上则很容易加工出来。组成零件轮廓的曲线可以是数学方程式描述的曲线，也可以是列表曲线。对于由直线或圆弧组成的轮廓，直接利用机床的直线或圆弧插补功能；对于由非圆曲线组成的轮廓，可以用非圆曲线插补功能，若所选机床没有非圆曲线插补功能则应先用直线或圆弧去逼近，然后再用直线或圆弧插补功能进行插补切削。

④ 带特殊螺纹的回转体零件。

普通车床所能车削的螺纹相当有限，它只能车等导程的直、锥面公、英制螺纹，而且一台车床只能限定加工若干种导程。数控车床具有加工各类螺纹的功能，不但能车削任何等导程的直、锥和端面螺纹，而且能车削增导程、减导程，以及要求等导程与变导程之间平滑过渡的螺纹，还可以车削高精度的模数螺旋零件（如圆柱、圆弧蜗杆）和端面（盘形）螺旋零件等。由于数控车床可以配备精密螺纹切削功能，再加上一般采用硬质合金成形刀具以及可以使用较高的转速，所以车削出来的螺纹精度高，表面粗糙度值小。

(2) 不适于数控加工的内容

一般来说，上述这些加工内容采用数控加工后，产品质量、生产效率与综合效益等都会得到明显提高。相比之下，下列一些内容不宜选择采用数控加工。

① 工件轮廓简单、精度要求很低或生产批量又特别大的工件，在数控机床上加工没有明显的优势。

② 装夹困难或必须依靠人工找正才能保证加工精度的单件小批量工件（占机调整时间过长，不利于有效利用数控设备的加工内容）。

③ 加工部位分散，不能在一次安装中完成加工的其他零星加工表面，需要多次安装、设置工件原点。这时，采用数控加工很麻烦，效果不明显，可安排通用机床加工。

④ 加工余量大或材质及余量都不均匀的毛坯工件。

⑤ 特别难加工的工件材料，在加工中暂时没有解决刀具耐用度问题时（由于刀具磨损过快，无法很好地控制加工质量）及铸铁工件（切屑不易清理使机床导轨严重磨损）等都不适合在数控机床上进行加工。

此外，在选择和决定数控加工内容时，也要考虑生产批量、生产周期、工序间周转情况等。总之，要尽量做到合理、高效地利用数控资源，防止把数控机床降格为通用机床使用。

(3) 数控车床加工的工艺性分析

在数控机床上加工零件时,要把被加工零件的全部工艺过程、工艺参数等编制成程序,整个加工过程是自动进行的,因此工艺分析是加工程序编制工作前的一项较为复杂又非常重要的环节。要掌握好数控加工中的工艺处理环节,除了应该掌握比普通机床加工更为详细和复杂的工艺规程外,还应具有扎实的普通加工工艺基础知识。一个合格的编程人员应该是一个很好的工艺员,应对机床主体和数控系统的性能、特点和应用,以及数控加工的工艺方案制订工作等各个方面,都有比较全面的了解。编程时对工艺分析考虑不周,常是造成数控加工失误的主要原因之一。

由此可见,做好工艺分析处理工作,对于数控加工程序的编制及其零件的加工是非常重要的。

① 分析零件图样　分析零件图样是工艺准备中的首要工作,必须熟悉零件在产品中的作用、位置、装配关系和工作条件,搞清楚各项技术要求对零件装配质量和使用性能的影响,找出主要的、关键的技术要求,然后对零件图样进行分析。零件图样的分析直接影响零件加工程序的编制及加工结果。此项工作包括以下内容。

a. 构成加工轮廓的几何条件。由于设计、制图等多方面的原因,可能在图样上出现构成加工轮廓的数据不充分、尺寸模糊不清及尺寸封闭等缺陷,增加了编程工作的难度,有时甚至无法编程。

b. 尺寸公差要求。分析零件图样的公差要求,以确定控制其尺寸精度的加工工艺(如刀具选择及确定其切削用量等)。

c. 形状和位置公差要求。图样上给定的形状和位置公差是保证零件精度的重要要求。找出图样上有较高位置精度要求的表面,这些表面应在一次安装下完成。在工艺准备过程中,除了按其要求确定零件的定位基准和检测基准,并满足其设计基准的规定外,还要根据工件的特点确定适合的加工方法,以便有效地控制其形状和位置误差。

d. 表面粗糙度要求。表面粗糙度是保证零件表面微观精度的重要要求,也是合理选择机床、刀具及确定切削用量的重要依据。对表面粗糙度要求较高的表面,应该采用恒线速切削加工指令。

e. 材料与热处理要求。图样上给出的零件材料与热处理要求,是选择刀具(材料、几何参数及耐用度)和选择机床型号及确定有关切削用量等的重要依据。

f. 毛坯要求。零件的毛坯要求主要指对坯件形状和尺寸的要求,如棒材、管材或铸、锻坯件的形状及其尺寸等。分析上述要求,对确定数控机床的加工工序,选择机床型号、刀具材料及几何参数、走刀路线和切削用量等,都是必不可少的。例如,当其铸、锻坯件的加工余量过大或很不均匀时,若采用数控加工,则既不经济,又降低了机床的使用寿命。因此,在确定毛坯时要综合考虑各个方面的因素,以求最佳的加工效果。

g. 件数要求。零件的加工件数量,对于装夹与定位、刀具选择、工序安排及走刀路线的确定等都是不可忽视的条件。如单件小批量加工尽量在一序中完成并尽量不要采用专用夹具,而大批量的生产则要考虑是否由多台机床分多序完成并制造专用夹具等。

② 数控车床加工工艺路线的拟订　拟订车削加工工艺路线的主要内容包括:选择各加工表面的加工方法、划分加工阶段、划分工序以及安排工序的先后顺序等。应根据从生产实践中总结出来的一些综合性工艺原则,结合实际的生产条件,提出几种方案,通过对比分

析,从中选择最佳方案。

a. 工序的划分　在数控车床上加工零件,应按工序集中的原则划分工序,应在一次安装下尽可能完成大部分甚至全部表面的加工。对于需要多台不同的数控机床、多道工序才能完成加工的零件,工序划分自然以机床为单位进行。而对于需要很少的数控机床就能加工完零件全部内容的情况,一般应根据零件的结构形状不同,选择外圆、端面或内孔、端面装夹,并力求设计基准、工艺基准和编程原点的统一。在批量生产中,常用下列两种方法进行工序的划分。

ⅰ. 按安装次数划分工序。以每一次装夹完成的那一部分工艺过程作为一道工序。此种划分工序的方法可将位置精度要求较高的表面安排在一次安装下完成,以免多次安装所产生的安装误差影响位置精度。这种工序划分方法适用于加工内容不多的零件。

ⅱ. 按粗、精加工划分工序。为了保证切削加工质量及延长刀具的使用寿命,工件的加工余量往往不是一次切除的,而是逐步减少切削深度分阶段切除的。切削加工可分为粗加工、半精加工、精加工、精密加工、超精密加工等5个阶段。各个加工阶段的目的、尺寸公差等级和表面粗糙度 Ra 值的范围见表4-1。

表4-1　加工阶段的划分

加工阶段	目的	尺寸公差等级范围		Ra 值范围/μm	相应加工方法
粗加工	尽快从工件毛坯上切除多余材料,使其接近零件的形状和尺寸	IT12~IT11		25~12.5	粗车、粗镗、粗铣、钻孔等
半精加工	进一步提高精度和降低表面粗糙度 Ra 值,并留下合适的加工余量	IT10~IT9		6.3~3.2	半精车、半精镗、半精铣、扩孔等
精加工	使一般零件的主要表面达到规定的精度和粗糙度要求,或为要求很高的主要表面进行精密加工作准备	一般精加工	IT8~IT7(精外圆可达IT6)	1.6~0.8	精车、精镗、精铣、粗磨、粗拉、粗铰等
		精密精加工	IT7~IT6(精磨外圆可达IT5)	0.8~0.2	精磨、精拉、精铰等
精密加工	在精加工基础上进一步提高精度和减小表面粗糙度 Ra 值的加工(对于不提高精度,只减少表面粗糙度值的加工又称光整加工)	IT5~IT3		0.1~0.008	研磨、珩磨、超精加工、抛光等
超精密加工	比精密加工更高级的亚微米加工,只用于加工极个别的超精密零件	高于IT3		0.012或更低	金刚石刀具切削、超精密研磨和抛光等

对于毛坯余量较大和加工精度要求较高的零件,应将粗车和精车分开,划分成两道或更多的工序。将粗车安排在精度较低、功率较大的数控车床上(或普通车床上)完成,将精车安排在精度较高的数控车床上。对于容易发生加工变形的零件,通常粗车后需要进行矫形,这时粗加工和精加工作为两道工序,可以采用不同的刀具或不同的数控车床加工。这种划分方法适用于零件加工后易变形或精度要求较高的零件。而且,很多锻、铸件通过粗车削一遍,可以及时发现毛坯的内在缺陷而决定取舍,以免浪费更多的工时。

综上所述,在划分数控加工工序时,一定要视零件的结构与工艺性,零件的批量,机床的功能,零件数控加工内容的多少,程序的大小,安装次数及生产组织状况灵活掌握。

b. 加工顺序的确定　在数控车床加工过程中,由于加工对象复杂多样,特别是轮廓曲线的形状及位置千变万化,加上材料、批量不同等多方面因素的影响,具体在确定加工顺序时应根据零件的结构和毛坯的状况,结合定位及夹紧的需要一起考虑,重点应保证工件的刚度不被破坏，尽量减少变形。制订零件车削加工顺序一般遵循下列原则。

先粗后精原则：为了提高生产效率并保证零件的精加工质量，在切削加工时，应先安排粗加工工序，在较短的时间内，将精加工前大量的加工余量去掉，同时尽量满足精加工的余量均匀性要求。当粗加工工序安排完后，应接着安排换刀后进行的半精加工和精加工。其中，安排半精加工的目的是，当粗加工后所留余量的均匀性满足不了精加工要求时，则可安排半精加工作为过渡性工序，以便使精加工余量小而均匀。

先近后远原则：这里所说的远与近，是按加工部位相对于起刀点的距离大小而言的。在一般情况下，离起刀点近的部位先加工，离起刀点远的部位后加工，以便缩短刀具移动距离，减少空行程时间。对于车削较长的工件，先近后远还有利于保持毛坯件或半成品件的刚性，改善其切削条件。

先内后外原则：对于精密套筒，其外圆与孔同轴度要求较高，一般采用"先内孔后外圆"的原则。即先以外圆定位加工内孔，再以内孔定位加工外圆，这样可以保证较高的同轴度要求，并且使所用的夹具简单。

内外交替原则：对既有内表面（内型、腔），又有外表面需加工的回转体零件，安排加工顺序时，应先进行内、外表面粗加工，后进行内、外表面精加工。切不可将零件上一部分表面（外表面或内表面）加工完毕后，再加工其他表面（内表面或外表面），此要求对薄壁工件及加工余量较大的工件加工尤为重要。

基面先行原则：用作精基准的表面应优先加工出来，因为定位基准的表面越精确，装夹误差就越小。例如，轴类零件加工时，总是先加工中心孔，再以中心孔为精基准加工外圆表面和端面。

（4）进给路线的确定基本原则

进给路线泛指刀具从对刀点（或机床固定原点）开始运动起，直至返回该点并结束加工程序所经过的路径，包括切削加工的路径及刀具引入、切出等非切削空行程。确定进给路线的工作重点，主要在于粗加工及空行程的进给路线，因精加工切削过程的进给路线基本上都是沿零件轮廓顺序进行的。

在保证加工质量的前提下，使加工程序具有最短的进给路线，不仅可以节省整个加工过程的执行时间，还能减少一些不必要的刀具消耗及机床进给机构滑动部件的磨损等。实现最短的进给路线，除了依靠大量的实践经验外，还应善于分析，必要时可辅以一些简单的计算。

① 最短的空行程路线

a. 巧用起刀点 示例如下。

图4-1为采用G90矩形循环方式进行粗车外圆的一般情况示例（图中虚线为快速移动轨迹，细实线为切削进给轨迹）。图4-1(a)中 A 点的设定是考虑到精车等加工过程中需方便地换刀，故设置在离坯件较远的位置处，同时将起刀点与对刀点重合在一起，按四刀粗车的进给路线安排如下：

第一刀为 $A—B—C—D—A$；

第二刀为 $A—E—F—D—A$；

第三刀为 $A—G—H—D—A$；

第四刀为 $A—I—J—D—A$。

图4-1(b)则是将起刀点与对刀点分离，并设起刀点于图示 A' 点处，无论是快速移动空

行程还是切削进给空行程都大大地缩短了。此时,仍按相同的切削深度进行四次进给粗车,其进给路线安排如下:

第一刀为 $A'-B-C-D-A'$;

第二刀为 $A'-E-F-D-A'$;

第三刀为 $A'-G-H-D-A'$;

第四刀为 $A'-I-J-D-A'$。

显然,图 4-1(b) 所示的进给路线短。该方法也可用在其他循环(如端面切削循环、螺纹车削循环等)切削加工中。

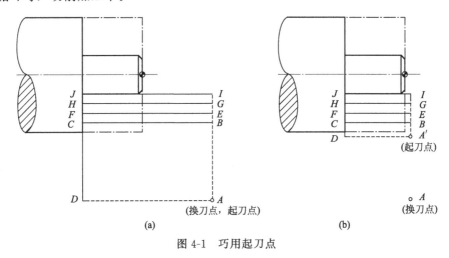

图 4-1 巧用起刀点

实际工作中在加工零件外表面时,一般将起刀点设定在大于工件毛坯外圆直径 1~2mm 端面以外 2mm 处,这样设定既高效又比较安全。

b. 巧设换(转)刀点　换刀点是数控车床等多刀加工的各种数控机床所需加工程序时,相对于机床固定原点而设置的一个自动换(转)刀的位置。换(转)刀点的位置可设定在机床固定原点、浮动原点或远离工件的某一位置上,其具体的位置应根据工序内容而定。

为了防止在换(转)刀时碰撞到被加工零件或夹具,除特殊情况外,其换刀点几乎都设置在被加工零件的外面,并留有一定的安全区。换刀点的设置主要考虑换(转)刀的方便和安全,切忌和工件、尾座等发生干涉。因此,大多将换(转)刀点也设置在离坯件较远的位置处(如图 4-1 中的 A 点)。那么,当换第二把刀,进行精车时的空行程路线必然也较长;如果将第二把刀的换刀点也设置在图 4-1(b) 中的 A' 点位置上(因工件已去掉较大的余量),则可缩短空行程距离。但如果刀架上装有镗孔刀时,一般不能采用在此点进行换刀,以免发生碰撞。

对于实际加工来说换刀点的位置会对加工的效率有一定的影响,但是对于刚刚接触数控机床的人员来说还是应首先考虑安全的问题。因此,建议大家应该把换刀点设置在比较安全的区域内。

c. 合理安排"回零"路线　在手工编制较为复杂轮廓的加工程序时,为使加工程序段落分明层次清晰,编程者有时将每一刀加工完成后的刀具终点执行"回零"(即返回机械原点)指令,然后再执行后续程序。这样既不容易出错,又可以消除机床的积累误差,但是会增加进给路线的距离,从而降低生产效率。因此,在不发生加工干涉的前提下,

宜尽量采用 X、Z 坐标轴双向同时"回零"指令（G28 U0 W0），该指令功能的"回零"路线是最短的。

② 粗加工（或半精加工）进给路线

a. 常用的粗加工进给路线　几种不同的粗加工切削进给路线的安排示意，见图 4-2。

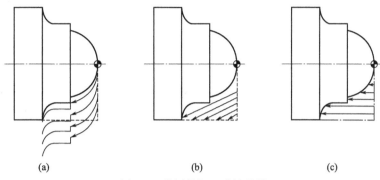

图 4-2　常用粗加工进给路线

其中，图 4-2(a) 表示利用数控系统具有的封闭式复合循环功能（G73 指令），控制车刀沿着工件轮廓形状进给路线；图 4-2(b) 表示利用程序循环功能安排的"三角形"进给路线；图 4-2(c) 为利用程序循环功能而安排的"矩形"进给路线。

对以上三种切削进给路线经分析和判断后可知，矩形循环进给路线的走刀长度总和最短，封闭式复合循环走刀路线的走刀长度总和最长。因此，在同等条件下，矩形循环切削所需时间最短，刀具的损耗小。另外，矩形循环加工的程序段格式较简单，所以这种进给路线的安排，在制订加工方案时应用较多。但矩形循环粗车后的精车余量不够均匀，一般需安排半精车加工。

b. 凹圆弧表面粗加工进给路线　图 4-3 是常见凹圆弧表面切削路线的形式。图 4-3(a) 表示同心圆形式，图 4-3(b) 表示等径圆弧（等径圆弧圆心偏移）形式，图 4-3(c) 表示不等径圆弧（圆弧起点、终点相同改变切削圆弧半径使弦差改变）形式，图 4-3(d) 表示为梯形进给形式，图 4-3(e) 表示三角形形式。

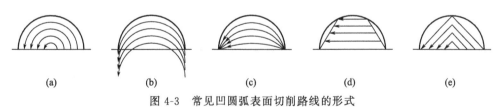

图 4-3　常见凹圆弧表面切削路线的形式

不同形式的切削路线有不同的特点，了解它们各自的特点，有利于合理地安排其走刀路线。现将上述几种切削路线进行比较和分析如下：

ⅰ. 程序段数最少的为同心圆、不等径圆弧及等径圆形式；

ⅱ. 走刀路线最短的为同心圆形式，其余依次为不等径圆弧、三角形、梯形及等径圆形式；

ⅲ. 计算和编程最简单的为等径圆形式（可利用子程序调用来循环加工），其余依次为同心圆、三角形、梯形形式和不等径圆弧；

ⅳ. 金属切除率最高、切削力分布最合理的为梯形形式；

ⅴ.精车余量最均匀的为同心圆形式。

加工外圆弧的方法相对简单一些，可以采用同心圆、等径圆弧偏移及矩形切削加工等方法。

c.粗加工进给路线确定的基本原则　通过上面的示例可以看出，粗加工应该尽量采用最少的加工时间、最短的加工路径、最平稳的切削方式将多余的毛坯余量去处掉，并力求精加工的余量均匀。因此，在粗加工中大多采用矩形切削方式并配以半精加工将多余的边角毛坯去处，使加工的综合性能得到提高。

③ 精加工进给线路的确定　在安排一刀或多刀进行的精加工进给路线时，零件的完整轮廓应由最后一刀连续加工而成，并且加工刀具的进、退刀位置要考虑妥当，尽量不要在连续的轮廓中安排切入和切出或换刀及停顿，以免因切削力突然变化而造成破坏工艺系统的平衡状态，致使光滑连接轮廓上产生表面划伤、形状突变或滞留刀痕等缺陷。

④ 特殊的进给路线

a.巧用切断刀　巧用切断（槽）刀加工切断面带倒角要求的零件［图4-4(a)］，在批量车削加工中比较普遍，为了便于切断并避免调头倒角，可巧用切断刀同时完成车倒角和切断两个工序，效果很好。

图4-4(b) 表示用切断刀先按4mm×φ32mm工序尺寸安排车槽，这样既为倒角提供了方便，也减小了刀具切断较大直径坯件时的长时间摩擦，同时还有利于切断时的排屑。

图4-4(c) 表示倒角时，切断刀刀位点的起、止位置。

图4-4(d) 表示切断时，切断刀的起始位置及路径。

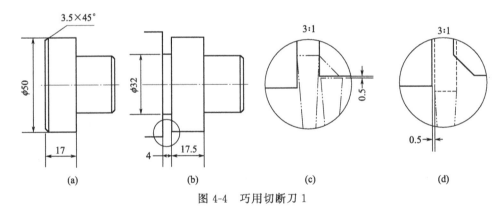

图4-4　巧用切断刀1

加工（图4-5）轧滚，可以将切断刀三个方向的进给编入子程序中通过调用子程序来完成轧滚的粗加工。

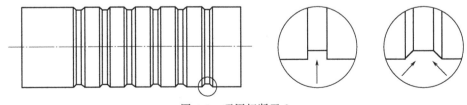

图4-5　巧用切断刀2

还有一些时候对于单件或小批量加工，也可以用切槽刀直接加工工件的外圆柱面（在保证刀具耐用度的情况下），而不必将工件调头加工，避免了由于调头加工所引起的同轴度误差。

b. 合理安排进刀方向　在数控车削加工中，一般情况下，Z 坐标轴方向的进给运动都是沿着负方向走刀的，但有时按其常规的负方向安排走刀路线并不合理，甚至可能车坏工件、损伤刀具。

例如，图 4-6 所示采用尖形车刀加工大圆弧内表面零件时，安排两种不同的进刀方法，其结果也不相同。对于图 4-6(a) 所示的第一种进刀方法（负 Z 向走刀），因切削时尖形车刀的主偏角为 $100°\sim105°$，这时切削力在 X 向的较大分力 P_x 将沿着图 4-7 所示的正 X 方向作用，加上切削时进给过程受到螺旋副存在的机械传动间隙的影响，刀尖运动到圆弧的换象限处，即在由负 Z、负 X 向变换为负 Z、正 X 向时，P_x 力就可能使刀尖嵌入零件表面（扎刀），其嵌入量在理论上等于其机械传动间隙量 e（图 4-7）。即使该间隙量很小，由于刀尖在 X 方向换向时，横向拖板进给过程的位移量变化也很小，加上处于动摩擦与静摩擦之间呈过渡状态的拖板惯性的影响，仍会导致横向拖板产生严重的爬行现象，从而大大降低零件的表面质量。

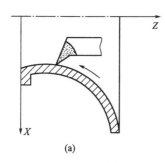 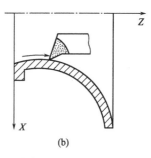

图 4-6　两种不同的进给方法

对于图 4-6(b) 所示的第二种进刀方法，因这时尖形车刀的主偏角为 $10°\sim15°$，其切削力在正 X 方向上的分力如较小，加之该切削分力始终使横向拖板在正 X 方向紧紧顶住丝杠，不会再受螺旋副的机械传动间隙所影响，也不存在产生爬行现象的可能性，所以图 4-8 所示进刀方案是较合理的。

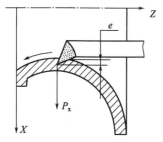 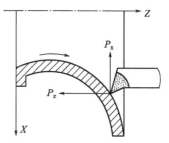

图 4-7　嵌刀（扎刀）现象的产生　　　　图 4-8　合理的进刀方案

4.1.2　车刀的类型及选用

数控机床加工时都必须采用数控刀具，数控刀具主要是指数控车床、数控铣床、加工中心等机床上所使用的刀具。从现实情况看，应从广义上来理解"数控机床刀具"的含义。随着数控机床结构、功能的发展，现在数控机床所使用的刀具，不是普通机床所采用的那样"一机一刀"的模式，而是多种不同类型的刀具同时在数控机床的主轴上（刀盘上）轮换使用，可以达到自动换刀的目的。因此对"刀具"的含义应理解为"数控工具系统"。数控刀具按不同的分类方式可分成几类。

4.1.2.1 数控车刀的种类

(1) 数控刀具按结构分类

① 整体式 由整块材料磨制而成，使用时可根据不同用途将切削部分修磨成所需要形状。

② 镶嵌式 它分为焊接式和机夹式。机夹式又根据刀体结构的不同，可分为不转位和可转位两种。

③ 减振式 当刀具的工作臂长度与直径比大于4时，为了减少刀具的振动，提高加工精度，所采用的一种特殊结构的刀具，主要用于镗孔。

④ 内冷式 刀具的切削冷却液通过机床主轴或刀盘传递到刀体内部由喷孔喷射到切削刃部位。

⑤ 特殊形式 包括强力夹紧、复合刀具等，目前数控刀具主要采用机夹可转位刀具。

(2) 数控刀具按制造所采用的材料分类

① 高速钢刀具（又称锋钢、白钢） 高速钢自1906年发明以来，经过许多改进至今仍被大量使用。高速钢是含钨、钼、铬、钒等合金元素较多的工具钢。高速钢刀具制造简单、刃磨方便、材料强度较高、韧性好、能承受较大的冲击力，刃口锋利，一般可耐600℃左右的高温。但是，耐热性相对较差，故不适于高速切削。

普通高速钢有W18Cr4V、W9Cr4V2（属钨系高速钢）等牌号，国内应用广泛，性能稳定，刃磨及热处理工艺简单。

另一类高速钢加入3%～5%的钼，改善了性能。牌号有95W18Cr4V、W12CrV4Mo、W6Mo5CrV2Al等。主要用于热轧刀具（如扭槽麻花钻）。

近年来还生产了一种粉末冶金高速钢，它是将熔炼好的钢液置于保护气罐中，用高压氩气雾化成细小的粉末，然后在高温、高压下压制成刀具。粉末冶金克服了铸锭产生的粗大的共晶偏析，热处理变形小，耐热性好，可切削各种难加工材料。

② 硬质合金刀具 硬质合金是用钨、钛的碳化物粉末加入黏结剂，利用粉末冶金制成的。含有大量的WC、TiC。硬度、耐磨性、耐热性均高于高速钢刀具。可耐800～1000℃的高温，切削速度可高于白钢十几倍，可达220m/min。其主要缺点是抗弯强度和冲击韧性差，制造形状复杂刀具时工艺上要比高速钢困难。目前，硬质合金是应用最为广泛的一种车刀材料。

按ISO标准，主要以硬质合金的硬度、抗弯强度等指标为依据，硬质合金刀片材料大致分为P、M、K三大类。

a. K类 国家标准YG类，成分为WC+Co，适于加工短切屑的黑色金属、有色金属及非金属材料。主要成分为碳化钨和3%～10%钴，有时还含有少量的碳化钽等添加剂。

b. P类 国家标准YT类，成分为WC+TiC，适于加工长切屑的黑色金属。主要成分为碳化钛、碳化钨和钴（或镍），有时加入碳化钽等添加剂。

c. M类 国家标准YW类，成分为WC+TiC+TaC，适于加工长切屑或短切屑的黑色金属和有色金属。成分和性能介于 K 类和 P 类之间,可用来加工钢和铸铁。

以上为一般切削工具所用硬质合金的大致分类。目前,国内外的刀具厂家将刀具的加工范围进行了更加细致的分类。P 类加工钢材、M 类加工不锈钢材料、K 类加工铸铁、N 类加工铝及有色金属、S 类加工耐热优质合金钢、H 类加工淬硬材料。

在国际标准(ISO)中通常又分别在 K、P、M 三种代号之后附加 01、05、10、20、30、40、50 等数字更进一步细分。一般来讲,数字越小者,硬度越高但韧性越低;而数字越大则韧性越高但硬度越低。

涂层硬质合金刀片是在韧性较好的工具表面涂上一层耐磨损、耐溶着、耐反应的物质,使刀具在切削中同时具有既硬而又不易破损的性能。英文名称为 Coated tool。

涂层的方法分为两大类,一类为物理涂层(PVD);另一类为化学涂层(CVD)。一般来说,物理涂层是在 550℃ 以下将金属和气体离子化后喷涂在工具表面;而化学涂层则是将各种化合物通过化学反应沉积在工具上形成表面膜,反应温度一般都在 1000~1100℃ 左右。近年来低温化学涂层也已实用化,温度一般控制在 800℃ 左右。

常见的涂层材料有 TiC、TiN、Al_2O_3 等陶瓷材料,TiC 的硬度和耐磨性好;TiN 的抗氧化、抗黏结性好;Al_2O_3 耐热性好。尽管涂层硬质合金刀具基体是 K、P、M 中的某一种类,而涂层之后其所能覆盖的种类就相当广了,既可以属于 P 类,也可以属于 K 类和 M 类。故在实际加工中对涂层刀具的选取不应拘泥于 P、K、M 等划分,而是应该根据实际加工对象、条件以及各种涂层刀具的性能进行选取,使用时可根据不同的需要选择相应涂层材料的刀具。

③ 陶瓷刀具　陶瓷材料主要有纯氧化铝陶瓷 Al_2O_3、氧化铝混合陶瓷、氧化硅陶瓷 Si_3N_4 等。陶瓷材料具有高硬度(可达 78HRC 以上),高温强度好(能耐 1200~1450℃ 高温)的特性,化学稳定性亦很好,故能承受较高的切削速度。但韧性差、抗弯强度低,怕冲击,易崩刃。主要用于钢、铸铁、高硬度材料及高精度零件的精加工。对此,最近热等静压技术的普及对改善结晶的均匀细密性、提高陶瓷的各向性能均衡乃至提高韧性起到了很大的作用,作为切削工具用的陶瓷抗弯强度已经提高到 900MPa 以上。

金属陶瓷刀具最大优点是与被加工材料的亲和性极低,故不易产生粘刀和积屑瘤现象,使加工表面非常光洁平整,在一般刀具材料中可谓精加工用的佼佼者。但其韧性差大大限制了它的使用范围。通过添加 WC、TiN、TaC、TaN 等异种碳化物,其抗弯强度达到了硬质合金的水平,因而得到广泛的运用。

④ 立方氮化硼刀具　立方氮化硼(CBN)是靠超高压、高温技术人工合成的新型刀具材料。其结构与金刚石相似,硬度略逊于金刚石,其硬度可达 7300~9000HV,可耐 1300~1500℃ 高温。但热稳定性远高于金刚石,与铁族元素亲和力小,不容易与铁系材料发生反应,不容易产生"积屑瘤"。适合用于淬硬钢、耐热钢、铁系烧结合金及铸铁的高速精加工,可以加工出非常光洁的表面。在很多场合都以 CBN 刀具进行切削来取代迄今为止只能采用磨削来加工的工序,加工效率得到了极大的提高。其主要缺点是强度低,焊接性差,不适用于冲击场合。

⑤ 聚晶金刚石刀具　金刚石(PCD)做切削刀具材料用者,大都是人造金刚石,其硬度极高,可达 10000HV(硬质合金仅为 1300~1800HV),其耐磨性是硬质合金的 80~120 倍。但其韧性差,对铁族材料亲和力大。因此一般不适宜加工黑色金属,适用于铝合金、铜合金、强化塑料、玻璃纤维、碳棒、陶瓷、硬质橡胶、木质、硬质合金等材料的高速精加

工，能得到高精度、高光亮的加工面。

上述五大类刀具材料，从总体上分析，材料的硬度、耐磨性，金刚石最高，依次降低到高速钢。而材料的韧性则是高速钢最高，金刚石最低。图4-9中显示了目前实用的各种刀具材料根据硬度和韧性排列的大致位置。涂层刀具材料具有较好的实用性能，也是将来能使硬度和韧性并存的手段之一。目前，在数控机床中，采用最广泛的是硬质合金类。因为这类材料目前从经济性、适应性、多样性、工艺性等各方面，综合效果都优于陶瓷、立方氮化硼、聚晶金刚石。

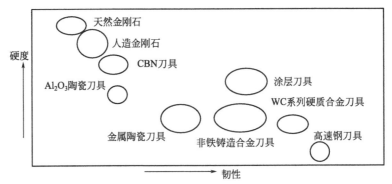

图4-9 刀具材料的硬度与韧性的关系

（3）数控车削刀具按切削工艺分类

① 外圆加工车刀　又称偏刀，用于车削工件的外圆、阶台、端面，按照刀具主切削刃的方向又分为正偏刀和反偏刀两种。

② 内孔加工车刀　又称镗孔刀，用于加工内圆柱面、内阶台、盲孔底面等。其形式多样、尺寸不一、用途不同，应根据具体加工情况进行合理的选用。

③ 端面加工车刀　用于加工工件端部的沟槽等部分的细小结构。

④ 切槽加工车刀　切槽刀分为内槽刀和外槽刀两种，分别用于加工工件的内外沟槽。外槽刀有时也可用于一些不便于倒头加工工件的外圆柱面。

⑤ 螺纹加工车刀　按加工性质分为内螺纹刀和外螺纹刀。按加工范围，又可分为定螺距和变螺距两种，一般数控螺纹车刀大多为定螺距车刀。还可以按照公制螺纹、英制螺纹、管螺纹、梯形螺纹等进行分类。

4.1.2.2　数控车刀的选用

数控车床与普通车床相比较，对刀具提出了更高的要求，不仅要精度高、刚性好、装夹调整方便，而且要求切削性能强、耐用度高。因此，数控加工中刀具的选择是非常重要的内容。刀具选择合理与否不仅影响机床的加工效率，而且还直接影响加工质量。选择数控车刀通常要考虑机床的加工能力、工序内容、工件材料等诸多因素，再根据不同的加工条件确定刀柄的形式。数控车刀选择主要考虑的因素归纳起来有以下几个方面。

（1）根据被切削工件的材料及性能确定刀片材料

如前面所述，车刀刀片的材料主要有高速钢、硬质合金、涂层硬质合金、陶瓷、立方氮化硼和金刚石等。其中应用最多的是硬质合金和涂层硬质合金刀片。选择刀片材料，主要依据被加工工件材料的性质、被加工工件材料的硬度、表面的精度要求、切削载荷的大小以及切削过程中有无冲击和振动等。

（2）根据被切削工件的几何形状、零件精度等因素选择刀片形状

刀片形状主要依据被加工工件的表面形状、切削方向、切削力和刀片的转位次数等因素来选择。刀片形状与加工性能的关系如图4-10所示。

图 4-10　刀片形状与加工性能的关系

（3）根据被切削工件的工艺类别选择刀片刃口尺寸、刀尖圆弧半径、刀片角度及断屑槽形式

刀片刃口尺寸的大小应符合工件的工艺类别（粗加工、半精加工、精加工、超精加工等），切削刃有效长度满足背吃刀量的要求。刀尖圆弧半径的大小直接影响刀尖的强度及被加工零件的表面粗糙度。刀尖圆弧半径大，表面粗糙度值增大，切削力增大且易产生振动，切削性能变坏，但刀刃强度增加，刀具前后刀面磨损减少。通常在切深较小的精加工、细长轴加工、机床刚度较差情况下，选用刀尖圆弧较小些；而在需要刀刃强度高、工件直径大的粗加工中，选用刀尖圆弧大些。刀尖圆弧半径一般适宜选取进给量的2~3倍。另外，刀片角度及断屑槽形式也应该根据工件的工艺类别根据刀具厂家样本的推荐数据进行选择。

4.1.3　选择切削用量

切削用量又称切削要素，它是度量主运动和进给运动大小的参数。包括切削深度、进给量和切削速度三大加工参数。在金属切削加工过程中要根据不同的刀具材料、工件材料、加工条件、加工精度及机床性能等综合考虑选择合理的切削用量。

4.1.3.1　切削用量的概念

（1）切削深度（a_p）

车削工件上已加工表面与待加工表面之间的垂直距离叫切削深度，又称背吃刀量，即每次进给车刀时车刀切入工件的深度（mm）。外圆柱表面车削的切削深度计算公式为

$$a_p = \frac{d_w - d_m}{2}$$

式中　d_w——工件待加工表面的直径，mm；

　　　d_m——工件已加工表面的直径，mm。

（2）进给量（f）

刀具在进给方向上相对工件的位置移动量称为进给量，它是衡量进给运动大小的参数。可用工件每转一圈，车刀沿进给方向移动的距离表示（mm/r）；也可以用车刀每分钟的移动距离来表示（mm/min）。

FANUC 系统数控车床默认的进给参数是每转进给量形式,即 mm/r。但是,也有一些经济型数控系统的车床默认的进给参数是每分钟进给量形式,即 mm/min。它们之间表示的数值关系,可以通过当前给定的主轴转速进行换算。

(3) 切削速度(v_c)

在切削加工中,刀具切削刃上的某一点相对于工件待加工表面在主运动方向上的瞬时速度称为切削速度,它是衡量主运动大小的参数(m/min)。也可以理解为车刀在 1min 内车削工件表面切屑的理论展开直线长度(假定切屑没有变形或收缩)。切削速度的计算公式为

$$v_c = \frac{\pi d n}{1000}$$

式中　v_c——切削速度,m/min;
　　　d——工件待加工表面直径,mm;
　　　n——车床主轴转速,r/min。

在实际生产加工中,往往是已知工件的直径,并根据刀具材料、工件材料和加工性质等因素来选择切削速度,再依据切削速度求出合理的主轴转速范围给到加工程序中。计算公式为

$$n = \frac{1000 v_c}{\pi d}$$

此公式在加工生产中更为实用。

4.1.3.2 合理选择切削用量的目的

在工件材料、刀具材料、刀具几何参数、车床等切削条件一定的情况下,选择切削用量是否合理,不仅对切削阻力、切削热、积屑瘤、工件的加工精度、表面粗糙度有很大的影响,而且还与提高生产率、降低生产成本有密切的关系。虽然加大切削用量对提高生产效率有利,但过分增大切削用量却会增加刀具磨损,影响工件质量,甚至会撞坏刀具,严重时还会产生"闷车"现象,所以必须合理地选择切削用量。

合理的切削用量应满足以下要求:在保证安全生产,不发生人身、设备事故,保证工件加工质量(几何精度和表面粗糙度)的前提下,能充分地发挥机床的潜力和刀具的切削性能。在不超过机床的有效功率、数控刀具的加工范围和工艺系统刚性所允许的额定负荷的情况下,尽量选用较大的切削用量,从而获得高的生产率和低的加工成本。

4.1.3.3 选择切削用量的一般原则

(1) 粗车时切削用量的选择

粗车时,加工余量较大,主要应考虑尽可能提高生产效率和保证必要的刀具寿命。加工中对刀具寿命影响最小的是 a_p,其次是 f,影响最大的是 v_c。这是因为切削速度对切削温度影响最大,切削速度增大,导致切削温度升高,刀具磨损加快,刀具使用寿命明显下降。所以应首先选择尽可能大的切削深度,然后再选取合适的进给量,最后在保证刀具经济耐用度的条件下,尽可能选取较大的切削速度。

① 选择切削深度 a_p　切削深度应根据工件的加工余量和工艺系统的刚性来选择。在保留半精加工余量(1~3mm)和精加工余量(0.1~0.5mm)后,应尽量将剩下余量一次切

除，以减小走刀次数。若总加工余量太大，一次切去所有余量将引起明显振动（刀具强度不允许或机床功率不够），就应分两次或多次进刀，但第一次进刀深度必须选取得大一些。特别是当切削表面层有硬皮的铸铁、锻件毛坯或切削不锈钢等冷硬现象较严重的材料时，应尽量使切削深度超过硬皮或冷硬层厚度，以免刀尖过早磨钝或破损。

② 选择进给量 f　制约进给量的主要因素是切削阻力和表面粗糙度要求。粗车时，对加工表面粗糙度要求不高，只要工艺系统的刚性和刀具强度允许，可以选较大的进给量，否则应适当减小进给量。粗车铸铁件比粗车钢件的切削深度大，而进给量应稍小一些。

③ 选择切削速度 v_c　粗车时切削速度的选择，主要考虑切削的经济性，既要保证刀具的经济耐用度，又要保证切削负荷不超过机床的额定功率。刀具材料耐热性好，则切削速度可选高些；工件材料的强度、硬度高或塑性太大或太小，切削速度均应选取低些；断续切削应取较低切削速度。

(2) **半精车和精车时切削用量的选择**

半精车、精车时的切削用量，应以保证加工质量为主，并兼顾生产率和必要的刀具寿命。半精车、精车时的切削深度是根据加工精度和表面粗糙度要求由粗车后留下的余量确定的。半精车、精车的切削深度较小，产生的切削力不大，所以加大进给量对工艺系统的强度和刚性的影响较小，主要受表面粗糙度的限制。此时，应尽可能选择较高的切削速度，然后再选取较大的进给量。

① 选择切削速度　为了抑制切屑瘤的产生，提高表面粗糙度，当用硬质合金车刀切削时，一般可选用较高的切削速度（80~100m/min），目前，有些涂层刀具的切削速度可以达到 250m/min 以上，这样既可提高生产效率，又可以提高工件表面质量。但是，如果采用高速钢车刀精车时，则要选用较低的切削速度（<5m/min），以降低切削温度避免产生积屑瘤。

② 选择进给量　半精车和精车时，制约增大进给量的主要因素是表面粗糙度，尤其是精车时通常选用较小的进给量（小于刀尖圆弧半径或修光刃的尺寸）。

③ 选择切削深度　半精车和精车的切削深度，是根据加工精度和表面粗糙度要求并由粗加工后留下的余量决定的。若精车时选用硬质合金车刀，由于其刃口在砂轮上不易磨得很锋利（至少有 $R0.2mm$ 的刀尖圆弧），因此，最后一刀的切削深度不宜选过小，一般要大于刀尖圆弧半径，否则很难满足工件的表面粗糙度要求。

④ 大件精加工　大件精加工时为保证至少完成一次走刀，避免切削时中途换刀。选择切削用量时一定要考虑刀具寿命及刀具材料的耐用度问题，并按零件精度和表面粗糙度来确定合理的切削用量。

4.1.3.4　切削用量的确定

数控编程时，编程人员必须确定每道工序的切削用量，并以指令的形式写入程序中。切削用量应根据加工性质、加工要求、工件材料及刀具的尺寸和材料等查阅切削手册并结合经验确定。确定切削用量时除了遵循上述选择切削用量的一般原则中所述原则和方法外，还应考虑以下因素。

(1) *刀具差异*

不同厂家生产的刀具质量差异较大，所以切削用量须根据实际所用刀具和现场经验加以修正，一般进口刀具允许的切削用量高于国产刀具。

（2）机床特性

切削用量受机床电动机的功率和机床的刚性限制，必须在机床说明书规定的范围内选取，避免因功率不够发生闷车，或刚性不足产生大的机床变形或振动，影响加工精度和表面粗糙度。

（3）数控机床生产率

数控机床的工时费用较高，刀具损耗费用所占比重较低，应尽量用高的切削用量，通过适当降低刀具寿命来提高数控机床的生产率。

值得注意的是，数控刀具的选择和切削用量的确定不是相对孤立的两步骤。其间有非常密切的联系，首先根据加工形态（稳定切削、一般切削、不稳定切削）、被加工材料和工艺类别等选定刀片后根据选定刀片的推荐参数范围值确定切削用量，最后根据实际加工情况做相应的调整。

另外，采用切削性能更好的新型刀具材料；在保证工件机械性能的前提下，改善工件材料加工性；改善冷却润滑条件；改进刀具结构，提高刀具制造质量等，都是提高切削用量的有效途径。

4.1.3.5 切削用量对断屑的影响

车削塑性材料时，根据加工要求控制切屑的流向卷曲和折断是非常重要的问题，处理不当会影响生产（经常停车清理切屑）、拉毛工件甚至影响操作者的安全等。而切削用量的选择也是直接影响断屑的效果的一个主要因素。

生产实践和实验证明，切削用量对断屑影响最大的是进给量，其次是切削深度，而切削速度影响较小。

（1）进给量

进给量增大时，切屑厚度成正比例增大，则切屑上的弯曲应力也随之增大，容易断屑。当进给量很小时，切屑很薄，往往在切削刃附近便因为发生卷曲而脱离前刀面，很可能碰不到断屑槽台阶，或者即使相碰，也因为产生的弯曲应力较小不足以使切屑折断。所以适当增大进给量是达到断屑目的的有效措施之一。

（2）切削深度

切削深度对断屑的影响一般不是十分明显。但切削深度在一定范围内加大时也会由于切屑厚度增加使切屑容易折断。

（3）切削速度

切削速度对断屑的影响较小，只有在进给量和切削深度较小的情况下，才能显示它对断屑的影响。

4.1.4 确定装夹方法

数控车床上安装零件的方法与普通车床一样，一定要根据工件的实际情况合理地选择定位基准夹紧方案，主要注意以下几点。

① 力求设计基准、工艺基准和编程计算的基准相统一，这样有利于提高编程时数值计

算的简便性和精确性。

② 尽量减少装夹次数，尽可能在一次装夹后加工出全部的待加工表面。

③ 无论选择何种装夹方式一定要保证工件装夹的可靠性。

4.1.4.1 工件采用通用夹具装夹

(1) 工件定位要求

由于数控车削编程和对刀的特点，工件径向定位后要保证工件坐标系 Z 轴与机床主轴轴线同轴，同时要保证加工表面径向的工序基准（或设计基准）与机床主轴回转中心线的位置满足工序（或设计）要求。如工序要求加工表面轴线与工序基准表面轴线同轴，这时工件坐标系 Z 轴即为工序基准表面的轴线，可采用三爪自定心卡盘以工序基准为定位基准自动定心装夹或采用两顶尖（工序基准为工件两中心孔）定位装夹；若工序要求加工表面轴线与工序基准表面轴线有偏心，则采用偏心卡盘、偏心顶尖或专用夹具装夹。偏心卡盘、偏心顶尖或专用夹具的中心到主轴回转中心线的距离要满足加工表面中心线与工序基准的偏心距离要求，这时工件坐标系 Z 轴只能为加工表面的轴线。

工件轴向定位后要保证加工表面轴向的工序基准（或设计基准）与工件坐标系 Z 轴的位置要求。批量加工时，若采用三爪自定心卡盘装夹，工件轴向定位基准可选工件的左端面或左侧其他台阶面；若采用两顶尖装夹，为保证定位准确，工件两中心孔倒角可加工成准确的圆弧形倒角，这时顶尖与中心孔圆弧形倒角接触为一条环线，轴向定位非常准确，适合数控加工精确性要求。

(2) 定位基准（指精基准）选择的原则

① 基准重合原则　为避免基准不重合误差，方便编程，应选用工序基准（设计基准）作为定位基准，并使工序基准、定位基准、编程原点三者统一，这是最优先考虑的方案。因为当加工面的工序基准与定位基准不重合，且加工面与工序基准不在一次安装中同时加工出来的情况下，会产生基准不重合误差。

② 基准统一原则　在多工序或多次安装中，选用相同的定位基准，这对数控加工保证零件的位置精度非常重要。

③ 便于装夹原则　所选择的定位基准应能保证定位准确、可靠，定位、夹紧机构简单，敞开性好，操作方便，能加工尽可能多的内容。

④ 便于对刀原则　批量加工时，在工件坐标系已确定的情况下，采用不同的定位基准为对刀基准建立工件坐标系，会使对刀的方便性不同，有时甚至无法对刀，这时就要分析此种定位方案是否能满足对刀操作的要求，否则原设工件坐标系须重新设定。

(3) 常用装夹方式

① 在三爪自定心卡盘上装夹　三爪自定心卡盘的三个卡爪是同步运动的，能自动定心，一般不需找正。三爪自定心卡盘装夹工件方便、省时，自动定心好，但夹紧力较小，所以适用于装夹外形规则的中、小型工件。三爪自定心卡盘可装成正爪或反爪两种形式。反爪用来装夹直径较大的"盘类"工件。用三爪自定心卡盘装夹精加工过的表面时，被夹住的工件表面应包一层铜皮，以免伤工件表面。

数控车床多采用三爪自定心卡盘夹持工件，轴类工件还可使用尾座顶尖支撑工件。全机能数控车床主轴转速较高，为便于工件夹紧，多采用液压高速动力卡盘。这种卡盘在生产厂已通过了严格平衡检验,具有高转速(极限转速可达 8000r/min 以上)、高夹紧力(最大推拉力为 2000～8000N)、高精度、调爪方便、使用寿命长等优点。通过调整油缸的压力,可改变卡盘的夹紧力,以满足夹持各种薄壁和易变形工件的特殊需要。还可使用软爪夹持工件,软爪弧面由操作者随机配制,可获得理想的夹持精度。需要注意的是液压卡盘又分为"中空"卡盘(通孔卡盘)和"中实"卡盘(无孔卡盘)两种,中实卡盘无法夹持较长的毛坯棒料,因此一般只适用于半精加工或精加工场合使用。

为减少细长轴加工时的受力变形,提高加工精度,以及在加工带孔轴类工件内孔时,可采用液压自动定心中心架,其定心精度可达 0.03mm。

② 在两顶尖之间装夹　对于长度尺寸较大或加工工序较多的轴类工件,为保证每次装夹时的装夹精度,可用两顶尖装夹(见图 4-11)。两顶尖装夹工件方便,不需找正,装夹精度高,但必须先在工件的两端面钻出中心孔。该装夹方式适用于多工序加工或精加工。

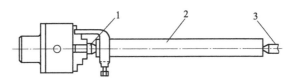

图 4-11　两顶尖装夹工件
1—前顶尖;2—工件;3—后顶尖

用两顶尖装夹工件时须注意的事项如下。

a. 前后顶尖的连线应与车床主轴轴线同轴,否则车出的工件会产生锥度误差。

b. 尾座套筒在不影响车刀切削的前提下,应尽量伸出得短些,以增加刚性,减少振动。

c. 中心孔应形状正确,表面粗糙度值小。轴向精确定位时,中心孔倒角可加工成准确的圆弧形倒角,并以该圆弧形倒角与顶尖锥面的切线为轴向定位基准定位。

d. 两顶尖与中心孔的配合应松紧合适。

③ 用卡盘和顶尖装夹(一夹一顶式装夹)　用两顶尖装夹车削工件的优点虽然很多,但其刚性较差,尤其对粗大笨重工件安装时的稳定性不够,切削用量的选择受到限制,这时通常选用一端用卡盘夹住、另一端用顶尖支撑来安装工件,即一夹一顶安装工件。

当用一夹一顶的方式安装工件时,为了防止工件的轴向窜动,通常在卡盘内装一个轴向限位支撑[见图 4-12(a)],或在工件的被夹持部位车削一个 10～20mm 的台阶,作为轴向限位支撑[见图 4-12(b)]。这种方法比较安全,能承受较大的轴向切削力,安装刚性好,轴向定位准确,所以应用比较广泛。

由于一夹一顶装夹刚性好,安装工件比较安全、可靠,轴向定位准确,且能承受较大的轴向切削力,因此应用较为广泛。但是这种方法对于相互位置精度要求较高的工件,在调头车削时校正较困难。

4.1.4.2　工件采用找正方式装夹

(1) 找正要求

找正装夹时必须将工件的加工表面回转轴线(同时也是工件坐标系 Z 轴)找正到与车床主轴回转中心重合。

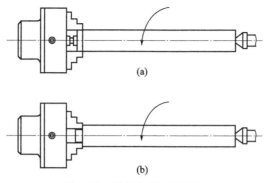

图 4-12 用卡盘和顶尖装夹

（2）找正方法

与普通车床上找正工件相同，一般为打表找正。通过调整卡爪，使工件坐标系 Z 轴与车床主轴的回转中心重合，见图 4-13。

单件生产工件偏心安装时常采用找正装夹；用三爪自定心卡盘装夹较长的工件时，工件离卡盘夹持部分较远处的旋转中心不一定与车床主轴旋转中心重合，这时必须找正；又当三爪自定心卡盘使用时间较长，已失去应有精度，而工件的加工精度要求又较高时，也需要找正。

（3）四爪单动卡盘装夹方式

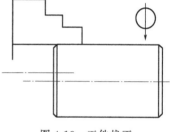

图 4-13 工件找正

四爪单动卡盘的四个卡爪是各自独立运动的，可以调整工件夹持部位在主轴上的位置，使工件加工面的回转中心与车床主轴的回转中心重合，由于四爪单动卡盘找正比较费时，只能用于单件小批生产。四爪单动卡盘夹紧力较大，所以适用于大型或形状不规则的工件。四爪单动卡盘也可装成正爪或反爪两种形式。

4.1.4.3 其他类型的数控车床夹具

为了充分发挥数控车床的高速度、高精度和自动化的效能，必须有相应的数控夹具与之配合。数控车床夹具除了使用通用三爪自定心卡盘、四爪卡盘、顶尖、大批量生产中使用便于自动控制的液压、电动及气动卡盘、顶尖外，还有其他类型的夹具，如芯轴类、花盘角铁类等。

（1）芯轴类

芯轴类车床夹具多以工件的精加工、半精加工内孔作为定位表面，对工件进行安装，以保证工件加工的外圆、端面等要素相对于工件内孔轴线的同轴度、圆跳动等位置公差要求。芯轴有间隙配合芯轴［图 4-14(a)］，过盈配合芯轴［图 4-14(b)］。生产中的车床夹具和圆磨床夹具还广泛使用各种花键芯轴［图 4-14(c)］、弹簧芯轴和顶尖式芯轴等。

（2）花盘角铁类

被加工表面的回转轴线与基准面互相平行、外形复杂的工件，可以装夹在花盘的角铁（又称"弯板"）上加工。夹具体类似角铁形状（图 4-15），常用于加工壳体、支架、接头等工件上的圆柱面和端面。

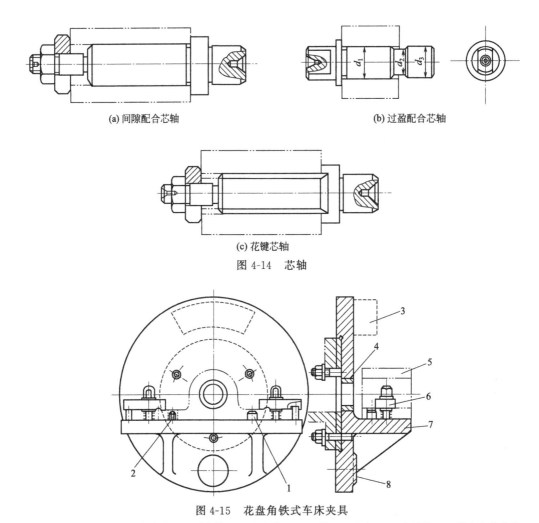

(a) 间隙配合芯轴

(b) 过盈配合芯轴

(c) 花键芯轴

图 4-14 芯轴

图 4-15 花盘角铁式车床夹具

1—圆柱定位销；2—削边定位销；3—平衡块；4—导向套；5—工件；6—压板；7—夹具体；8—轴向定位基准

4.2 数控车床的编程特点

不同的数控系统，其编程格式及指令也不尽相同，因此编程前必须认真阅读相应的编程说明书。现以 FANUC 0i Mate-TC 系统为例简单介绍数控车床的基本编程特点。

4.2.1 数控车床编程坐标系的建立

编程坐标系又称工件坐标系，它是编程人员根据零件图样的特点，以工件上的某一点为坐标原点建立起来的 XOZ 直角坐标系，其设定的依据是要符合图样加工工艺的要求。从理论上讲，工件坐标系的原点可以选在工件上的任何位置，但这可能带来繁琐的尺寸换算问题，增加了编程的困难。为了计算方便，简化程序编制，通常把工件坐标系的 X 轴原点选在工件的回转中心上，Z 轴原点可以考虑设置在工件的右端面或左端面上（见图 4-16）。

编程原点应尽量选择在零件的设计或工艺基准上，使编程基准与设计基准、定位基准相重合，做到基准统一。

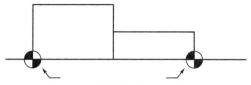

图 4-16 设置编程坐标系原点

4.2.2 数控车床及车削中心的编程特点

数控车床加工零件的主要特征是回转体零件，由于这些零件的径向尺寸，无论是测量尺寸还是图纸标注尺寸，都是以直径值来表示的，所以数控车床采用直径值编程方式，即规定用绝对值编程时，X 为直径值；用相对值编程时，则以刀具径向实际位移量的二倍值为编程值。具体特点如下。

① 在一个程序段中，根据图样上标注的尺寸，可以采用绝对值编程、增量值编程或二者混合编程。

② 由于被加工零件的径向尺寸在图样上和测量时，都是以直径值表示。所以直径方向用绝对值编程时，X 以直径值表示，用增量值编程时，以径向实际位移量的 2 倍值表示，并附上方向符号（正向可以省略）。

③ 为提高工件的径向尺寸精度，X 向的脉冲当量取 Z 向的一半。

④ 数控车床编程时，可以使用小数点编程或脉冲数编程。用小数点编程时，轴坐标移动距离的计算单位是 mm；用脉冲数编程时，轴坐标移动距离的计算单位是数控系统的脉冲当量。在编程时，一定要注意编写格式和小数点的输入。如 Z100.0（或 Z100.）表示 Z 轴运动终点坐标是距坐标原点 100mm 处。如果将其误写为 Z100，则表示 Z 轴运动终点坐标是距坐标原点 0.1mm 处，结果相差 1000 倍。当然，可以通过系统参数设置（SYSTEM）将脉冲编程方式忽略，使上述各种方法（Z100、Z100.、Z100.0）均表示为 Z 轴运动 100mm。

⑤ 由于车削加工常用棒料或锻料作为毛坯，加工余量较大，所以为简化编程，数控装置大都具备不同形式的固定循环，可进行多次重复循环切削。

⑥ 编程时，常认为车刀刀尖是一个点，而实际上为了提高刀具寿命和工件表面质量，车刀刀尖常磨成一个半径不大的圆弧，因此为提高工件的加工精度，当编制圆头刀程序时，需要对刀具半径进行补偿。大多数数控车床都具有刀具半径自动补偿功能（G41、G42），这类数控车床可直接按工件轮廓尺寸编程。对不具备刀具半径自动补偿功能的数控车床，编程时需先计算补偿量。

⑦ 数控车床与车削中心在外观及操作上有一定差异（刀架位置不同、坐标方向不同、主轴正转方向不同），但其编程原点设置相同且在程序编制中没有本质上的区别，见图 4-17(a)、(b)。

不同的数控车床、不同的数控系统，其编程基本上是相同的，个别有差异的地方，要参照具体的机床的户手册或编程手册。

4.2.3 绝对编程方式与增量编程方式

数控车床在编程时，可以采用绝对值编程方式、相对值（增量值）编程方式和混合编程

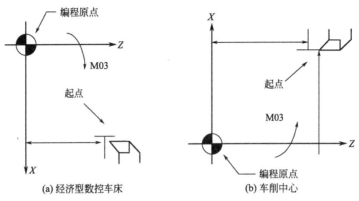

图 4-17 普通数控车床与车削中心的坐标方向

方式,其编程非常灵活,无需采用 G90/G91 进行绝对/增量编程方式的转换。

(1) 绝对值编程坐标指令

绝对值编程是用刀具移动的终点位置的坐标值进行编程的方法,它是用绝对值坐标指令 X、Z 进行编程的。绝对值编程格式如下:

X__ Z__ 为绝对值坐标指令,其地址字 X 后的数字为直径值。

(2) 相对值编程坐标指令

相对值编程是用刀具移动量直接编程的方法,程序段中的轨迹坐标都是相对于前一位置坐标的增量尺寸,用地址字 U、W 及后面的数字分别表示 X、Z 方向的增量尺寸。相对值编程格式如下:

U__ W__ 为相对值坐标指令,地址字 U 后的数字为 X 方向实际移动量的 2 倍值。

(3) 混合编程坐标指令

在一个程序段中,可以混合使用绝对值坐标指令(X 或 Z)和相对值坐标指令(U 或 W)进行编程。混合编程坐标指令有两组指令,一组指令是 X 轴以绝对值,Z 轴以相对值坐标指令(X,W);另一组是 X 轴以相对值,Z 轴以绝对值的坐标指令(U,Z)。混合编程书写格式如下:

X__ W__ 为 X 轴以绝对值,Z 轴以相对值的坐标指令;地址 X 后的数字为直径值。

U__ Z__ 为 X 轴以相对值,Z 轴以绝对值的坐标指令;地址 U 后的数字为 X 方向实际移动量的 2 倍值。

现以图 4-18 为例,刀具从坐标原点 O 依次沿 $A \rightarrow B \rightarrow C \rightarrow D$ 做直线插补运动。

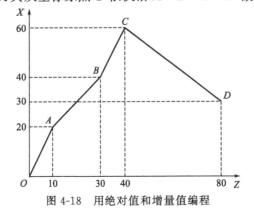

图 4-18 用绝对值和增量值编程

用绝对值方式编程：

N01 G01 X40.0 Z10.0 F100;
N02 X80.0 Z30.0;
N03 X120.0 Z40.0;
N04 X60.0 Z80.0;
N05 …;

用相对值方式编程：

N01 G01 U40.0 W10.0 F100;
N02 U40.0 W20.0;
N03 U40.0 W10.0;
N04 U-60.0 W40.0;
N05 …;

4.3 BEIJING-FANUC 0i Mate-TC 系统的 G 代码在数控车削中的应用

4.3.1 进给功能设定（G98、G99）

进给功能是表示进给速度，用字母 F 和后面的若干位数字来表示。系统采用 G98、G99 指令来设定进给方式和进给速度的单位。

(1) 每分钟进给 G98

系统执行一条含有 G98 的程序后，遇到 F 指令时，就指定 F 指令的进给速度单位为 mm/min，如图 4-19 所示。如 F30 即为每分钟进给 30mm。

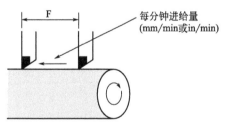
图 4-19 每分钟进给

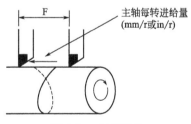
图 4-20 每转进给

(2) 每转进给 G99

系统执行 G99 后，则认为 F 指令所指定的进给速度单位为 mm/r，如图 4-20 所示。如 F0.3 即为主轴每转一周刀具进给 0.3mm。

提示：

① G98、G99 是模态代码，指定其一指令后，一直有效，直到被另一指令取消并替代。
② 本系统电源接通时，默认以 G99 指令工作方式。
③ G98、G99 指令决定 G04 暂停指令的工作方式。
④ 使用 G99 指令工作方式时，在主轴上须安装位置编码器或改变 1402 号参数的第 0 位，设为 1。那么即使没有使用位置编码器，也能指定每转进给方式（CNC 将每转进给指令变换每分钟进给指令。）

4.3.2 主轴转速功能设定（G97、G96、G50）

(1) 主轴转速设定指令 G97

当系统执行 G97 指令后，其主轴速度 S 指定的数值表示为主轴每分钟的转数。单位：r/min。例如 G97 S800 表示主轴转速为每分钟 800 转。

(2) 恒线速度设定指令 G96

当系统执行 G96 指令后，程序进入恒线速度控制方式，其 S 指定的数值表示为切削速度。单位：m/min。例如 G96 S150 表示控制主轴转速，使切削点位处的切削速度始终保持为每分钟 150m。

在恒线速度控制 G96 指令执行过程中，随工件加工时刀位坐标值的变化，主轴转速产生变化。可以用公式计算出当前坐标位置主轴转速值。

计算公式：$n = \dfrac{318v}{D}$ r/min

例如，图 4-21 中所示的零件，为保持 A、B、C 各点的线速度在 150m/min，则各点在加工时的主轴转速分别为

$A: n = \dfrac{318v}{D_A} = \dfrac{318 \times 150}{40} = 1193$ (r/min)

$B: n = \dfrac{318v}{D_B} = \dfrac{318 \times 150}{60} = 795$ (r/min)

$C: n = \dfrac{318v}{D_C} = \dfrac{318 \times 150}{70} = 682$ (r/min)

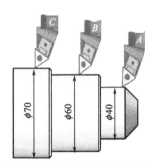

图 4-21 恒线速度切削方式

在恒线速度控制中，数控系统根据刀位点坐标，假想工件直径，来计算当前主轴转速，所以在使用 G96 指令前必须正确地设定工件坐标系。

(3) 主轴最高速度限定 G50

用恒线速度 G96 控制加工端面、锥度和圆弧时，由于刀位点在 X 坐标轴上的尺寸不断变化，线速度保持恒定，而主轴转速随加工直径的变化而改变。当刀具逐渐移近工件旋转中心时，主轴转速会越来越高，工件有可能从卡盘中飞出。为了防止事故发生，必须限制主轴的最高转速。

例如：G50 S2000　　表示把主轴最高转速设定为 2000r/min。

提示：

① G96、G97 是模态 G 代码，一经指定即为续效指令。可采用 G97 指令取消 G96 指令

的方式。

② 本系统通电后，默认 G97 指令工作方式。

③ G96 指令后的 S 指定为切削线速度，单位：m/min。G97 指令后的 S 指定为主轴转速，单位：r/min。

④ G96 指令执行时，切削速度恒定，主轴转速随刀位点在工件坐标系的 X 轴坐标变化而改变；G97 指令执行时，主轴转速恒定，切削速度随刀位点在工件坐标系的 X 轴坐标变化而改变。

⑤ 执行 G96 指令前，必须指定 G50 S＿；程序指令，否则主轴转速不被钳制，会出现危险事故。

4.3.3 刀具功能（T 指令）

T 功能指令表示换刀功能。由地址符 T 和数字组成，用以指定刀具的号码。T 后面通常有四位数字表示所选择的刀具号码。但也有 T 后面用两位数表示。前两位是刀具号，后两位是刀具偏置号，又是刀尖圆弧半径补偿号。

指令格式：

例如：T0303 表示选用 3 号刀及 3 号刀具偏置号和刀尖圆弧半径补偿号。T0300 表示取消刀具偏置。

提示：

① 一个程序段中只能指定一个 T 功能指令。

② 当移动指令和 T 功能指令在同一程序段中时，本系统执行移动指令完成后，再执行 T 功能指令。

4.3.4 工件坐标系设定（G50）

用 G50 指令设置工件坐标系，可以实现不改变原有刀具刀偏量的情况下，在程序中执行 G50 Xα Zβ；程序段，确定新的工件坐标系，从而使加工操作更为灵活。

使用 G50 指令程序段确定工件坐标系之前，必须要先通过对刀操作，来确定工件坐标原点位置。其操作方法如下。

例如图 4-22，以工件右端面与轴线交点处建立工件坐标系。移动刀具接近工件，启动主轴、正转，用刀具轻车或轻触工件端面，刀具沿＋X 向退出工件（Z 向严禁移动），相对坐标 W 清零。用刀具轻车或轻触工件外圆表面，刀具沿＋Z 向退出工件（X 向严禁移动），相对坐标 U 清零。主轴停转，测量工件外圆直径值为 ϕ65mm。移动刀具沿 Z 轴到相对坐标 W 值为 100mm 值处；移动刀具沿 X 轴到相对坐标 U 值为（200mm 值－外圆直径值 65mm）值处。在 MDI 工作方式下，输入 G50 X200.0 Z100.0 T0100；并执行。确认刀具在当位置建立的工件坐标系。记录当前刀位机械坐标值。此位置即为 G50 指令确定的工件坐标系的（200、100）坐标值位置。

提示：

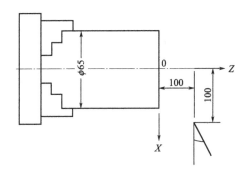

图 4-22　工件坐标系设定

① 如在没有执行含有 G50 X α　Z β　；程序段的程序之前，需移动刀具时，应务必记录当前刀位机械坐标值。其他操作完毕后切记将刀具归位（记录的机械坐标值位置处），再执行 G50 指令来确定工件坐标系。

② 当执行了程序段 G50 X α　Z β　；后，机床无坐标移动，系统内部只是对（α、β）进行记忆。

③ 由 G50 指令确定的工件坐标系不被系统保存，当关机后，参数信息即被消除。

④ G50 指令只能确定当前刀具的工件坐标系，换刀后，需再次对刀并重新确定当前刀具的工件坐标系。

⑤ 对刀后，调整好刀位，在 MDI 工作方式下，输入并执行程序段 G50 X α　Z β　；后，刀具可任意移位。自动加工时系统确认 MDI 工作方式时建立的工件坐标系（程序中不可编写 G50 指令，如有 G50 指令存在，会使工件坐标系错位）。

⑥ 由 G50 指令确定工件坐标系加工时，如执行回零操作，可消除 G50 指令建立的工件坐标系，由刀具偏置量建立的工件坐标系所替代。

4.3.5　自动回机床参考点（G28）

执行 G28 指令时，刀具先快速移动到指令值所指定的中间点位置，然后自动回参考点。其中，X、Z 在绝对指令时是中间点坐标值，在增量指令时是中间点相对刀具当前点的移动距离。

G28 指令格式：G28 X ＿ Z ＿ ；

例如图 4-23 为 G28 指令，返回参考点编程。

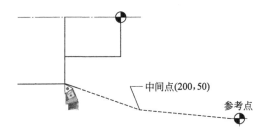

图 4-23　返回参考点

```
………
G28 X200.0 Z50.0;
M30;
%
```

提示：

① 执行 G28 指令程序段时，各轴移动到中间过渡点或移动到参考点速度，均是以快速移动的速度完成的。

② G28 指令仅在其被规定的程序段有效。

③ 中间点的确定应考虑到不致发生碰撞、干涉等事故发生。

④ 编程时可以设定刀具从当前点直接快速返回参考点。例如：G28 U0 W0;。

⑤ 为了保证主要尺寸的加工精度，在加工主要尺寸之前，刀具可先返回参考点再重新运行到加工位置。

4.3.6 基本移动 G 指令（G00、G01、G02、G03）

4.3.6.1 快速点定位 G00

该指令使刀具以点定位控制方式从当前位置快速移动到坐标系中另一指定位置。它适用于将刀具进行快速定位，无运动轨迹要求。

格式：G00 X____ Z____；

图例：G00 X60.0 Z2.0;（图 4-24 所示刀具由 A 点快速移动到 B 点）

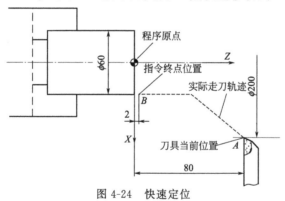

图 4-24 快速定位

绝对坐标：X Z

相对坐标：U W

上例又可表示为：G00 U－140.0 W－78.0;

提示：

① 刀具从当前位置快速移动到切削开始前的位置，在切削完了之后，快速离开工件，一般在刀具非加工状态的快速移动时使用 G00。

② G00 指令中的快移速度由机床参数"快移进给速度"对各轴分别设定，所以快速移动速度不能在地址 F 中规定，快移速度可由面板上的快速修调按钮修正。

③ 目标点位置坐标可以用绝对值，也可以用相对值，甚至可以混用。如图 4-24 中，G00 U－140.0 Z2.0;。

④ 指令只是快速定位，无运动轨迹要求。在执行 G00 指令时，由于各轴以各自的速度移动，不能保证各轴同时到达终点，因此联动直线轴的合成轨迹不一定是直线，操作者必须格外小心，以免刀具与工件发生碰撞。

4.3.6.2 直线插补 G01

该指令控制刀具从当前位置按指定的进给速度沿直线移动到坐标系中指定的另一位置，适用于加工内外圆柱面、内外圆锥面、切槽、切断工件及倒角等。

格式：G01 X(U)__ Z(W)__ F____；（其中 F 是续效指令）

F 的单位：mm/r（毫米/转）或 mm/min（毫米/分），一般车削时默认设置为 mm/r。

例：（见图 4-25）

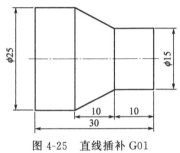

图 4-25 直线插补 G01

```
O0100;
G00 X200.0 Z100.0;
G00 X15.0 Z2.0;
G01 X15.0 Z-10.0 F0.2;
X25.0 Z-20.0;
X25.0 Z-30.0;
G00 X200.0 Z100.0;
M02;
```

提示：

① G01 指令后的坐标值取绝对值编程还是取增量值编程，由尺寸字地址决定，有的数控车床由数控系统当时的状态（G90、G91）决定。

② 进给速度由 F 指令决定。F 指令也是模态指令，它可以用 G00 指令取消。如果在 G01 程序段之前的程序段没有 F 指令，而现在的 G01 程序段中也没有 F 指令，则机床不运动。因此，G01 程序中必须含有 F 指令。

③ 上例程序中，加方框的程序指令字，可以省略。

G01 还有倒角和倒圆功能。

G01 倒角控制可以在两相邻轨迹的程序段之间插入直线倒角或圆弧倒角。

指令格式：G01 __ X(U)__ Z(W)__,C __；（直线倒角）
　　　　　G01 __ X(U)__ Z(W)__,R __；（圆弧倒角）

如图 4-26 中，倒角 C1 和倒圆 R2 在编程加工中，如用直线插补和圆弧插补指令编程会使编程增加节点计算过程，太麻烦又容易出错，如果使用倒角、倒圆指令功能命令就简单多了。

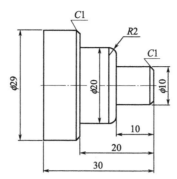

图 4-26 G01 倒角和倒圆功能

```
........
G00 X0 Z2.0;
G01 Z0 F0.2;
X10.0 C1.0;
Z-10.0;
X20.0 R2.0;
Z-20.0;
X29.0 C1.0;
Z30.0;
G00 X200.0 Z100.0;
M02;
```

4.3.6.3 圆弧插补 G02、G03

控制数控机床在各坐标平面内，执行圆弧运动，将工件切削出圆弧轮廓，该指令使刀具从圆弧起点沿圆弧移动到圆弧终点。

（1）指令格式：

G02(G03) X(U)__ Z(W)__ I__ K__ F__;
G02(G03) X(U)__ Z(W)__ R__ F__;

G02——顺时针（CW），如图 4-27 所示。

G03——逆时针（CCW），如图 4-27 所示。

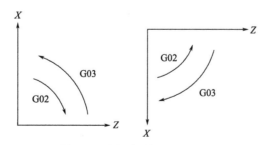

图 4-27 圆弧插补 G02、G03

X，Z——坐标系里的终点坐标。

U，W——起点与终点之间的距离。

I，K——从起点到中心点的矢量（半径值）。

（2）方向判别：沿着垂直于圆弧所在平面的坐标轴（Y轴）负方向看，顺时针为G02，逆时针为G03，如图4-28所示。

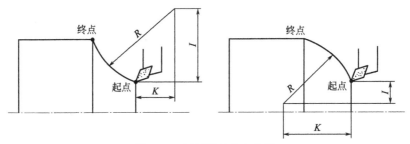

图4-28 圆弧插补方向判别

用地址X，Z或者U，W指定圆弧的终点，用绝对值或增量值表示。增量值是从圆弧的始点到终点的距离值。圆弧中心用地址I，K指定。它们分别对应于X，Z轴。但I，K后面的数值是从圆弧始点到圆心的矢量分量，是增量值。如图4-29所示。

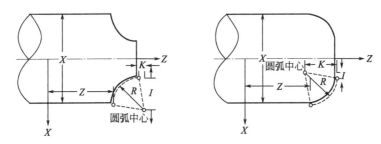

图4-29 圆弧终点I、K指定

① 圆弧终点位置：指刀具切削的圆弧最后一点。
② 绝对状态：指X、Z两坐标在工件坐标系中终点位置。
③ 相对状态：指X、Z两坐标在工件坐标从起点到终点的增量距离。

圆弧中心I、K、R的含义：

I：从起点到圆心的矢量在X轴方向的投影。

K：从起点到圆心的矢量在Z轴方向的投影。

R：圆弧半径。

例1：如图4-30(a)所示。顺时针圆弧插补。

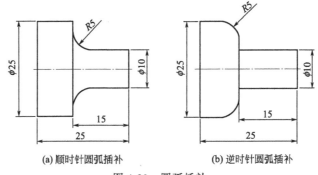

(a) 顺时针圆弧插补　　(b) 逆时针圆弧插补

图4-30 圆弧插补

方法一：用 I、K 表示圆心位置时，绝对值编程。

………
N03　G00 X10.0 Z2.0；
N04　G01 Z−10.0 F0.2；
N05　G02 X20.0 Z−15.0 I5.0 K0 F0.1；
………

增量值编程：

………
N03　G00 U−190.0 W−98.0；
N04　G01 W−12.0 F0.2；
N05　G02 U10.0 W−5.0 I5.0 K0 F0.1；
………

方法二：用 R 表示圆心位置

………
N03　G00 X10.0 Z2.0；
N04　G01 Z−10.0 F0.2；
N05　G02 X20.0 Z−15.0 R5.0 F0.1；
………

例2：如图 4-30(b) 所示。逆时针圆弧插补。

方法一：用 I、K 表示圆心位置时，绝对值编程。

………
N03　G00 X10.0 Z2.0；
N04　G01 Z−15.0 F0.2；
N05　X15.0；
N06　G03 X25.0 Z−20.0 I0 K−5.0 F0.1；
………

增量值编程：

………
N03　G00 U−190.0 W−98.0；
N04　G01 W−17.0 F0.2；
N05　U5.0；
N06　G02 U10.0 W−5.0 I0 K−5.0 F0.1；
………

方法二：用 R 表示圆心位置

………
N03　G00 X10.0 Z2.0；
N04　G01 Z−15.0 F0.2；
N05　X15.0；
N06　G03 X25.0 Z−20.0 R5.0 F0.1
………

提示：

① 采用绝对值编程时，圆弧终点坐标为圆弧终点在工件坐标系中的坐标值，用 X、Z 表示。当采用增量值编程时，圆弧终点坐标为圆弧终点相对于圆弧起点的增量值，用 U、W 表示。

② 圆心坐标 I、K 为圆弧起点到圆弧中心所作矢量分别在 X、Z 坐标轴方向上的分矢量（矢量方向指向圆心）。本系统 I、K 为增量值，并带有"±"号，当分矢量的方向与坐标轴的方向不一致时取"—"号。

③ 当用 R 指定圆心位置时，由于在同一半径 R 的情况下，从圆弧的起点到终点有两个圆弧的可能性，为区别二者，规定圆心角 $\alpha \leqslant 180°$ 时，用"+R"表示，$\alpha > 180°$ 时，用"—R"表示。

④ 用半径 R 指定圆心位置时，不能描述整圆。

4.3.7 暂停指令（G04）

暂停指令 G04，其作用是人为地暂时限制加工程序的运行，该指令可以使刀具作短时间的无进给光整加工，用于切槽、钻、镗孔，自动加工螺纹等，也可用于拐角轨迹控制等场合。

指令格式：G04 $\begin{cases} P\_\_; \\ U\_\_; \end{cases}$

系统采用 G98、G99 指令来设定 G04 指令的单位。如：

(G99) G04 U ＿；表示暂停进刀的主轴转数。

(G98) G04 U (P) ＿；表示暂停进刀的时间。

例如：G99 G04 U2.0；表示进给暂停 2 转，然后执行下一程序段。

G98 G04 U2.5；表示进给暂停 2.5s，然后执行下一程序段。

G98 G04 U2500；表示进给暂停 2500ms，然后执行下一程序段。

提示：

① 使用地址 P 时，P 值必须为整数，不能使用小数点，P 值单位为 ms。

② G04 指令从上一程序段的指令速度为零时开始执行。

③ 在主轴转速有较大的变化时，可设置 G04 指令。使主轴转速稳定后，再进行零件的切削加工，以提高零件的表面质量。

4.3.8 刀尖圆弧半径补偿（G41、G42、G40）

数控车床是按刀具的刀尖对刀的，由于车刀刀尖总有一段半径很小的圆弧，因此对刀时刀尖的位置是一个假想刀尖点。如图 4-31(b) 所示，车刀中的 A 点为假想刀尖点，相当于图 4-31(a) 所示车刀的刀尖点。

编程时按假想刀尖轨迹编程，通常将车刀刀尖作为一点来考虑，即工件轮廓与假想刀尖重合。但实际上刀尖处存在圆角，车削时实际起作用的切削刃却是刀尖圆弧上的各切点，当用按理论刀尖点编出的程序进行端面、外径、内径等与轴线平行或垂直的表面加工时，因为实际切削刃的轨迹与工件轮廓一致，所以不会产生误差。但在进行倒角、锥面及圆弧切削时，则会产生欠切削或过切削现象，如图 4-32 所示。具有刀尖圆弧自动补偿功能的数控系统能根据刀尖圆弧半径计算出补偿量，避免少切或过切现象的产生。

一般数控装置都有刀具半径补偿功能，为编制程序提供了方便。刀具半径补偿的方法是通过键盘输入刀具参数，并在程序中采用刀具半径补偿指令。有刀具半径补偿功能的数控系统编制零件加工程序时，不需要计算刀具中心运动轨迹，而只按零件轮廓编程。使用刀具半

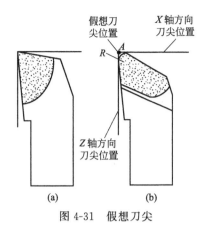

图 4-31 假想刀尖

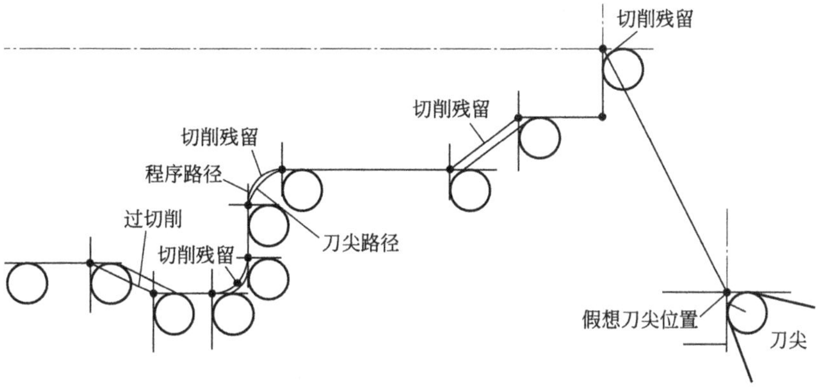

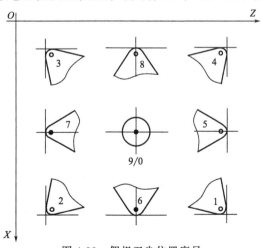

图 4-32 欠切削或过切削现象

径补偿指令,并在控制面板上手工输入刀尖圆弧半径,数控装置便能自动地计算出刀具中心轨迹,并按刀具中心轨迹运动。即执行刀具半径补偿后,刀具自动偏离工件轮廓一个刀具半径值,从而加工出所要求的工件轮廓。

(1) 刀具参数

包括刀尖半径、车刀形状、刀尖圆弧位置。这些都与工件的形状有关,需采用参数输入刀具半径补偿数据值。假想刀尖圆弧位置序号共有 10 个(0~9),如图 4-33 所示。

图 4-33 假想刀尖位置序号

图 4-34 所示为几种常用数控车床刀具的假想刀尖位置。

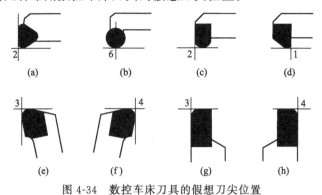

图 4-34　数控车床刀具的假想刀尖位置

当刀具磨损或刀具重磨后，刀具半径变小，这时只需手工输入改变后的刀具半径，而不需要修改已编好的程序。

(2) 刀尖圆弧半径补偿指令 G41、G42、G40

刀尖圆弧半径补偿是通过 G41、G42、G40 代码及 T 代码指定的刀尖圆弧半径补偿号，加入或取消半径补偿。如图 4-35 所示。

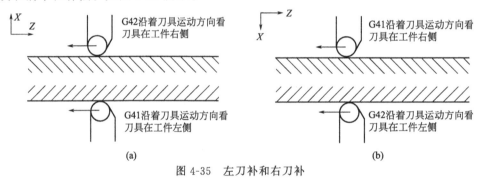

图 4-35　左刀补和右刀补

G41：刀具半径左补偿，即站在第三轴指向上，沿刀具运动方向看，刀具位于工件左侧时的刀具半径补偿。

G42：刀具半径右补偿，即站在第三轴指向上，沿刀具运动方向看，刀具位于工件右侧时的刀具半径补偿。

G40：刀具半径补偿取消，即使用该指令后，使 G41、G42 指令无效。

编程格式：$\begin{Bmatrix} G01 \\ G00 \end{Bmatrix} \begin{Bmatrix} G41 \\ G42 \\ G40 \end{Bmatrix} X(U)\_\_ Z(W)\_\_ ;$

刀尖半径补偿注意事项：

① G41、G42 指令不能与圆弧切削指令写在同一个程序段，可以与 G00 和 G01 指令写在同一个程序段内，在这个程序段的下一程序段始点位置，与程序中刀具路径垂直的方向线过刀尖圆心。

② 必须用 G40 指令取消刀尖半径补偿，在指定 G40 程序段的前一个程序段的终点位置，与程序中刀具路径垂直的方向线过刀尖圆心。

③ 在使用 G41 或 G42 指令模式中，不允许有两个连续的非移动指令，否则刀具在前面

程序段终点的垂直位置停止,且产生过切或少切现象。

④ 在 G74～G76、G90～G92 固定循环指令中不使用刀尖半径补偿。

⑤ 在加工比刀尖半径小的圆弧内侧时,产生报警。

4.3.9 车螺纹（G32）

G32 指令可以执行单行程螺纹切削,车刀进给运动严格根据输入的螺纹导程进行。但是,车刀的切入、切出、返回均需编入程序。

指令格式：G32 X(U)__ Z(W)__ F __;

其中,X(U)__ Z(W)__ 为螺纹终点坐标值,X、Z 用于绝对编程,U、W 用于相对编程,F 为导程（螺距）。

在 G32 指令程序中,进给速度 F 值是一个定值,加工中进给速度倍率修调无效,F 值被限制在 100%,主轴转速修调无效（保持程序给定速度）。

说明：螺纹车削加工为成形车削,且切削进给量大,刀具强度较差,一般要求分数次进给加工。在螺纹加工轨迹中应设置足够的升速进刀段 δ_1 和降速退刀段 δ_2,δ_1 和 δ_2 表示由于伺服系统的延迟（加速运动和减速运动）会造成螺纹头尾螺距减小（产生不完全螺纹）,因此在编程时,头尾应让出一定距离,以消除伺服滞后造成的螺距误差。

如图 4-36 所示,待加工螺纹,M18 螺纹,螺距为 1.5,螺纹长度 16mm,右端面倒角 C1.5mm。

在编制螺纹加工程序中,应首先考虑螺纹程序起刀点的位置及螺纹程序收尾点的位置。

取 $\delta_1=5$mm,$\delta_2=2$mm。

加工螺纹时,从粗车到精车需多次重复走刀,直至把螺纹切削到要求的深度。这个要求深度也就是螺纹的牙型高度。根据 GB/T 192～197 普通螺纹国家标准,普通螺纹的牙型理论高度 $H=0.866P$,实际加工时,由于螺纹车刀刀尖半径的影响,螺纹的实际切

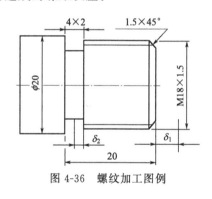

图 4-36 螺纹加工图例

深有变化。GB/T 197 规定螺纹车刀可在牙底最小削平高度 $H/8$ 处削平或倒圆。则螺纹实际牙型高度可按下式计算

$$h=H-2\left(\frac{H}{8}\right)=0.6495P\approx 0.65P$$

式中 H——螺纹原始三角形高度,$H=0.866P$（mm）；

P——螺距,mm。

按以上经验公式求得的牙型高是单边值,数控系统规定采用直径方式编程。

双边牙型高 $2h\approx 1.3P$

螺纹底径尺寸 $d=D-1.3P$

式中 D——螺纹牙顶直径尺寸；

d——螺纹牙底直径尺寸。

螺纹底径尺寸

$$d=D-1.3P=18-1.3\times 1.5=16.05\text{（mm）}$$

图 4-36 例程序：

```
………；
G00 X20.0 Z5.0；
X17.0；                     直径切深1mm
G32 Z-18.0 F1.5；
G00 X20.0；
Z5.0；
X16.5；                     直径切深1mm
G32 Z-18.0 F1.5；
G00 X20.0；
Z5.0；
X16.05；                    直径切深到牙底尺寸
G32 Z-18.0 F1.5；
G00 X20.0；
Z5.0；
………
```

提示：

① 螺纹切削过程中，进给速度倍率无效，速度被限制在100%。

② 在执行G32指令时，以前设定的进给速度"F"仍被保存，在G32执行后（如再使用G00、G01、G02、G03等工进切削程序时），进给速度仍起作用。

③ 螺纹加工过程中，不能停止进给，一旦停止，切深会急剧增加，非常危险。

④ 如用单程序段进行螺纹切削加工，刀具执行到后序第一个非螺纹切削程序段后停止。

⑤ 有的数控车床，螺纹切削过程中主轴转速倍率有效可调。如改变不能切削出正确螺纹。

4.3.10 车削固定循环功能

4.3.10.1 单一固定循环

该循环主要用于圆柱面和圆锥面的循环切削。

（1）外径、内径切削循环指令G90（图4-37）

格式：G90 X(U)__ Z(W)__；

```
G00  X42.0  Z2.0；
G90  X20.0  Z-20.0  F0.2；
```

示例：（图4-38）

```
O1487；
G99 G97 S600 M03；
T0101；
G00 X62.0 Z2.0；
G90 X50.0 Z-40.0 F0.15；
X40.0；
X30.0；
G00 X200.0 Z100.0；
M05；
M30；
%
```

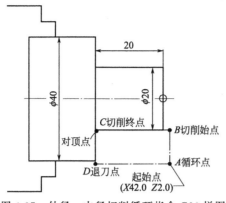
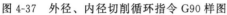
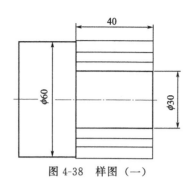

图 4-37　外径、内径切削循环指令 G90 样图　　　　图 4-38　样图（一）

（2）圆锥内、外径切削循环指令（锥面切削循环）

格式：G90　X(U)__ Z(W)__ R__ F__；

R：为切出点到切入点在 X 轴上的投影，与 X 轴同向取正，与 X 轴反向取负。

示例：（图 4-39）

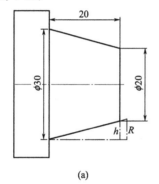
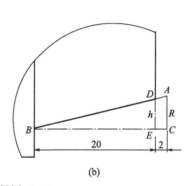

图 4-39　样图（二）

$$h = \frac{30-20}{2} = 5$$

根据相似三角形公式：

$$\frac{h}{BE} = \frac{R}{BE+2}$$

$$\frac{5}{20} = \frac{R}{20+2}$$

得

$$R = 5.5$$

又因切出点到切入点在 X 轴的投影为 R 值，R 方向与 X 正向相反，故 R=-5.5mm。

O0002；
G99 G97 S600 M03；
T0101；
G00 X42.0 Z2.0；
G90 X30.0 Z-20.0 R-5.5 F0.15；
G00 X200.0 X100.0；
M05；
M30；
%

4.3.10.2 复合固定循环

它应用于切除非一次加工即能加工到规定尺寸的场合。如用棒料毛坯车削阶梯相差较大的轴,或切削铸、锻件的毛坯余量时,都有一些多次重复进行的动作。每次加工的轨迹相差不大。在复合固定循环中,对零件的轮廓定义之后,即可完成从粗加工到精加工的全过程,使程序得到进一步简化。利用复合固定循环功能,只要编出最终加工路线,给出每次切除的余量深度或循环次数,机床即可自动地重复切削直到工件加工完为止。下面分几个章节的相关编程知识,介绍几种常用复合固定循环指令。

(1) 外径(内径)粗加工复合固定循环指令 G71

它适用于外圆柱毛坯料作粗车外径和内圆孔毛坯料作粗车内径,需多次走刀才能完成的粗加工。图 4-40 所示为用 G71 粗车外径的粗车循环的编程指令格式(以直径编程)。

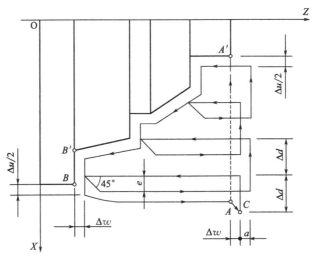

图 4-40 外径(内径)粗加工循环指令

格式:G71 UΔd RΔe;
G71 Pns Qnf UΔu WΔw F＿ S＿ T＿;

Δd——切削深度(背吃刀量、每次切削量),半径值,无正负号,方向由矢量 AA' 决定(X 向);

Δe——每次退刀量,半径值,无正负;

ns——精加工路线中第一个程序段(即图中 AA' 段)的顺序号;

nf——精加工路线中最后一个程序段(即图中 BB' 段)的顺序号;

Δu——X 方向精加工余量,直径编程时为 Δu,半径编程为 $\Delta u/2$;

Δw——Z 方向精加工余量;

① G71 程序段本身不进行精加工,粗加工是按后续程序段 $ns \sim nf$ 给定的精加工编程轨迹 $A \rightarrow A' \rightarrow B \rightarrow B'$,沿平行于 Z 轴方向进行。

② G71 程序段不能省略除 F、S、T 以外的地址符。G71 程序段中的 F、S、T 只在粗加工循环时有效,精加工时处于 ns 到 nf 程序段之间的 F、S、T 有效。

③ 循环中的第一个程序段(即 ns 段)必须包含 G00 或 G01 指令的 X 向坐标移动,即

$A \to A'$ 的动作必须是直线或点定位运动,但不能有 Z 轴方向上的移动。

④ ns 到 nf 程序段中,不能调用子程序。

⑤ G71 循环时可以进行刀具位置补偿,但不能进行刀尖半径补偿。因此在 G71 指令前必须用 G40 取消原有的刀尖半径补偿。在 ns 到 nf 程序段中可以含有 G41 或 G42 指令,对精车轨迹进行刀尖半径补偿。

⑥ 循环点位置选定应正确,需考虑退刀方向,应大于最大坯料尺寸(内孔应小于坯料尺寸),避免回切工件(在循环加工退刀操作时,都是以 45°X、Z 方向联动,然后再沿 Z 向快退)。

⑦ 零件轮廓必须符合 X 轴、Z 轴方向同时单调增大或单调减少模式。

⑧ 恒线速度控制指令,在循环移动指令中 G96 或 G97 指令无效。可在 G71 指令程序段或前程序段指令有效。

例:按图 4-41 所示尺寸编写外圆粗切循环加工程序。

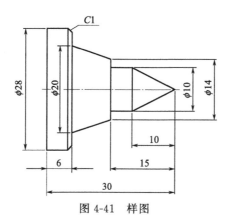

图 4-41 样图

```
O00041;
G99 G97 S600 M03;
T0101;
G00 X200.0 Z100.0;
X32.0 Z2.0;
G71 U1.5 R0.5;
G71 P10 Q11 U0.5 W0.05 F0.15;
N10 G00 X0;
G01 Z0;
X10.0 Z-10.0;
Z-15.0;
X14.0;
X20.0 Z-24.0;
X28.0 C1.0;
N11 Z-30.0;
G00 X200.0 Z100.0;
M05;
M02;
```

(2) 端面粗车复合固定循环指令 G72

它用于圆柱棒料毛坯端面方向粗车,端面粗切循环适用于 Z 向余量小、X 向余量大的棒料粗加工，图 4-42 所示为从外径方向往轴心方向车削端面循环。端面粗车循环指令格式为：

G72 WΔd RΔe；

G72 Pns Qnf UΔu WΔw F＿ S＿ T＿；

Δd——切削深度（背吃刀量、每次切削量），无正负号，方向由矢量 AA' 决定（Z 向）；

Δe——每次退刀量；

ns——精加工轮廓程序段中开始程序段的段号；

nf——精加工轮廓程序段中结束程序段的段号；

Δu——X 轴向精加工余量（直径值）；

Δw——Z 轴向精加工余量。

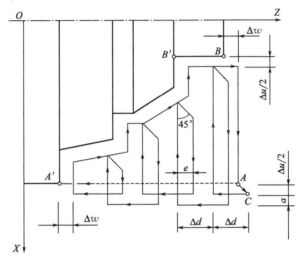

图 4-42　端面粗加工复合固定循环指令

G72 指令与 G71 指令的区别仅在于切削方向平行于 X 轴，在 ns 程序段中不能有 X 方向的移动指令，其他相同。

提示：

G71 指令精加工轮廓（$ns \sim nf$）编程是从最小直径处开始编程（内孔加工从最大内径处开始），G72 指令精加工轮廓（$ns \sim nf$）编程是从最大直径处开始编程。

例：按图 4-43 所示尺寸编写端面粗切循环加工程序。

```
O0043;
G99 G97 S600 M03;
T0101;
G00 X200.0 Z100.0;
X52.0 Z2.0;
G72 W1.5 R0.5;
G72 P10 Q11 U0.5 W0.05 F0.15;
N10 G00 Z－20.0;
G01 X48.0;
Z－15.0 C1.0;
X40.0 R3.0;
X30.0 Z－10.0;
```

Z-5.0;
X20.0;
Z0 C1.0;
N11 X0;
G00 X200.0 Z100.0;
M05;
M00;

(3) 封闭轮廓复合循环 G73

它适用于毛坯轮廓形状与零件轮廓形状基本接近时的粗车。如图 4-44 所示，利用该循环，可以按同一轨迹重复切削，每次切削刀具向前移动一次，因此对于锻造、铸造和异型可加工表面等粗加工已初步形成的毛坯件，可以按形状轮廓加工。

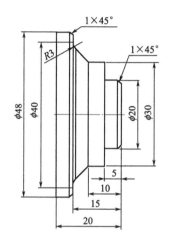

图 4-43 例图

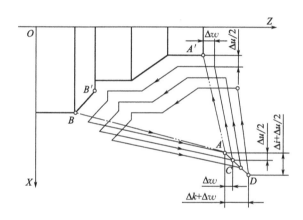

图 4-44 样图

格式：G73 UΔi WΔk RΔd;
G73 Pns Qnf UΔu WΔw F __ S __ T __;

Δi——X 轴方向退出距离和方向（半径值）；

Δk——Z 轴方向退出距离和方向；

Δd——粗车循环次数；

ns——精加工路线中第一个程序段（即图中 AA' 段）的顺序号；

nf——精加工路线中最后一个程序段（即图中 BB' 段）的顺序号；

Δu——X 轴向精加工余量（直径值）；

Δw——Z 轴向精加工余量。

提示：

① 在 ns 程序段可以有 X、Z 方向的移动。

② G73 适用于已初成形毛坯的粗加工。

例：如图 4-45 所示工件。阴影部分粗车分四次循环进给，每次背吃刀量为 3mm，Z 轴方向的精加工余量为 0.5mm。

```
O0045
G99 G97 S600 M03;
G00 X200.0 Z100.0;
X34.0 Z-12.0;
G73 U2.75 R5;
G73 P10 Q11 U0.5 F0.15;
N10 G01 X24.0;
G03 Z-30.0 R15.0;
N11 G01 X32.0 Z-50.0;
G00 X200.0 100.0;
M05;
M02;
```

X 向闭合距离计算：

X 向闭合距离＝(待加工外径尺寸－工件最小尺寸－精加工余量)/2

＝(32－24－0.5)/2

＝3.75

因为 G73 采用 Δi（X 轴方向退出距离）3.75mm，实际加工中，粗加工第一刀只是与工件表面轻触，无切削加工，没有实际意义 所以 X 方向人为指定减去 1mm，使加工的第一刀在 X 方向都去掉 1mm 余量 [U2.75]。

所以粗车循环次数 Δd 定为 5 次（含指定的第一刀）

（4）精车循环 G70

当用 G71、G72、G73 粗加工车削工件后，用 G70 来指定精车循环，切除粗加工中留下的余量。

格式：G70 Pns Qnf F __ ；

ns——精加工轮廓程序段中开始程序段的段号；

nf——精加工轮廓程序段中结束程序段的段号。

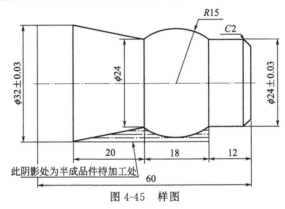

图 4-45 样图

提示：

① G70 精加工循环指令加工时循环点的设定，一定要与其他的粗加工固定循环指令加工时设定的循环点坐标位置相一致，否则精加工轨迹会移位。

② 精加工时，G71、G72、G73 程序段中的 F、S、T 指令无效，只有在 $ns \sim nf$ 程序段中的 F、S、T 才有效。

例：

图 4-41 所示尺寸编写外圆粗切循环加工程序的精加工程序	图 4-43 所示尺寸编写端面粗切循环加工程序的精加工程序
………	………
G99 G97 S800 M03;	G99 G97 S800 M03;
T0101;	T0101;
G00 X200.0 Z100.0;	G00 X200.0 Z100.0;
X32.0 Z2.0;	X52.0 Z2.0;
G70 P10 Q11 F0.05;	G70 P10 Q11 F0.05;
G00 X200.0 Z100.0;	G00 X200.0 Z100.0;
M05;	M05;
M30;	M30;

4.3.10.3 螺纹切削固定循环

（1）螺纹切削循环指令 G92

通过 G32 例所示，加工一个螺纹需切削多次才可完成，而 G32 螺纹加工程序段每一句只能执行一个运动轨迹。因此，完成一个螺纹加工需多个 G32 程序段和多个 X 向进退刀、Z 向工进和快退等程序段组成，所以 G32 指令编程时，程序较长，很繁琐，容易发生编程错误。因此，建议采用螺纹循环切削指令 G92 来加工螺纹。

① G92 直螺纹循环切削指令

格式：G92 X(U)＿ Z(W)＿ F＿；

G92 螺纹循环切削指令 [见图 4-46(b)] 是将从循环点（起刀点）→X 向快进→Z 向切螺纹工进切削→X 向快速退出→Z 向快速返回循环点，四个轨迹段自动循环。在加工时，只需一句指令刀具便可加工完成四个轨迹的工作环节，这样大大优化了程序编制。

如图 4-46(a) 例题用 G92 螺纹循环切削指令编程就简化多了。

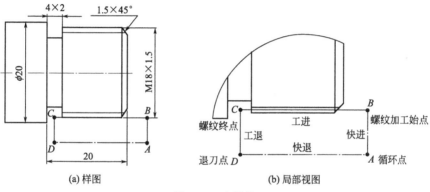

图 4-46 直螺纹

图 4-46(a) 例程序：

O0112;
G99 G97 S400 M03;
T0303;
G00 X20.0 Z5.0;
G92 X17.0 Z−18.0 F1.5;
X16.5;
X16.1;
X16.05;
G00 X200.0 Z100.0;
M05;
M30;

从上例可以看出，运用 G92 指令，简化了程序的编制过程，提高了编程效率、减小了出错率、缩短了程序的输入量，且在 CRT 显示屏上可清晰地了解加工进程，更便于对工件的加工质量进行分析。

② G92 锥螺纹循环切削指令

对于 G92 指令直螺纹编程来说，除编程方式和 G32 指令有所不同，它优化了编程过程，其他如循环点的选择、升速进刀段 δ_1、降速退刀段 δ_2 的让出距离、螺纹底径的计算等，与

G32 的螺纹切削相同。而且，G92 和 G32 都可以切削锥螺纹。

格式：G92 X(U)__ Z(W)__ R__ F__；

其中，R 为刀具切出点到切入点距离，在 X 方向的投影，与 X 轴方向相同取正，与 X 轴方向相反取负（半径值）。

如图 4-47(a) 所示。

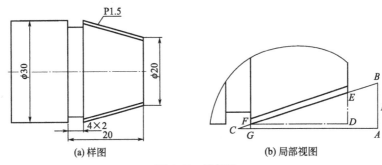

图 4-47 锥螺纹

计算出相关值。

a. 设定升速进刀段 $\delta_1=5.0$mm，降速退刀段 $\delta_2=2.0$mm。

b. 求 R 值。根据相似三角形的计算方法计算得出

因为
$$\frac{ED}{FD}=\frac{R}{CG+FD+DA}$$

所以
$$\frac{(30-20)/2}{16}=\frac{R}{2+16+5} \quad 得 R=7.2$$

投影方向与 X 正向相反，故 R 取 -7.2。

c. 求螺纹切出点大径值（牙顶直径）。

根据相似三角形公式，求 FG 值：

由于
$$\frac{FG}{CG}=\frac{ED}{FD}$$

所以
$$\frac{FG}{2}=\frac{5}{16} \quad 得 FG=0.625$$

求 $D_牙$ 值：
$$D_牙=D+2\times FG=31.25$$

d. 求螺纹切出点小径值：

$d_牙=D_牙-2h \quad h=0.65P \quad 经计算得出 \quad d_牙=29.3$mm

经过上面各过程的计算结果，可编写出 ［见图 4-47(a)］ 锥螺纹加工程序：

```
O0047；
G99 G97 S400 M03 S400；
T0303；
G00 X32.0 Z5.0；
G92 X30.7 Z-18.0 R-7.2 F1.5；         第一刀 0.75mm
X30.0；                                第二刀 0.7mm
X29.5；                                第三刀 0.5mm
X29.35；                               第四刀 0.15mm
X29.30；                               第五刀 0.05mm
X29.30；                               精车
```

```
G00 X200.0 Z100.0 M05;
M05;
M30;
```

提示：

对于 G32、G92 直进式切削方法，由于两侧刃同时工作，切削力较大，而且排屑困难容易产生"啃刀现象"。因此，一般多用于中小螺距螺纹加工。在切削螺距较大的螺纹时，由于切削深度较大，刀刃磨损较快，从而造成螺纹中径产生误差。

采用直进法 G92 或 G32 加工大螺距的螺纹时，每切削一刀，刀具在 X 向的吃刀深度必须合理地进行分配，一般开始时吃刀深度要大一些，越到后来吃刀深度越小。吃刀深度的分配就需要操作者凭经验或通过计算和试验来得到，即使是这样有时也无法避免"啃刀现象"的发生。而螺纹复合切削循环指令 G76 就可解决这个问题。

（2）复合螺纹切削循环指令 G76

G76 复合螺纹切削循环指令，是多次自动循环切削螺纹的一种编程加工方式。此循环加工中，刀具为单侧刃加工（斜进加工）从而使刀尖的负载可以减轻，避免出现"啃刀现象"。G76 指令加工轨迹如图 4-48(a) 所示。

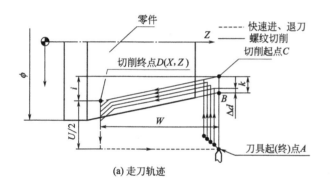 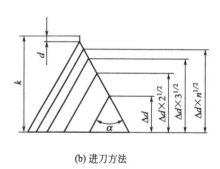

(a) 走刀轨迹　　　　　　　　　　　(b) 进刀方法

图 4-48　G76 走刀轨迹图

格式：G76 P$\underline{m}$ $\underline{r}$ $\underline{a}$　Q$\underline{\Delta d_{min}}$　R$\underline{d}$；
　　　G76 X(U)__ Z(W)__ R$\underline{i}$　Q$\underline{\Delta d}$　F__；

m——精加工重复次数。

r——斜向退刀量（螺纹收尾部分的长度）。

a——刀尖角度，可选 80°、60°、55°、30°、29°、0°六种，用两位数指定。

Δd_{min}——最小切削深度（半径值指定。计算深度小于这个极限值时，车削深度锁定在这个值）。

d——精加工余量（用半径编程指定）。

i——锥螺纹的半径差。$i=0$ 时为圆柱直螺纹。

k——螺纹的牙高（x 方向半径值），通常为正。k 见图 4-48(b)。

Δd——第一次车削深度（半径值）。后续加工切深为递减式。

加工程序示例如图 4-49 所示：

例：车削如图 4-49 所示工件的 M20×2.5 螺纹。取精加工次数 2 次，螺纹退尾长度为 7mm，螺纹车刀刀尖角度 60°，最小背吃刀量取 0.1mm，精加工余量取 0.3mm，螺纹牙型高度为 2.3mm，第一次背吃刀量取 0.6mm，螺纹小径为 25.4mm。前端倒角 2×45°。

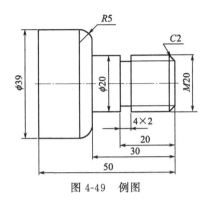

图 4-49 例图

程序：

....

程序	说明
S400 M03;	指定主轴转速 S400 正转
T0303;	换螺纹刀（60°）
G00 X22.0 Z5.0;	
G76 P030060 Q100 R0.2;	m：3 次；R：0；a：刀尖角 60°；Δd_{min}：0.1
G76 X16.75 Z-20.0 R0 P1624 Q500 F2.5;	d：0.2
G00 X200.0 Z100.0;	i：0；k：1.6；Δd：0.5mm
M05;	
M30;	

提示：

G76 斜进式切削方法，由于为单侧刃加工，加工刀刃容易损伤和磨损，使加工的螺纹面不直，刀尖角发生变化，而造成牙型精度较差。但由于其为单侧刃工作，刀具负载较小，排屑容易，并且切削深度为自动递减式。因此，这种加工方法一般适用于大螺距螺纹加工。由于此加工方法排屑容易，刀刃加工工况较好，在螺纹精度要求不是很高的情况下，此加工方法更为方便（可以一次成形）。在加工较高精度螺纹时，可采用两刀加工完成，即先用 G76 加工方法进行粗车，然后用 G32、G92 加工方法精车。但要注意刀具起始点要准确，否则容易产生"乱扣"，造成零件报废。

4.3.11 编程实例

加工如图 4-50 所示零件。毛坯为 ϕ30mmLY12 铝合金棒料。粗加工每次进给深度 1.5mm，进给量为 0.15mm/r，精加工余量 X 向 0.4mm（直径值），Z 向 0.1mm。，工件程序原点均在工序右端面中心处。

（1）工艺分析

零件包括圆柱面、圆锥面、圆弧角、倒角等，选择刀具与切削用量，刀具卡片见表 4-2，工序卡片见表 4-3。

表 4-2 刀具卡片

产品名称或代号		成形轴类件加工	零件名称	螺纹异型件	零件图号	01
序号	刀号	刀具规格名称	数量	加工表面	刀尖半径/mm	备注
1	T1	93°右手外圆偏刀	1	粗、精车外形	0.4	$\varepsilon_r=35°$
2	T4	4mm 切槽刀	1	切槽、切断	$B=4$	
3	T3	外三角螺纹刀	1	车螺纹		$\varepsilon_r=60°$
4	T2	45°外圆偏刀	1	倒头车断面		

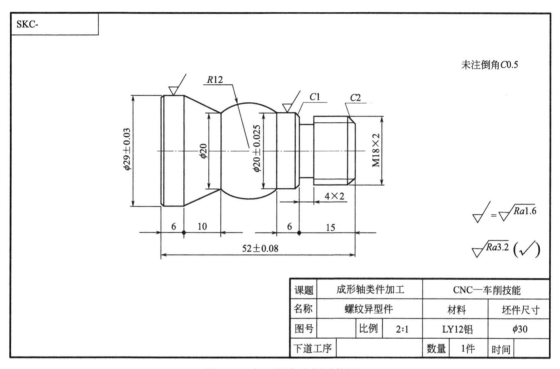

图 4-50 加工操作实例零件图

表 4-3 工序卡片

工序号	程序编号		夹具名称		使用设备		教室	
001	O0050		三爪卡盘		SK50			
工步	工步内容	刀具号	刀具规格/mm	主轴转速/(r/min)	进给速度/(mm/r)		切削深度/mm	备注
1	粗车外形	T1	25×25	600	0.15		1.5	
2	精车外形	T1	25×25	1000	0.08		0.2	
3	切退刀槽	T4	25×25	450	0.05			
4	车螺纹	T3	25×25	450	2.0			
5	切断	T4	25×25	450				手动切削
6	倒头定总长	T2	25×25	800			0.5	手动切削

(2) 加工程序

O0050;
G99 G97 G40 S600 M03;
T0101;
G00 X200.0 Z100.0;
X32.0 Z2.0;

```
G71 U1.5 R0.5;
G71 P10 Q11 U0.4 W0.1 F0.15;
N10 G00 G42 X0;
G01 Z0;
X17.8 C2.0;
Z-15.0;
X20.0 C1.0;
Z-21.0;
X29.0;
N11 Z-52.5;
G00 X200.0 Z100.0;
M05;
M00;
N2;
G99 G97 G40 S1000 M03;
T0101;
G00 X32.0 Z2.0;
G70 P10 Q11 F0.08;
G00 X200.0 Z100.0;
M05;
M00;
N3;
G99 G97 G40 S600 M03;
T0202;
G00 X200.0 Z100.0;
X31.0 Z-21.0;
G73 U3.3 R4;
G73 P20 Q21 U0.4 F0.15;
N20 G01 G42 X20.0;
G03 X20.0 Z-36.0 R12.0;
N21 G01 X29.0 Z-46.0;
G00 X200.0 Z100.0;
M05;
M00;
N4;
G99 G97 G40 S1000 M03;
T0202;
X31.0 Z-21.0;
G70 P20 Q21 F0.08;
G00 X200.0 Z100.0;
M05;
M00;
N5;
G99 G97 G40 S450 M03;
T0404;
G00 X200.0 Z100.0;
X22.0 Z-15.0;
G01 X14.0 F0.05;
G04 U2.0;
G01 X22.0 F0.4;
G00 X200.0 Z100.0;
```

```
M05;
M00;
N6;
G99 G97 G40 S450 M03;
T0303;
G00 X20.0 Z5.0;
G92 X17.0 Z-13.0 F2.0;
X16.5;
X16.1;
X15.8;
X15.6;
X15.5;
X15.4;
G00 X200.0 Z100.0;
M30;
```

4.4 典型车削零件的编程实例

4.4.1 轴类零件的编程实例

在数控车床上加工如图 4-51 所示零件。

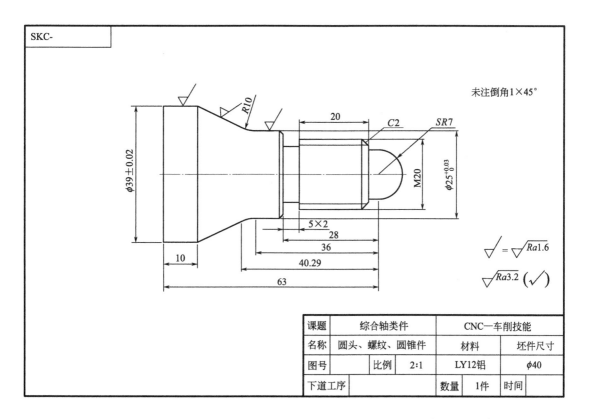

图 4-51 加工操作实例零件图

4.4.1.1 零件图工艺分析

(1) 技术要求分析

零件包括球面圆弧加工、外圆锥面、外圆柱面、退刀宽槽加工及外螺纹等加工。零件材料为 LY12 硬铝合金材料，外圆柱面 $\phi25$、$\phi39$ 和相连处外圆锥的粗糙度要求为 $Ra1.6\mu m$，其余均为 $Ra3.2\mu m$，外圆柱面处尺寸精度要求为 $\phi39\pm0.02$ 和 $\phi25^{+0.03}_{0}$，总长度要求 65mm（手动车端面保证尺寸），未注倒角按 $C1.0$ 处理，无热处理和硬度要求。

(2) 确定装夹方案、定位基准和刀位点。

① 装夹方案。原料为毛坯棒料，可采用三爪自定心卡盘装夹定位。伸出卡盘端面 80mm。

② 设定程序原点。以工件右端面与轴线交点处建立工件坐标系（采用试切对刀法建立）。

③ 换刀点设置。在工件坐标系（X200.0，Z100.0）处。

④ 加工起点设置。表面粗、精加工起点均设定在（X42.0，Z2.0）处；槽加工起到点设定在（X27.0，Z-35.0）处；螺纹加工起点设定在（X22.0，Z-5.0）处。

(3) 刀具选择、加工方案制订和切削用量确定。

见表 4-4 和表 4-5。

表 4-4 刀具卡片

产品名称或代号		数控车削实训件		零件名称	阶梯轴	零件图号	01
序号	刀具号	刀具规格名称	数量	加工表面	刀尖半径/mm	备注	
1	T1	93°右手外圆偏刀	1	粗、精车外形	0.4	$\varepsilon_r=35°$	
2	T4	4mm 切槽刀	1	切槽、切断		$B=4$	
3	T3	外三角螺纹刀	1	车螺纹		$\varepsilon_r=60°$	
4	T2	45°外圆偏刀	1	倒头车断面			

表 4-5 工序卡片

工序号	程序编号	夹具名称		使用设备		教室	
001	O0051	三爪卡盘		SK50			
工步	工步内容	刀具号	刀具规格/mm	主轴转速/(r/min)	进给速度/(mm/r)	切削深度/mm	备注
1	粗车外形	T1	25×25	600	0.15	1.5	
2	精车外形	T1	25×25	1000	0.05	0.25	
3	退刀槽和宽槽	T4	25×25	450	0.05		
4	车螺纹	T3	25×25	450	F2.5		
5	切断	T4	25×25	450			手动切削
6	倒头定总长	T2	25×25	800		0.5	手动切削

4.4.1.2 加工程序

```
O0051;
N1;
G99 G97 G40 S600 M03;
T0101;
G00 X200.0 Z100.0;
```

X42.0 Z2.0；
G71 U1.5 R0.5；
G71 P10 Q11 U0.5 W0.1 F0.15；
N10 G00 G42 X0；
G01 Z0；
G03 X14.0 Z−7.0 R7.0；
G01 Z−10.0；
X19.8 C2.0；
Z−35.0；
X25.0 C1.0；
Z−43.0；
G02 X26.934 Z−47.29 R10.0；
G01 X39.0 Z−60.0；
N11 Z−70.5；
G00 X200.0 Z100.0；
M05；
M00；
N2；
G99 G97 G40 S1000 M03；
T0101；
G00 X42.0 Z2.0；
G70 P10 Q11 F0.05；
G00 X200.0 Z100.0；
M05；
M00；
N3；
G99 G97 G40 S450 M03；
T0404；
G00 X200.0 Z100.0；
X27.0 Z−35.0；
G01 X20.0 F0.3；
X16.0 F0.05；
G04 U2.0；
G01 X20.0 F0.3；
W1.0；
X16.0 F0.05；
G04 U2.0；
G01 X20.0 F0.3；
G00 X200.0 Z100.0；
M05；
M00；
N4；
G99 G97 G40 S450 M03；
T0303；
G00 X200.0Z100.0；
X22.0 Z−5.0；
G92 X19.0 Z−32.0 F2.5；
X18.5；
X18.1；
X17.7；
X17.4；

X17.1;
X16.9;
X16.8;
X16.75;
G00 X200.0 Z100.0;
M30;

4.4.2 轴套类零件的编程实例

在数控车床上加工如图 4-52 所示零件。

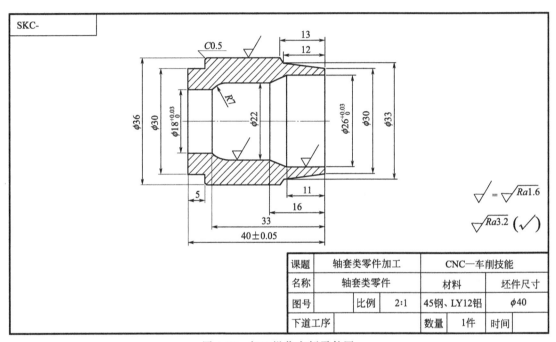

图 4-52 加工操作实例零件图

4.4.2.1 零件图工艺分析

（1）技术要求分析

零件包括外圆锥面、外圆柱面、内圆锥面、内圆面和内圆弧面等加工；零件材料为 LY12 硬铝合金材料，外圆柱面 $\phi 36$mm 和内圆表面 $\phi 26$、$\phi 22$ 处粗糙度要求为 $Ra1.6\mu m$，其余均为 $Ra3.2\mu m$；外圆柱面处尺寸精度为自由公差，内圆面 $\phi 26$、$\phi 22$ 处要求上偏差为 0.03，下偏差为 0；总长度要求 40mm（手动车端面保证尺寸），未注倒角按 $C0.3$ 处理，无热处理和硬度要求。

（2）确定装夹方案、定位基准和刀位点。

① 装夹方案。零件原料为毛坯棒料，可采用三爪自定心卡盘装夹定位。图左边外圆工件轮廓加工坯件伸出卡盘端面 60mm，加工完成后手工切断工件；图右边为局部外圆加工和内孔工件轮廓加工，夹持工件已加工面 $\phi 36$ 外圆处，伸出卡盘端面 16mm。

② 设定程序原点。以工件右端面与轴线交点处建立工件坐标系（采用试切对刀法

建立)。

③ 换刀点设置。在工件坐标系（$X200.0$，$Z100.0$）处。

④ 加工起点设置。表面粗、精加工起点均设定在（$X42.0$，$Z2.0$）和（$X38.0$，$Z2.0$）处；内孔加工起刀点设定在（$X16.0$，$Z0$）处。

(3) 刀具选择、加工方案制订和切削用量确定。

见表4-6和表4-7。

表4-6 刀具卡片

产品名称或代号		数控车削实训件		零件名称	阶梯轴	零件图号	01
序号	刀具号	刀具规格名称	数量	加工表面	刀尖半径/mm	备注	
1	T1	93°右手外圆偏刀	1	粗、精车外形	0.4	$\varepsilon_r=35°$	
2	T3	镗孔车刀	1	粗、精车	内孔圆	12×150×15	
3	T4	4mm切断刀	1	切断	$B=4$		

表4-7 工序卡片

工序号	程序编号	夹具名称	使用设备		教室		
001	O0052、0053	三爪卡盘	SK50				
工步	工步内容	刀具号	刀具规格/mm	主轴转速/(r/min)	进给速度/(mm/r)	切削深度/mm	备注
1	粗车左外形	T1	25×25	600	0.15	1.5	
2	精车左外形	T1	25×25	1000	0.05	0.25	
3	切断	T4	25×25	450	0.05		手动切削
4	粗车右外形	T1	25×25	600	0.15	1.5	
5	粗车右内孔	T3	25×25	500	0.1	1.0	
6	精车右内孔	T3	25×25	1000	0.05	0.25	
7	精车右外形	T1	25×25	1000	0.05	0.25	

4.4.2.2 加工程序

```
O0052；(图左边零件加工)
N1；
G99 G97 G40 S600 M03；
T0101；
G00 X200.0 Z100.0；
X42.0 Z2.0；
G71 U1.5 R0.5；
G71 P10 Q11 U0.5 W0.1 F0.15；
N10 G00 G42 X0；
G01 Z0；
X30.0 C0.3；
Z-5.0；
X36.0 C0.5；
N11 Z-45.0；
G00 X200.0 Z100.0；
M05；
M00；
```

N2;
G99 G97 G40 S1000 M03;
T0101;
G00 X42.0 Z2.0;
G70 P10 Q11 F0.05;
G00 X200.0 Z100.0;
M30;
O0053;（图右边零件加工）
N1;
G99 G97 G40 S600 M03;
T0101;
G00 X200.0 Z100.0;
X38.0 Z2.0;
G71 U1.5 R0.5;
G71 P10 Q11 U0.5 W0.1 F0.15;
N10 G00 G42 X30.0;
G01 Z0;
X33.0 Z-12.0;
N11 X37.0 Z-13.33;
G00 X200.0 Z100.0;
M05;
M00;
N2;
G99 G97 G40 S500 M03;
T0303;
G00 X200.0 Z100.0;
X16.0 Z2.0;
G71 U1.0 R0.5;
G71 P20 Q21 U-0.5 W0.1 F0.1;
N20 G00 G41 X32.0;
G01 Z0;
X26.015 C0.3;
Z-11.0;
X22.0 Z-16.0;
Z-28.1;
G03 X18.015 Z-33.0 R7.0;
N21 G01 Z-40.5;
G00 X200.0 Z100.0;
M05;
M00;
N3;
G99 G97 G40 S1000 M03;
T0303;
G00 X16.0 Z2.0;
G70 P20 Q21 F0.05;
G00 X200.0 Z100.0;
M05;
M00;
N4;
G99 G97 G40 S1000 M03;
T0101;

```
G00 X38.0 Z2.0;
G70 P10 Q11 F0.05;
G00 X200.0 Z100.0;
M30;
```

本章小结

本章主要介绍了数控车削加工工艺分析、数控车床的编程特点和 FANUC 0i Mate-TC 系统的 G 代码在数控车削加工中的应用，熟练掌握零件的数控车削加工编程等内容，深刻理解数控车坐标系及各种固定及复合循环的使用方法。通过典型数控车削零件的编程实例学习，能够掌握中等复杂程度零件的数控车削程序编制的能力。

习　题

1. 数控车削加工的编程特点是什么？
2. 数控车床的机床原点、工件坐标原点及参考点之间有何区别和联系？
3. 采用圆弧插补时，圆心坐标常采用哪几种编程方法？
4. 固定循环指令的作用是什么？
5. 刀具半径补偿功能的作用是什么？

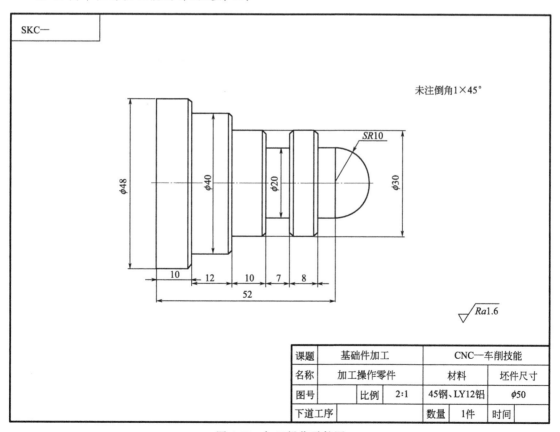

图 4-53　加工操作零件图

6. 加工如图 4-53 所示零件。毛坯为 ϕ50mm 的棒料，从右端至左端轴向进给切削，粗车每次切削深度为 1.5mm，进给量为 0.15mm/r，精车余量 X 向为 0.5mm，Z 向为 0.1mm，试编写加工程序。

7. 加工如图 4-54 所示零件。毛坯为 ϕ30mm 的棒料，从右端至左端轴向进给切削，用 G71、G73 指令，试编写加工程序。

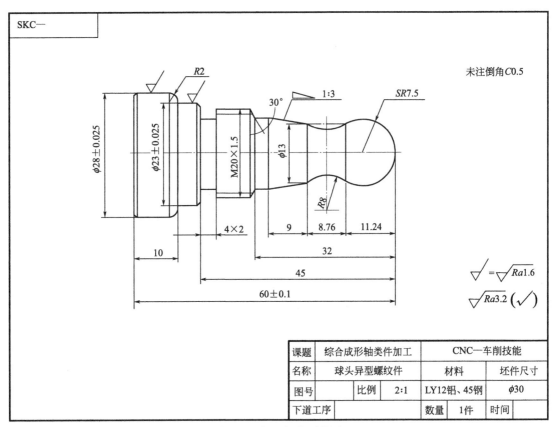

图 4-54 加工操作零件图

5 数控铣削工艺与编程

5.1 数控铣削加工工艺分析

5.1.1 零件数控铣削加工方案的拟定

5.1.1.1 数控加工工艺性分析

数控加工工艺性分析涉及面很广,在此仅从数控加工的可能性和方便性两方面加以分析。

(1) 零件图的尺寸标注应符合编程方便的原则

① 零件图上的尺寸标注方法应适应数控加工的特点 在数控加工零件图上,应以同一基准标注尺寸或直接给出坐标尺寸。这种标注方法既便于编程,也便于尺寸之间的相互协调,在保证设计基准、工艺基准、检测基准与编程原点设置的一致性方面带来很大的方便。由于零件设计人员一般在尺寸标注中较多地考虑装配等使用特性方面,而不得不采用局部分散的标注方法,这样就会给工序安排与数控加工带来许多不便。由于数控加工精度和重复定位精度都很高,不会因产生较大的积累误差而破坏使用特性,因此可将局部的分散标注法改为同一基准标注尺寸或直接给出坐标尺寸的标注法。

② 构成零件轮廓的几何元素的条件应充分

a. 在手工编程时,要计算每个节点坐标。

b. 在自动编程时,要对构成零件轮廓的所有几何元素进行定义。因此在分析零件图时,要分析几何元素的给定条件是否充分。如圆弧与直线、圆弧与圆弧在图样上相切,但根据图上给出的尺寸,在计算相切条件时,变成了相交或相离状态。由于构成零件几何元素条件的不充分,编程便无法下手。遇到这种情况时,应与零件设计者协商解决。

(2) 零件的结构工艺性应符合数控加工的特点

① 零件的内腔和外形最好采用统一的几何类型和尺寸。这样可以减少刀具规格和换刀次数,使编程方便,生产效率提高。

② 内槽圆角的大小决定着刀具直径的大小,因而内槽圆角半径不应过小。如图5-1所示,零件工艺性的好坏与被加工轮廓的高低、转接圆弧半径的大小有关,图5-1(b)与图5-1(a)相比,转接圆弧半径大,可以采用较大直径的铣刀来加工。加工平面时,进给次数也相应减少,表面加工质量也会好一些,所以工艺性较好。通常 $R < 0.2H$(R 为转接圆弧

半径，H 为被加工零件轮廓面的最大高度）时，可以判定零件的该部位工艺性不好。

③ 零件铣削底平面时，槽底圆角半径 r 不应过大。如图 5-2 所示，圆角半径 r 越大，铣刀端刃铣削平面的能力越差，效率也越低。当 r 大到一定程度时，甚至必须用球头刀加工，这是应该尽量避免的。因为铣刀与铣削平面接触的最大直径 $d=D-2r$（D 为铣刀直径）。当 D 一定时，r 越大，铣刀端刃铣削平面的面积越小，加工表面的能力越差，工艺性也越差。

④ 应采用统一的基准定位。在数控加工中，若没有统一的基准定位，就会因工件的重

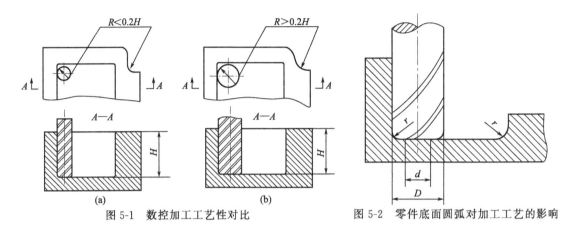

图 5-1　数控加工工艺性对比　　图 5-2　零件底面圆弧对加工工艺的影响

新安装而导致加工后的两个面上轮廓位置及尺寸不协调。因此要避免上述问题的产生，保证两次装夹加工后其相对位置的准确性，应采用统一的基准定位。

零件上最好有合适的孔作为定位基准孔，若没有，则要设置工艺孔作为定位基准孔（如在毛坯上增加工艺凸耳或在后续工序要铣去的余量上设置工艺孔）。若无法制造出工艺孔时，最起码也要用经过精加工的表面作为统一基准，以减少两次装夹产生的误差。

此外，还应分析零件所要求的加工精度、尺寸公差等是否可以得到保证，有无引起矛盾的多余尺寸或影响工序安排的封闭尺寸等。

5.1.1.2　加工方法与加工方案的确定

（1）加工方法的选择

加工方法的选择原则是保证加工表面的加工精度和表面粗糙度的要求。获得同一级精度及表面粗糙度的加工方法不止一种，在实际选择时，要结合零件的形状、尺寸大小和热处理要求等全面考虑。例如，对于 IT7 级精度的孔采用镗削、铰削、磨削等加工方法均可达到精度要求，但箱体上的孔一般采用镗削或铰削，而不宜采用磨削。一般小尺寸的箱体孔选择铰孔，当孔径较大时则应选择镗孔。此外，还应考虑生产率和经济性的要求，以及工厂的生产设备等实际情况。常用加工方法的经济加工精度及表面粗糙度可查阅有关工艺手册。

（2）加工方案的确定

零件上比较精确表面的加工，常常是通过粗加工、半精加工和精加工逐步达到的。对这些表面仅仅根据质量要求选择相应的最终加工方法是不够的，还应正确地确定从毛坯到最终成形的加工方案。

确定加工方案时，首先应根据主要表面的精度和表面粗糙度的要求，初步确定为达到这些要求所需要的加工方法。例如，对于孔径不大的 IT7 级精度的孔，若最终加工方法取精

铰，则精铰孔前通常要经过钻孔、扩孔和粗铰孔等加工。表 5-1～表 5-3 列出了钻、镗、铰等几种加工方法所能达到的公差等级及其工序加工余量，仅供参考。

表 5-1 H13～H7 孔加工方式（孔长度≤直径的 5 倍） mm

孔的精度	孔的毛坯性质	
	在实体材料上加工孔	预先铸出或热冲出的孔
H13、H12	一次钻孔	用扩孔钻钻孔或镗刀镗孔
H11	孔径≤10：一次钻孔 孔径>10～30：钻孔及扩孔 孔径>30～80：钻孔、扩孔或钻、扩、镗孔	孔径≤80：粗扩、精扩或仅用镗刀粗镗、精镗或根据余量一次镗孔或扩孔
H10 H9	孔径≤10：钻孔及铰孔 孔径>10～30：钻孔、扩孔及铰孔 孔径>30～80：钻孔、扩孔、铰孔或钻、镗、铰(或镗)孔	孔径≤80：用镗刀粗镗(一次或二次，根据余量而定)、铰孔(或精镗)
H8 H7	孔径≤10：钻孔、扩孔、铰孔 孔径>10～30：钻孔、扩孔及一次或两次铰孔 孔径>30～80：钻孔、扩孔(或用镗刀分几次粗镗)一次或两次铰孔(或精镗)	孔径≤80：用镗刀粗镗(一次或二次，根据余量而定)及半精镗、精镗或精铰

表 5-2 H7 与 H8 级精度孔加工方式及余量（在实体材料上加工孔） mm

加工孔的直径	直 径							
	钻		粗加工		半精加工		精加工	
	第一次	第二次	粗镗	扩孔	粗铰	半精镗	精铰	精镗
3	2.9	—	—	—	—	—	3	—
4	3.9	—	—	—	—	—	4	—
5	4.8	—	—	—	—	—	5	—
6	5.0	—	—	5.85	—	—	6	—
8	7.0	—	—	7.85	—	—	8	—
10	9.0	—	—	9.85	—	—	10	—
12	11.0	—	—	11.85	11.95	—	12	—
13	12.0	—	—	12.85	12.95	—	13	—
14	13.0	—	—	13.85	13.95	—	14	—
15	14.0	—	—	14.85	14.95	—	15	—
16	15.0	—	—	15.85	15.95	—	16	—
18	17.0	—	—	17.85	17.95	—	18	—
20	18.0	—	19.8	19.8	19.95	19.90	20	20
22	20.0	—	21.8	21.8	21.95	21.90	22	22
24	22.0	—	23.8	23.8	23.95	23.90	24	24
25	23.0	—	24.8	24.8	24.95	24.90	25	25
26	24.0	—	25.8	25.8	25.95	25.90	26	26
28	26.0	—	27.8	27.8	27.95	27.90	28	28
30	15.0	28.0	29.8	29.8	29.95	29.90	30	30
32	15.0	30.0	31.7	31.75	31.93	31.90	32	32
35	20.0	33.0	34.7	34.75	34.93	34.90	35	35
38	20.0	36.0	37.7	37.75	37.93	37.90	38	38
40	25.0	38.0	39.7	39.75	39.93	39.90	40	40
42	25.0	40.0	41.7	41.75	41.93	41.90	42	42
45	30.0	43.0	44.7	44.75	44.93	44.90	45	45
48	36.0	46.0	47.7	47.75	47.93	47.90	48	48
50	36.0	48.0	49.7	49.75	49.93	49.90	50	50

注：在铸铁上加工直径为 30mm 与 32mm 的孔可用 ϕ28mm 与 ϕ30mm 的钻头钻一次。

表 5-3 按 H7 与 H8 级精度加工已预先铸出或热冲出的孔 mm

加工孔的直径	直径 粗镗 第一次	粗镗 第二次	半精镗	粗铰或二次半精镗	精铰或精镗	加工孔的直径	直径 粗镗 第一次	粗镗 第二次	半精镗	粗铰或二次半精镗	精铰或精镗
30	—	28.0	29.8	29.93	30	100	95	98.0	99.3	99.85	100
32	—	30.0	31.7	31.93	32	105	100	103.0	104.3	104.8	105
35	—	33.0	34.7	34.93	35	110	105	108.0	109.3	109.8	110
38	—	36.0	37.7	37.93	38	115	110	113.0	114.3	114.8	115
40	—	38.0	39.7	39.93	40	120	115	118.0	119.3	119.8	120
42	—	40.0	41.7	41.93	42	125	120	123.0	124.3	124.8	125
45	—	43.0	44.7	44.93	45	130	125	128.0	129.3	129.8	130
48	—	46.0	47.7	47.93	48	135	130	133.0	134.3	134.8	135
50	45	48.0	49.7	49.93	50	140	135	138.0	139.3	139.8	140
52	47	50.0	51.5	51.93	52	145	140	143.0	144.3	144.8	145
55	51	53.0	54.5	54.92	55	150	145	148.0	149.3	149.8	150
58	54	56.0	57.5	57.92	58	155	150	163.0	154.3	154.8	155
60	56	58.0	59.5	59.95	60	160	155	158.0	159.3	159.8	160
62	58	60.0	61.5	61.92	62	165	160	163.0	164.3	164.8	165
65	61	63.0	64.5	64.92	65	170	165	168.0	169.3	169.8	170
68	64	66.0	67.5	67.90	68	175	170	173.0	174.3	174.8	175
70	66	68.0	69.5	69.90	70	180	175	178.0	179.3	179.8	180
72	68	70.0	71.5	71.90	72	185	180	183.0	184.3	184.8	185
75	71	73.0	74.5	74.90	75	190	185	188.0	189.3	189.8	190
78	74	76.0	77.5	77.90	78	195	190	193.0	194.3	194.8	195
80	75	78.0	79.5	79.90	80	200	194	197.0	199.3	199.8	200
82	77	80.0	81.5	81.85	82	210	204	207.0	209.3	209.8	210
85	80	83.0	84.3	84.85	85	220	214	217.0	219.3	219.8	220
88	83	86.0	87.3	87.85	88	250	244	247.0	249.3	249.8	250
90	85	88.0	89.3	89.85	90	280	274	277.0	279.3	279.8	280
92	87	90.0	91.3	91.85	92	300	294	297.0	299.3	299.8	300
95	90	93.0	94.3	94.85	95	320	314	317.0	319.3	319.8	320
98	93	96.0	97.3	97.85	98	350	372	347.0	349.3	349.8	350

注：1. 如果铸出的孔有很大的加工余量时，则第一次粗镗可以分为两次或多次粗镗。

2. 也可以将表中"半精镗"和"粗铰或二次半精镗"余量加在一起，只进行一次半精镗加工。

(3) 平面类零件斜面轮廓加工方法的选择

在加工过程中，工件按表面轮廓可分为平面类零件和曲面类零件。其中平面类零件的斜面轮廓一般又分为以下两种。

① 有固定斜角的外形轮廓面 如图 5-3 所示，加工一个有固定斜角的斜面可以采用不同的刀具，有不同的加工方法。在实际加工中，应根据零件的尺寸精度、倾斜角的大小、刀具的形状、零件的安装方法、编程的难易程度等因素，选择一个较好的加工方案。

② 有变斜角的外形轮廓面 如图 5-4 所示，具有变斜角的外形轮廓面，若单纯从技术上考虑，最好的加工方案是采用多坐标联动的数控机床，这样不但生产效率高，而且加工质量好。但是这种机床设备投资大，生产费用高，一般中小企业几乎无力购买，因此应考虑其他可能的加工方案。例如可在两轴半坐标控制铣床上用锥形铣刀或鼓形铣刀，采用多次行切的方法进行加工。为提高零件的表面加工质量，对少量的加工残痕可用手工修磨。

此外，还要考虑机床选择的合理性。例如，单纯铣轮廓表面或铣槽的简单中小型零件，

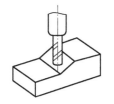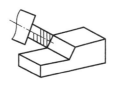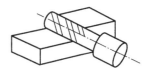

图 5-3 固定斜角斜面加工

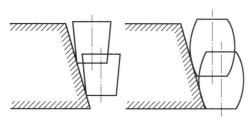

图 5-4 变斜角斜面加工

选择数控铣床进行加工较好；而大型非圆曲线、曲面的加工或者是不仅需要铣削而且有孔加工的零件，选择数控镗铣加工中心进行加工较好。

5.1.1.3 工序与工步的划分

(1) 工序的划分

在数控机床上加工零件，工序可以比较集中，在一次装夹中尽可能完成大部分或全部工序。首先应根据零件图样，考虑被加工零件是否可以在一台数控机床上完成整个零件的加工工作，若不能则应决定其中哪一部分在数控机床上加工，哪一部分在其他机床上加工，即对零件的加工工序进行划分。一般有以下几种方式。

① 按零件装夹定位方式划分工序　由于每个零件结构形状不同，各表面的技术要求也有所不同，故加工时，其定位方式则各有差异。一般加工外形时，以内形定位；加工内形时，又以外形定位。因而可根据定位方式的不同来划分工序。

如图 5-5 所示的片状凸轮，按定位方式可分为两道工序，第一道工序可在数控机床上也可在普通机床上进行。以外圆表面的 B 平面定位加工端面 A 和直径 $\phi 22H7$ 的内孔，然后再加工端面 B 和 $\phi 4H7$ 的工艺孔；第二道工序以已加工过的两个孔和一个端面定位，在另一台数控铣床或加工中心上铣削凸轮外表面轮廓。

② 按粗、精加工划分工序　根据零件的加工精度、刚度和变形等因素来划分工序时，可按粗、精加工分开的原则来划分工序，即先粗加工再精加工。此时可用不同的机床或不同的刀具进行加工。通常在一次安装中，不允许将零件某一部分表面加工完毕后，再加工零件的其他表面。

③ 按所用刀具划分工序　为了减少换刀次数，压缩空程时间，减少不必要的定位误差，可按刀具集中工序的方法加工零件，即在一次装夹中，尽可能用同一把刀具加工出可能加工的所有部位，然后再换另一把刀加工其他部位。在专用数控机床和加工中心中常采用这种方法。

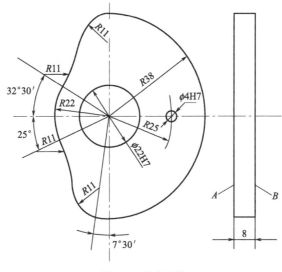

图 5-5 片状凸轮

(2) 工步的划分

工步的划分主要从加工精度和效率两方面考虑。在一个工序内往往需要采用不同的刀具和切削用量，对不同的表面进行加工。为了便于分析和描述较复杂的工序，在工序内又细分为工步。下面说明工步划分的原则：

① 同一表面按粗加工、半精加工、精加工依次完成，或全部加工表面按先粗后精加工分开进行。

② 对于既有铣面又有镗孔的零件，可先铣面后镗孔。

按此方法划分工步，可以提高孔的加工精度。因为铣削时切削力较大，工件易发生变形。先铣面后镗孔，使工件有一段时间恢复，可减少由变形引起的对孔加工精度的影响。

③ 按刀具划分工步。某些机床工作台回转时间比换刀时间短，可采用按刀具划分工步的方法，以减少换刀次数，提高加工效率。

总之，工序与工步之间的划分要根据零件的结构特点、技术要求等情况综合考虑。

5.1.1.4 加工路线的确定

(1) 顺铣和逆铣

铣削有顺铣和逆铣两种方式。当工件表面无硬皮，机床进给机构无间隙时，应选用顺铣，按照顺铣安排加工路线。因为采用顺铣加工后，零件已加工表面质量好，刀齿磨损小。

精铣时，尤其是零件材料为铝镁合金、钛合金或耐热合金时，应尽量采用顺铣。当工件表面有硬皮，机床的进给机构有间隙时，应采用逆铣，按照逆铣安排加工路线。因为逆铣时，刀齿是从已加工表面切入，不会崩刃；机床进给机构的间隙不会引起振动和爬行。

(2) 铣削外轮廓的加工路线

铣削平面零件外轮廓时，一般是采用立铣刀侧刃切削。刀具切入零件时，应避免沿零件外轮廓的法向切入，以免在切入处产生刀具的刻痕，而应沿切削起始点延伸线 [图 5-6(a)] 或切线方向 [图 5-6(b)] 逐渐切入零件，保证零件曲线的平滑过渡。同样，在切离零件时，也应避免在切削终点处直接抬刀,要沿着切削终点延伸线[图 5-6(a)]或切线方向[图 5-6(b)]逐渐切离工件。

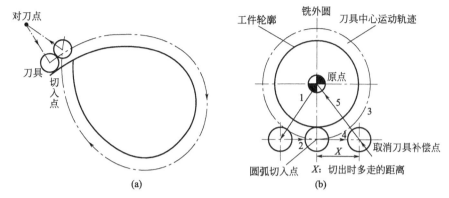

图 5-6　刀具切入和切出外轮廓的加工路线

(3) 铣削内轮廓的加工路线

铣削封闭的内轮廓表面时,与铣削外轮廓一样,刀具同样不能沿轮廓曲线的法向切入和切出,此时刀具可以沿一过渡圆弧切入和切出工件轮廓。图 5-7 所示为铣切内圆的加工路线,图中 R_1 为零件圆弧轮廓半径,R_2 为过渡圆弧半径。

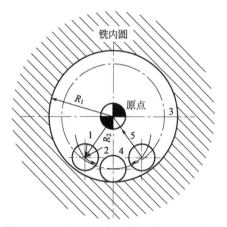

图 5-7　刀具切入和切出内轮廓的加工路线

(4) 铣削内槽的加工路线

所谓内槽是指以封闭曲线为边界的平底凹槽。这种内槽在模具零件较常见,都采用平底立铣刀加工,刀具圆角半径应符合内槽的图样要求。图 5-8 所示为加工内槽的三种加工路线。图 5-8(a)和图 5-8(b)分别用行切法和环切法加工内槽。两种加工路线的共同点是都能切净内腔中全部面积,不留死角,不伤轮廓,同时尽量减少重复进给的搭接量。不同点是行切法的加工路线比环切法短,但行切法会在每两次进给的起点与终点间留下残留面积,达不到所要求的表面粗糙度;用环切法获得的表面粗糙度要好于行切法,但环切法需要逐次向外扩展轮廓线,刀位点计算稍微复杂一些。综合行、环切法的优点,采用图 5-8(c)所示的加工路线,即先用行切法切去中间部分余量,最后用环切法切一刀,既能使总的加工路线较短,又能获得较好的表面粗糙度。

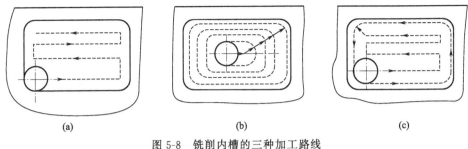

图 5-8 铣削内槽的三种加工路线

(5) 铣削曲面的加工路线

对于边界敞开的曲面加工，可采用如图 5-9 所示的两种加工路线。对于发动机大叶片，当采用图 5-9(a) 所示的加工路线时，每次沿直线加工，刀位点计算简单，程序少，加工过程符合直纹面的形成，可以准确保证母线的直线度。当采用图 5-9(b) 所示的加工路线时，符合这类零件数据给出的情况，便于加工后检验，叶形的准确度高，但程序段较多。由于曲面零件的边界是敞开的，没有其他表面限制，所以曲面边界可以延伸，球头刀应由边界外开始加工。当边界不敞开时，要重新确定加工路线，另行处理。

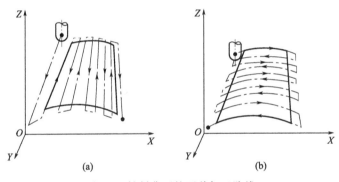

图 5-9 铣削曲面的两种加工路线

(6) 孔加工路线的确定

加工孔时，一般是首先将刀具在 XY 平面内快速定位运动到孔中心线的位置上，然后刀具再沿 Z 向（轴向）运动进行加工。所以孔加工进给路线的确定包括以下内容。

① 确定 XY 平面内的加工路线　孔加工时，刀具在 XY 平面内的运动属点位运动，确定加工路线时主要考虑以下两点。

a. 定位要迅速。也就是在刀具不与工件、夹具和机床碰撞的前提下空行程时间尽可能短。例如，加工图 5-10(a) 所示零件时，按图 5-10(b) 所示加工路线进给比按图 5-10(c) 所示加工路线节省定位时间近一半。这是因为在定位运动情况下，刀具由一点运动到另一点时，通常是沿 X、Y 坐标轴方向同时快速移动，当 X、Y 轴各自移距不同时，短移距方向的运动先停，待长移距方向的运动停止后刀具才达到目标位置。图 5-10(b) 所示方案使沿两轴方向的移距接近，所以定位过程迅速。

b. 定位要准确。安排加工路线时，要避免机械进给系统反向间隙对孔位精度的影响。例如，镗削图 5-11(a) 所示零件上的四个孔。按图 5-11(b) 所示加工路线加工，由于 4 孔与

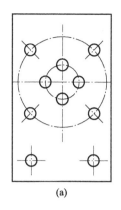 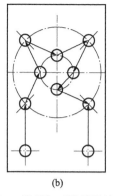 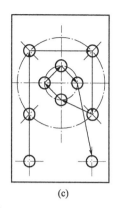

图 5-10 最短加工路线设计示例

1、2、3 孔定位方向相反，Y 向反向间隙会使定位误差增加，从而影响 4 孔与其他孔的位置精度。按图 5-11(c) 所示加工路线，加工完 3 孔后往上多移动一段距离至 P 点，然后再折回来在 4 孔处进行定位加工，这样方向一致，就可避免反向间隙的引入，提高了 4 孔的定位精度。

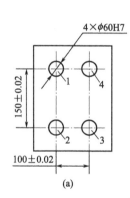 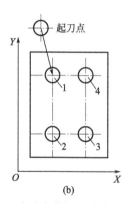 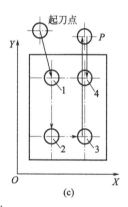

图 5-11 准确定位加工路线设计示例

有时定位迅速和定位准确两者难以同时满足，在上述两例中，图 5-10(b) 是按最短路线加工，但不是从同一方向趋近目标位置，影响了刀具定位精度，图 5-11(c) 是从同一方向趋近目标位置，但不是最短路线，增加了刀具的空行程。这时应抓主要矛盾，若按最短路线加工能保证定位精度，则取最短路线，反之，应取能保证定位准确的路线。

② 确定 Z 向（轴向）的加工路线　刀具在 Z 向的加工路线分为快速移动进给路线和工作进给路线。刀具先从初始平面快速运动到距工件加工表面一定距离的 R 平面（距工件加工表面一定切入距离的平面）上，然后按工作进给速度运动进行加工。图 5-12(a) 所示为加工单个孔时刀具的加工路线。对多孔加工，为减少刀具空行程进给时间，加工中间孔时，刀具不必退回到初始平面，只要退到 R 平面即可，其加工路线如图 5-12(b) 所示。

在工作进给路线中，工作进给距离 Z_F 包括加工孔的深度 H、刀具的切入距离 Z_a 和切出距离 Z_o（加工通孔），如图 5-13 所示，图中 T_t 为刀头尖端长度，加工不通孔时，工作进给距离为

$$Z_F = Z_a + H + T_t$$

加工通孔时，工作进给距离为

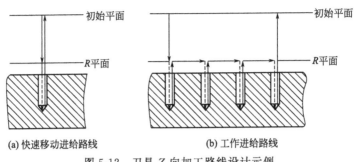

图 5-12 刀具 Z 向加工路线设计示例

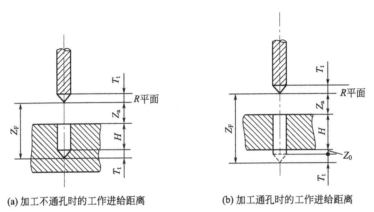

图 5-13 工作进给距离计算图

$$Z_F = Z_a + H + Z_o + T_t$$

式中刀具切入、切出距离的经验数据见表 5-4。

表 5-4 刀具切入、切出距离的经验数据　　　　　　　　　　mm

加工方式 表面状态	已加工表面	毛坯表面	加工方式 表面状态	已加工表面	毛坯表面
钻孔	2～3	5～8	车削	2～3	5～8
扩孔	3～5	5～8	铣削	3～5	5～10
镗孔	3～5	5～8	攻螺纹	5～10	5～10
铰孔	3～5	5～8	车削螺纹（切入）	2～5	5～8

5.1.2 铣削刀具的类型及选用

5.1.2.1 铣削刀具及其工艺特点

数控铣床上使用的刀具主要有铣削用刀具和孔加工用刀具两大类。

铣刀的种类和工艺特点如下。

（1）面铣刀

面铣刀（如图 5-14～图 5-16 所示）主要用于面积较大的平面铣削和较平坦的立体轮廓的多坐标加工。

硬质合金面铣刀与高速钢铣刀相比，铣削速度较高、加工效率高、加工表面质量也较好，并可加工带有硬皮和淬硬层的工件，故得到广泛应用。硬质合金面铣刀按刀片和刀齿安装方式的不同，可分为整体焊接式、机夹焊接式和可转位式三种。

图 5-14 可转位阶梯面铣刀　　　图 5-15 可转位面铣刀　　　图 5-16 可转位锥柄面铣刀

数控加工中广泛使用可转位式面铣刀。目前，先进的可转位式数控面铣刀的刀体趋向于用轻质高强度铝镁合金制造，切削刃采用大前角、负刃倾角，可转位刀片（多种几何形状）带有三维断屑槽，以便于排屑。

（2）立铣刀

立铣刀（如图 5-17～图 5-19 所示）按端部切削刃的不同可分为过中心刃和不过中心刃两种，过中心刃立铣刀可直接轴向进刀；按螺旋角大小可分为 30°、40°、60°等几种形式；按齿数可分为粗齿、中齿、细齿三种。立铣刀的圆柱表面和端面上都有切削刃，它们可同时进行切削，也可单独进行切削。

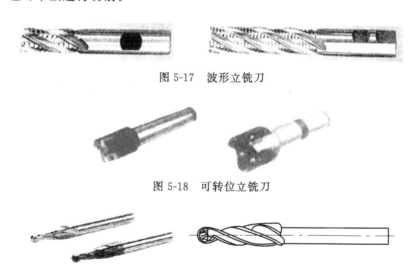

图 5-17 波形立铣刀

图 5-18 可转位立铣刀

图 5-19 整体硬质合金锥度球头立铣刀

数控加工除了用普通的高速钢立铣刀以外，还广泛使用以下几种先进的结构类型。

① 整体式立铣刀　硬质合金立铣刀侧刃采用大螺旋升角（≤62°）结构，立铣刀头部的过中心端刃往往呈弧线（或螺旋中心刃）形、负刃倾角，增加切削刃长度，提高了切削平稳性、工件表面精度及刀具寿命，适应数控高速、平稳三维空间铣削加工技术的要求。

② 可转位立铣刀　各类可转位立铣刀由可转位刀片（往往设有三维断屑槽形）组合而成侧齿、端齿与过中心刃端齿（均为短切削刃），可满足数控高速、平稳三维空间铣削加工技术的要求。

③ 波形立铣刀　其特点是：

a. 能将狭长的薄切屑变成厚而短的碎切屑，使排屑变得流畅；

b. 比普通立铣刀容易切进工件，在相同进给量的条件下，它的切削厚度比普通立铣刀要大些，并且减小了切削刃在工件表面的滑动现象，从而提高了刀具的寿命；

c. 与工件接触的切削刃长度较短，刀具不易产生振动；

d. 由于切削刃是波形的，因而使刀刃的长度增大，所以有利于散热。

(3) 模具铣刀

模具铣刀（如图 5-20、图 5-21 所示）是由立铣刀发展而成的，它是加工金属模具型面的铣刀的通称。可分为圆锥形立铣刀、圆柱形球头立铣刀和圆锥形球头立铣刀 3 种，其柄部有直柄、削平型直柄和莫氏锥柄 3 种。它的结构特点是球头或端面上布满切削刃，圆周刃与球头刃圆弧连接，可以作径向和轴向进给。铣刀工作部分用高速钢或硬质合金制造。

图 5-20　可转位球头铣刀

图 5-21　整体硬质合金球头立铣刀

(4) 键槽铣刀

键槽铣刀（如图 5-22、图 5-23 所示）有两个刀齿，圆柱面和端面都有切削刃，端面刃延至中心，也可把它看成是立铣刀的一种。按国家标准规定，直柄键槽铣刀直径 d 为 2～22mm，锥柄键槽铣刀直径 d 为 14～50mm。键槽铣刀直径的偏差有 e8 和 d8 两种。键槽铣刀的圆周切削刃仅在靠近端面的一小段长度内发生磨损，重磨时，只需刃磨端面切削刃，因此重磨后铣刀直径不变。用键槽铣刀铣削键槽时，一般先轴向进给达到槽深，然后沿键槽方向铣出键槽全长。由于切削力引起刀具和工件变形，一次走刀铣出的键槽形状误差较大，槽底一般不是直角。为此，通常采用两步法铣削键槽，即先用小号铣刀粗加工出键槽，然后以逆铣方式精加工四周，可得到真正的直角，能获得最佳的精度。

图 5-22　锥柄键槽铣刀

图 5-23　直柄键槽铣刀

(5) 鼓形铣刀

图 5-24 所示是一种典型的鼓形铣刀，它的切削刃分布在半径为 R 的圆弧面上，端面无切削刃。鼓形铣刀多用来对飞机结构件等零件中与安装面倾斜的表面进行三坐标加工。如图 5-25 所示。加工这种表面，最理想的加工方案是多坐标侧铣。在单件或小批量生产中可用鼓形铣刀来取代多坐标加工，加工时控制刀具上下位置，相应改变刀刃的切削部位，可以在工件上切出从负到正的不同斜角。R 越小，鼓形刀所能加工的斜角范围越广，但所获得的表面质量也越差。这种刀具的缺点是刃磨困难，切削条件差，而且不适合加工有底的轮廓表面。

(6) 成形铣刀

图 5-26 所示的是常见的几种成形铣刀，一般都是为特定的工件或加工内容专门设计制造的，如角度面、凹槽、特形孔或台等。

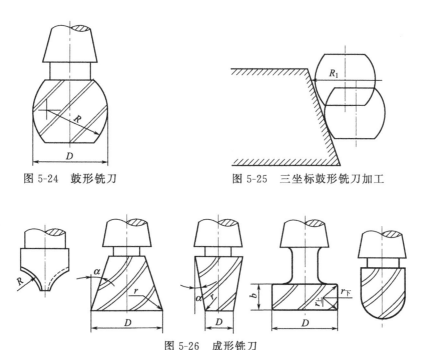

图 5-24 鼓形铣刀　　图 5-25 三坐标鼓形铣刀加工

图 5-26 成形铣刀

(7) 锯片铣刀

锯片铣刀可分为中小规格的锯片铣刀和大规格锯片铣刀（GB/T 6130），数控铣及加工中心主要用中小规格的锯片铣刀。

锯片铣刀主要用于大多数材料的切槽、切断、内外槽铣削、组合铣削、缺口实验的槽加工及齿轮毛坯粗齿加工等。

5.1.2.2 铣削刀具的正确选择和使用

(1) 刀具的选择原则

刀具选择的原则是：安装调整方便，刚性好，耐用度和精度高。在满足加工要求的前提下，尽量选择较短的刀柄，以提高刀具加工的刚性。

在进行自由曲面加工时，由于球头刀具的端部切削速度为零，因此，为保证加工精度，切削行距一般取得很密很小，故球头常用于曲面的精加工。而平头刀具在表面加工质量和切削效率方面都优于球头刀，因此，只要在保证不过切的前提下，无论是曲面的粗加工还是精加工，都应优先选择平头刀。另外，刀具的耐用度和精度与刀具价格关系极大，必须引起注意的是，在大多数情况下，选择好的刀具虽然增加了刀具成本，但由此带来的加工质量和加工效率的提高，则可以使整个加工成本大大降低。

在加工中心上，各种刀具分别装在刀库上，按程序规定随时进行选刀和换刀动作。因此必须采用标准刀柄，以便使钻、镗、扩、铣削等工序用的标准刀具，能迅速、准确地装到机床主轴或刀库上去。编程人员应了解机床上所用刀柄的结构尺寸、调整方法以及调整范围，以便在编程时确定刀具的径向和轴向尺寸。目前我国的加工中心采用 TSG 工具系统，其刀柄有直柄（3 种规格）和锥柄（4 种规格）两种，共包括 16 种不同用途的刀柄。

在经济型数控加工中，由于刀具的刃磨、测量和更换多为人工手动进行，占用辅助时间较长，因此，必须合理安排刀具的排列顺序。一般应遵循以下原则：

① 尽量减少刀具数量；
② 一把刀具装夹后，应完成其所能进行的所有加工部位；
③ 粗、精加工的刀具应分开使用，即使是相同尺寸规格的刀具也应如此；
④ 先铣后钻；
⑤ 先进行曲面精加工，后进行二维轮廓精加工；
⑥ 在可能的情况下，应尽可能利用数控机床的自动换刀功能，以提高生产效率等。

(2) 数控立铣刀的使用注意事项

在铣削加工中心上铣削复杂工件时，数控立铣刀的使用应注意以下问题。

① 立铣刀的装夹　加工中心用立铣刀大多采用弹簧夹套的装夹方式，使用时处于悬臂状态。在铣削加工过程中，有时可能出现立铣刀从刀夹中逐渐滑出，甚至完全掉落，致使工件报废的现象，其原因一般是刀夹内孔与立铣刀刀柄外径之间存在油膜，造成夹紧力不足所致。立铣刀出厂时通常都涂有防锈油，如果切削时使用非水溶性切削油，刀夹内孔也会附着一层雾状油膜，当刀柄和刀夹上都存在油膜时，刀夹很难牢固夹紧刀柄，在加工中立铣刀就容易松动掉落。所以在立铣刀装夹前，应先将立铣刀柄部和刀夹内孔用清洗液清洗干净，擦干后再进行装夹。

当立铣刀的直径较大时，即使刀柄和刀夹都很清洁，还有可能发生掉刀事故，这时应选用带削平缺口的刀柄和相应的侧面锁紧方式。

立铣刀夹紧后，可能出现的另一个问题是加工中立铣刀在刀夹端口处折断，其原因一般是刀夹使用时间过长，刀夹端口部已磨损成锥形所致。此时应更换新的刀夹。

② 立铣刀的振动　由于立铣刀与刀夹之间存在微小间隙，所以在加工过程中刀具有可能出现振动现象。振动会使立铣刀圆周刃的吃刀量不均匀，且切削量比原定值增大，影响加工精度和刀具使用寿命。但当加工出的沟槽宽度偏小时，也可以有目的地使刀具振动，通过增大切削量来获得所需槽宽，但这种情况下应将立铣刀的最大振幅限制在 0.02mm 以下，否则无法进行稳定的切削。在正常加工中立铣刀的振动越小越好。

当出现刀具振动时，应考虑降低切削速度和进给速度，如两者都已降低 40％后仍存在较大振动，则应考虑减小吃刀量。

如加工系统出现共振，可能是切削速度过大、进给速度偏小、刀具系统刚性不足、工件装夹力不够以及工件形状或工件装夹方法不当等因素所致，此时应采取调整切削用量、增加刀具系统刚度、提高进给速度等措施。

③ 立铣刀的端刃切削　在模具等工件型腔的数控铣削加工中，当被切削点为下凹部分或深腔时，需加长立铣刀的伸出量。如果使用长刃形立铣刀，由于刀具的挠度较大，易产生振动并导致刀具折损。因此在加工过程中，如果只需刀具端部附近的刀刃参加切削，则最好选用刀具总长度较长的短刃长柄形立铣刀。在卧式数控机床上使用大直径立铣刀加工工件时，由于刀具自重所产生的变形较大，更应十分注意端刃切削容易出现的问题。在必须使用长刃形立铣刀的情况下，则需大幅度降低切削速度和进给速度。

④ 切削参数的选用　切削速度的选择主要取决于被加工工件的材质；进给速度的选择主要取决于被加工工件的材质及立铣刀的直径。国外一些刀具生产厂家的刀具样本附有刀具切削参数选用表，可供参考。但由于切削参数的选用同时又受机床、刀具系统、被加工工件

形状以及装夹方式等多方面因素的影响,所以应根据实际情况适当调整切削速度和进给速度。

当以刀具寿命为优先考虑因素时,可适当降低切削速度和进给速度;但当切屑的离刃状况不好时,则应适当增大切削速度。

5.1.3 确定切削用量

5.1.3.1 影响切削用量的因素

(1) 机床

切削用量的选择必须在机床主传动功率、进给传动功率以及主轴转速范围、进给速度范围之内。机床-刀具-工件系统的刚性是限制切削用量的重要因素。切削用量的选择应使机床-刀具-工件系统不发生较大的"振颤"。如果机床的热稳定性好,热变形小,可适当加大切削用量。

(2) 刀具

刀具材料是影响切削用量的重要因素。表 5-5 是常用刀具材料的性能比较。

表 5-5 常用刀具材料的性能比较

刀具材料	切削速度	耐磨性	硬度	硬度随温度变化
高速钢	最低	最差	最低	最大
硬质合金	低	差	低	大
陶瓷刀片	中	中	中	中
金刚石	高	好	高	小

数控机床所用的刀具多采用可转位刀片(机夹刀片)并具有一定的寿命。机夹刀片的材料和形状尺寸必须与程序中切削速度和进给量相适应并存入刀具参数中去。不同的工件材料要采用与之相适应的刀具材料、刀片类型,要注意到可切削性。可切削性良好的标志是,在高速切削下有效地形成切屑,同时具有较小的刀具磨损和较好的表面粗糙度。合理的恒切削速度、较小的背吃刀量和进给量可以得到较高的加工精度。冷却液同时具有冷却和润滑的作用。带走切削过程中产生的切削热,降低工件、刀具、夹具和机床的温升,减少刀具与工件的摩擦和磨损,提高刀具寿命和工件表面加工质量。使用冷却液后,通常可以提高切削用量。冷却液必须定期更换,以防因其老化而腐蚀机床导轨或其他零件,特别是水溶性冷却液。从刀具耐用度出发,切削用量的选择方式是:先选择背吃刀量或侧吃刀量,其次选择进给速度,最后确定切削速度。

5.1.3.2 背吃刀量 a_p 或侧吃刀量 a_e

背吃刀量 a_p 为平行于铣刀轴线测量的切削层尺寸,单位为 mm。端铣时,a_p 为切削层深度;而圆周铣削时,a_p 为被加工表面的宽度。侧吃刀量 a_e 为垂直于铣刀轴线测量的切削层尺寸,单位为 mm。端铣时,a_e 为被加工表面宽度;而圆周铣削时,a_e 为切削层深度,如图 5-27 所示。

背吃刀量或侧吃刀量的选取主要由加工余量和对表面质量的要求决定。

① 当工件表面粗糙度值要求为 $Ra12.5\sim25\mu m$ 时,如果圆周铣削加工余量小于 5mm,

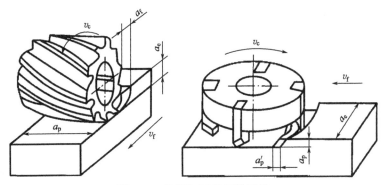

图 5-27 铣削加工的切削用量

端面铣削加工余量小于 6mm，粗铣一次进给就可以达到要求。但是当余量较大，工艺系统刚性较差或机床动力不足时，可分为两次进给完成。

② 当工件表面粗糙度值要求为 $Ra3.2\sim12.5\mu m$ 时，应分为粗铣和半精铣两步进行。粗铣时背吃刀量或侧吃刀量选取同前。粗铣后留 0.5~1.0mm 余量，在半精铣时切除。

③ 当工件表面粗糙度值要求为 $Ra0.8\sim3.2\mu m$ 时，应分为粗铣、半精铣、精铣三步进行。半精铣时背吃刀量或侧吃刀量取 1.5~2mm；精铣时，圆周铣削侧吃刀量取 0.3~0.5mm，面铣刀背吃刀量取 0.5~1mm。

5.1.3.3 进给量 f 与进给速度 v_f 的选择

铣削加工的进给量 f（mm/r）是指刀具转一周，工件与刀具沿进给运动方向的相对位移量；进给速度 v_f（mm/min）是单位时间内工件与铣刀沿进给方向的相对位移量。进给速度与进给量的关系为 $v_f=nf$（n 为铣刀转速，单位 r/min）。进给量与进给速度是数控铣床加工切削用量中的重要参数，根据零件的表面粗糙度、加工精度要求、刀具及工件材料等因素，参考切削用量手册选取或通过选取每齿进给量 f_z，再根据公式 $f=zf_z$（z 为铣刀齿数）计算。每齿进给量 f_z 的选取主要依据工件材料的力学性能、刀具材料、工件表面粗糙度等因素。工件材料强度和硬度越高，f_z 越小；反之则越大。硬质合金铣刀的每齿进给量高于同类高速钢铣刀。工件表面粗糙度要求越高，f_z 就越小。每齿进给量的确定可参考表 5-6 选取。工件刚性差或刀具强度低时，应取较小值。

表 5-6 铣刀每齿进给量参考值

工件材料	每齿进给量 f_z/mm			
	粗铣		精铣	
	高速钢铣刀	硬质合金铣刀	高速钢铣刀	硬质合金铣刀
钢	0.10~0.15	0.10~0.25	0.02~0.05	0.10~0.15
铸铁	0.12~0.20	0.15~0.30		

5.1.3.4 切削速度 v_c（m/min）

铣削的切削速度 v_c 与刀具的耐用度、每齿进给量、背吃刀量、侧吃刀量以及铣刀齿数成反比，而与铣刀直径成正比。其原因是当 f_z、a_p、a_e 和 z 增大时刀刃负荷增加，而且同时工作的齿数也增多，使切削热增加，刀具磨损加快，从而限制了切削速度的提高。为提高刀具耐用度，允许使用较低的切削速度。但是加大铣刀直径则可改善散热条件，可以提高切削速度。

铣削加工的切削速度 v_c 可参考表 5-7 选取，也可参考有关切削用量手册中的经验公式通过计算选取。

表 5-7 铣削加工的切削速度参考值

工件材料	硬度（HBS）	铣削速度 v_c/(m/min)	
		高速钢铣刀	硬质合金铣刀
钢	<225	18~42	66~150
	225~325	12~36	54~120
	325~425	6~21	36~75
铸铁	<190	21~36	66~150
	190~260	9~18	45~90
	260~320	4.5~10	21~30

5.1.4 确定装夹方法

5.1.4.1 定位安装的基本原则

在数控机床上加工零件时，定位安装的基本原则与普通机床相同，也要合理选择定位基准和夹紧方案。为了提高数控机床的效率，在确定定位基准与夹紧方案时应注意以下三点。

① 力求设计、工艺与编程计算的基准统一。
② 尽量减少装夹次数，尽可能在一次定位装夹后，加工出全部待加工面。
③ 避免采用占机人工调试加工方案，以充分发挥数控机床的效能。

5.1.4.2 选择夹具的基本原则

数控加工的特点对夹具提出了两个基本要求：一是要保证夹具的坐标方向与机床的坐标方向相对固定；二是要协调零件和机床坐标系的尺寸关系。除此之外，还要考虑以下四点。

① 当零件加工批量不大时，应尽量采用组合夹具、可调式夹具及其他通用夹具，以缩短生产准备时间、节省生产费用。
② 在成批生产时才考虑专用夹具，并力求结构简单。
③ 零件的装卸要快速、方便、可靠，以缩短机床的停顿时间。
④ 夹具上各零部件应不妨碍机床对零件各表面的加工，即夹具要开敞，其定位、夹紧机构元件不能影响加工中的走刀（如产生碰撞等）。

此外，为了提高数控加工的效率，在成批生产中还可以采用多位、多件夹具。例如在数控铣床或立式加工中心的工作台上，可安装一块与工作台大小一样的平板，如图 5-28 所示，它既可作为大工件的基础板，也可作为多个中小工件的公共基础板，依次并排加工装夹的多个中小工件。

5.1.4.3 定位基准的选择

在加工装夹工件所使用的定位表面称为定位基准。定位基准按工件表面的状况分为粗基

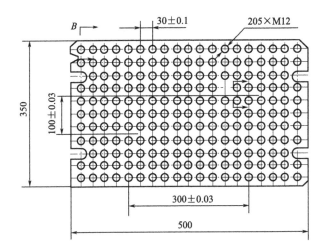
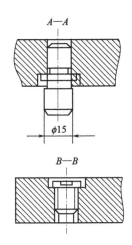

图 5-28 新型数控夹具元件

准和精基准。用工件上未经加工的表面作为定位基准面,这种定位基准面称为粗基准。利用工件上已加工过的表面作为定位基准面,称为精基准。

由于精基准表面平整、光洁,用于定位准确可靠,数控加工一般采用精基准定位,加工中选择不同的精基准定位,影响加工工件的位置精度。为保证工件的位置精度,选择精基准应遵循的原则如下。

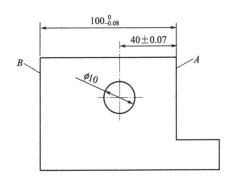

图 5-29 定位基准与设计基准重合

① 基准重合原则 尽量选择加工表面的设计基准作为定位基准,这一原则称为基准重合原则,即零件的定位基准采用设计基准面。用设计基准为定位基准可以避免因基准不重合而产生的定位误差。如图 5-29 中,在工件的水平方向上 A 面是 ϕ10mm 孔的设计基准,加工 ϕ10mm 孔时,如果采用 B 面定位,则不能直接保证设计尺寸 40mm±0.07mm,有基准不重合误差(图中为 0.08mm)影响孔的位置精度。而使用设计基准 A 面定位,可以直接保证设计位置尺寸 40mm±0.07mm,没有基准不重合误差,避免了用 B 面定位的基准不重合误差影响,从而有利于保证 ϕ10mm 孔的位置精度。

② 基准统一原则 当零件需要多道工序加工时,应尽可能在多数工序中选择同一组精基准定位,称为基准统一原则。例如,在加工发动机活塞零件的工艺过程中,多数工序都选择活塞的止口和端面定位,即体现了基准统一原则。基准统一有利于保证工件各加工表面的位置精度,避免或减少因基准转换而带来的加工误差,同时可以简化夹具的设计和制造。

③ 自为基准原则 有时精加工或光整加工工序要求被加工面的加工余量小而均匀，则应以加工表面本身作为定位基准，称为自为基准原则。如拉孔、铰孔、研磨和无心磨等加工都采用自为基准定位。

④ 互为基准原则 某个工件上有两个相互位置精度要求很高的表面，采用工件上的这两个表面互相作为定位基准，反复加工另一表面，称为互为基准。互为基准可使两个加工表面间获得高的相互位置精度，且加工余量小而均匀。

在上述四条原则中，由于数控加工的特点是工序集中，一般情况下都是按基准重合原则选择定位基准，即选择加工表面的设计基准为定位基准。

【例 5-1】 图 5-30 轴座工艺过程中的定位基准选择。

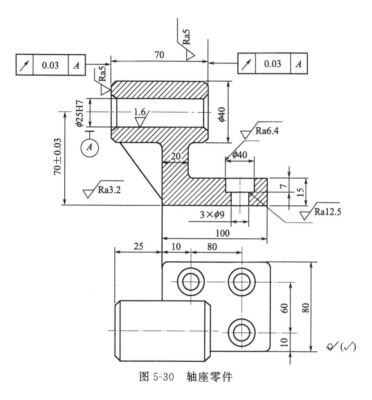

图 5-30 轴座零件

见表 5-8。

表 5-8 轴座机械加工工艺过程及定位基准选择

工序号	工序内容	设备	定位基准 （括弧内数字为限制自由度）	简述原因
1	划线		粗基准为 φ40 外圆和底面侧面	划出底面加工线
2	铣平面	铣床	按线找正工件	保证不加工面 φ40 外圆与加工面（底面）的位置精度
3	车端面，钻、车 φ25H7 孔	车床	精基准为底面、φ40 外圆侧面	基准重合，即定位基准与设计基准重合
4	车另一端面	车床	φ25H7	基准重合
5	钻 3×φ9，锪 φ14 孔	钻床	底面和底面边侧	基准重合

注：工序 2 中粗基准为划线基准。在工序 1 中以 φ40 轴线为基准，划出底面加工线。在工序 2 中按线加工底面，则认为划线基准（φ40 外圆）是工序 2 粗基准。

5.1.4.4 数控铣加工对工件装夹的要求

在确定工件装夹方案时,要根据工件上已选定的定位基准确定工件的定位夹紧方式,并选择合适的夹具。此时,主要考虑以下几点。

(1) 夹具的结构及其有关元件不得影响刀具的进给运动

工件的加工部位要敞开。要求夹持工件后夹具上的一些组件不能与刀具运动轨迹发生干涉。如图 5-31 所示,用立铣刀铣削工件的六边形,若采用压板和 T 形螺栓压在工件的 A 面,则压板易与铣刀发生干涉,若压在工件 B 面,就不会影响刀具进给。对有些箱体零件加工可以利用内部空间来安排夹紧机构,将其加工表面敞开,如图 5-32 所示。如果在卧式加工中心上对零件四周进行加工,很难安排夹具的定位和夹紧装置,则可以采取适当减少加工表面,预留出定位夹紧元件的空间。

(2) 必须保证最小的夹紧变形

在机械加工中,如果切削力大,需要的夹紧力也大,要防止工件夹压变形而影响加工精度。因此,必须慎重选择夹具的支承点和夹紧力作用点。应使夹紧力作用点通过或靠近支承点,避免夹紧力作用在工件的中空区域。

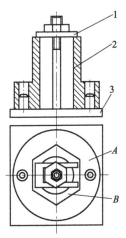

图 5-31 不影响进给的装夹实例
1—夹紧装置;2—工件;3—定位装置

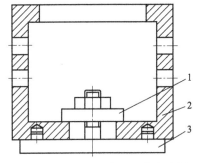

图 5-32 敞开加工表面的装夹实例
1—夹紧装置;2—工件;3—定位装置

如果采用了相应措施仍不能控制工件受力变形对加工精度的影响,则只能将粗、精加工分开,或者粗、精加工采用不同的夹紧力。可以在粗铣时采用较大夹紧力,精铣时放松工件,重新用较小夹紧力夹紧工件,从而减少精加工时工件的夹紧变形,保证精加工时的加工精度。

(3) 要求夹具装卸工件方便

辅助时间尽量短。由于加工中心加工效率高,装夹工件的辅助时间对加工效率影响较大,所以要求配套夹具装卸工件时间短而且定位可靠。数控加工夹具应尽可能使用气动、液压和电动等自动夹紧装置实现快速夹紧,以缩短辅助时间。

(4) 考虑多件夹紧

对小型工件或加工时间较短的工件,可以考虑在工作台上多件夹紧,或多工位加工,以提高加工效率。

(5) 夹具结构力求简单

由于在数控机床上加工工件大都采用工序集中的原则,工件的加工部位较多,而批量较小,夹具的标准化、通用化和自动化对加工效率的提高及加工费用的降低有很大影响。因此,对批量小的零件应优先选用组合夹具。对形状简单的单件小批生产的零件,可选用通用夹具,如三爪卡盘和平口钳等。只有对批量较大,且周期性投产,加工精度要求较高的关键工序才设计专用夹具,以保证加工精度和提高生产效率。

(6) 夹具应便于在机床工作台上装夹

数控机床矩形工作台面上一般都有基准T形槽,转台中心有定位圈,工作台面侧面有基准挡板等定位元件,可用于夹具在机床上定位。夹具在机床上的固定方式一般用T形槽定位键或直接找正定位,用T形螺钉和压板夹紧。夹具上用于紧固的孔和槽的位置必须与工作台的T形槽和孔的位置相对应。

(7) 编程原点设置在夹具上

对工件基准点不方便测定的工件,可以不用工件基准点为编程原点,而在夹具上设置找正面,以该找正面为编程原点,把编程原点设置在夹具上。

5.1.4.5 数控机床上工件装夹方法

数控机床上工件装夹通常采用四种方法。
① 使用平口钳装夹工件。
② 用压板、弯板、V形块、T形螺栓装夹工件。
③ 工件通过托盘装夹在工作台上。
④ 用组合夹具、专用夹具等。

加工过程中如需要多次装夹工件,应采用同一组精基准定位(即遵循基准重合原则)。否则,因基准转换,会引起较大的定位误差。因此尽可能选用零件上的孔为定位基准,如果零件上没有合适的孔作定位用,可以另行加工出工艺孔作为定位基准。

5.1.4.6 使用平口钳装夹工件

(1) 平口虎钳在机床工作台上的定位

平口虎钳的固定钳口是装夹工件时的定位元件,通常采用找正固定钳口的位置使平口虎钳在机床上定位,即以固定钳口为基准确定虎钳在工作台上的安装位置。多数情况下要求固定钳口无论是纵向使用或横向使用,都必须与机床导轨运动方向平行,同时还要求固定钳口的工作面要与工作台面垂直。找正方法是用图5-33所示的方法进行检测:将百分表的表座固定在铣床的主轴或床身某一适当位置,使百分表测量头与固定钳口的工作表面相接触。此时,纵向或横向移动工作台,观察百分表的读数变化,即反映出虎钳固定钳口与纵向或横向进给运动的平行度。若沿垂直方向移动工作台,则可测

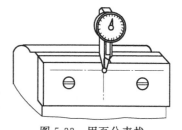

图5-33 用百分表找正虎钳至正确位置

出固定钳口与工作台台面的垂直度。根据表5-9平口钳技术参数,调整虎钳至正确位置。

表 5-9　回转式平口钳技术参数

项　　目	允许偏差/mm
钳身导轨上平面对底平面的平行度	0.02/100
固定钳口面、活动钳口面对导轨上平面的垂直度	0.05/100
活动钳口与固定钳口宽度方向的平行度	0.03/100
固定钳口面对钳身定位键槽的垂直度	0.03/100
导轨上平面对底座平面的平行度	0.025/100
固定钳口对底座定位键槽的平行度	0.15/100
检验块上平面对钳身底平面的平行度	0.06/100
检验块上平面对底座平面的平行度	0.08/100

(2) 使用平口虎钳装夹工件

平口虎钳的钳口可以制成多种形式，更换不同形式的钳口，可扩大机床用平口虎钳的使用范围。钳口的各种形式如图 5-34 所示。

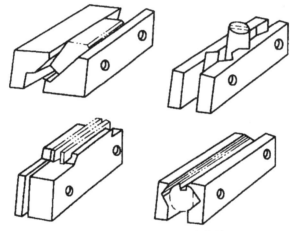

图 5-34　平口虎钳不同形式的钳口

正确而合理地使用平口虎钳，不仅能保证装夹工件的定位精度，而且可以保持虎钳本身的精度，延长其使用寿命。使用平口虎钳时，应注意以下几点。

a. 随时清理切屑及油污，保持虎钳导轨面的润滑与清洁。

b. 维护好固定钳口并以其为基准，校正虎钳在工作台上的准确位置。

c. 为使夹紧可靠，尽量使工件与钳口工作面接触面积大些，夹持短于钳口宽度的工件尽量应用中间均等部位。

d. 装夹工件不宜高出钳口过多，必要时可在两钳口处加适当厚度的垫板，如图 5-35 所示。

e. 装夹较长工件时，可用两台或多台虎钳同时夹紧，以保证夹紧可靠，并防止切削时发生振动。

f. 要根据工件的材料和几何廓形确定适当的夹紧力，不可过小，也不能过大。不允许任意加长虎钳手柄。

g. 在加工相互平行或相互垂直的工件表面时，可在工件与固定钳口之间，或工件与虎

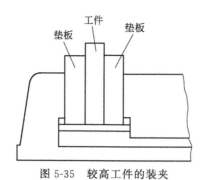

图 5-35　较高工件的装夹

钳的水平导轨间垫适当厚度的纸片或薄铜片,以提高工件的定位精度,如图 5-36 所示。

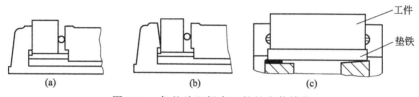

图 5-36　加垫片以提高工件的安装精度

h. 在铣削时,应尽量使水平铣削分力的方向指向固定钳口,如图 5-37 所示。

i. 应注意选择工件在虎钳上的安装位置,避免在夹紧时虎钳单边受力,必要时还要辅加支承垫铁,如图 5-38 所示。

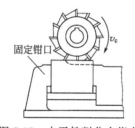

图 5-37　水平铣削分力指向

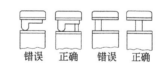

图 5-38　夹紧时应避免虎钳单边受力

j. 夹持表面光洁的工件时,应在工件与钳口间加垫片,以防止划伤工件表面。夹持粗糙毛坯表面时,也应在工件与钳口间加垫片,这样做既可以保护钳口,又能提高工件的装夹刚性。上述垫片可用铜或铝等软质材料制作。应指出的是,加垫片后不应影响工件的装夹精度。

k. 为提高万能(回转式)虎钳的刚性,增加切削稳定性,可将虎钳底座取下,把钳身直接固定在工作台上。

l. 为保证工件夹紧后,其基准面仍能与固定钳口工作表面很好地贴合,可在活动钳口与工件间加一金属圆棒。使用金属圆棒时,应注意选垫夹位置高度及与钳口的平行度。

(3) 平口虎钳装夹工件实例

【例 5-2】　在一个 160mm×25mm×30mm 矩形截面的工件上,铣一个深 20mm、宽 14mm 的纵向通槽,用机用虎钳装夹工件,操作步骤如下。

① 调整工作台纵向与铣床主轴的垂直度,以保证铣出的槽形满足工件的位置精度要求。

② 校准虎钳的固定钳口，使之与工作台的一个导轨的进给运动方向平行。

③ 使工件的定位基准面与平垫铁很好地贴合。

④ 注意合理地确定工件在虎钳上的夹紧部位。防止在铣出槽后，由于刚性低，工件在夹紧力作用下变形，出现夹刀现象。正确的夹紧部位应选在槽底附近，如图 5-39 所示。

⑤ 合理选择切削用量。由于是铣削深槽而且是使用高速钢三面刃铣刀，最好是用二次走刀完成且切削速度选中等（20~25m/min）；选用每齿进给量 f_z 时，注意刀轴是否弯曲，一般正常情况下，可选用 0.015~0.007 mm/z。铣削铸铁、铜、铜合金及铝合金时，进给量可增加 30%~40%。

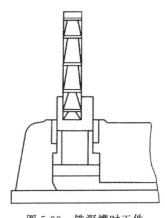

图 5-39　铣深槽时工件在虎钳上的装夹

5.1.4.7　使用压板和 T 形螺钉固定工件

使用 T 形槽用螺钉和压板通过机床工作台 T 形槽，可以把工件、夹具或其他机床附件固定在工作台上。使用 T 形槽用螺钉和压板固定工件时，应注意以下各点。

① 压板螺钉应尽量靠近工件而不是靠近垫铁，以获得较大的压紧力，如图 5-40 所示。

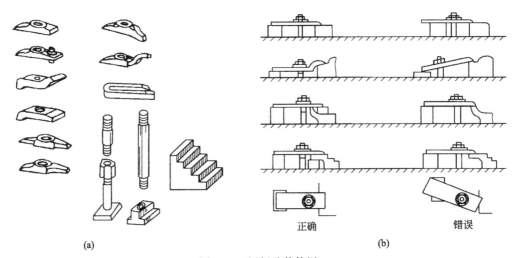

图 5-40　压板及其使用

② 垫铁的高度应与工件的被压点高度相同，并允许垫铁高度略高一些。用平压板时，垫铁高度不允许低于工件被压点的高度，以防止压板倾斜削弱夹紧力。

③ 使用压板固定工件时其压点应尽量靠近切削位置。使用压板的数目不得少于两个，而且压板要压在工件上的实处，若工件下面悬空时，必须附加垫铁（垫片）或用千斤顶支承。

④ 根据工件的形状、刚性和加工特点确定夹紧力的大小，既要防止由于夹紧力过小造成工件松动，又要避免夹紧力过大使工件变形。一般精铣时的夹紧力小于粗铣夹紧力。

⑤ 如果压板夹紧力作用点在工件已加工表面上，应在压板与工件间加铜质或铝质垫片，

以防止工件表面被压伤。

⑥ 在工作台面上夹紧毛坯工件时，为保护工作台面，应在工件与工作台面间加垫软金属垫片。如果在工作台面上夹紧较薄且有一定面积的已加工表面时，可在工件与工作台面间加垫纸片增加摩擦，这样做可提高夹紧的可靠性，同时保护了工作台面。

⑦ 所使用的压板与T形螺钉应进行必要的热处理，以提高其强度和刚性，防止工作时发生变形削弱夹紧力。

5.1.4.8 弯板的使用

弯板（或称角铁）主要用来固定长度和宽度较大而厚度较小的工件。常用的弯板类型如图 5-41(a) 所示。使用弯板装夹工件的方法，如图 5-41(b) 所示。

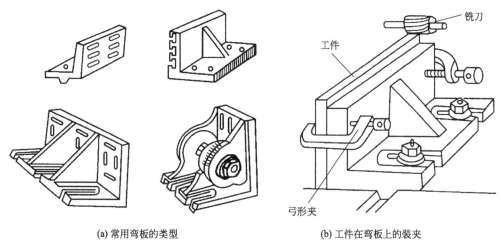

(a) 常用弯板的类型　　　　(b) 工件在弯板上的装夹

图 5-41　弯板

使用弯板时应注意：

① 弯板在工作台上的固定位置必须正确，弯板的立面必须与工作台台面相垂直。多数情况下，还要求弯板立面与工作台的纵向进给方向或横向进给方向平行。

② 弯板在工作台上位置的校正方法与机用平口虎钳固定钳口在工作台上位置的校正方法相似。

③ 工件与弯板立面的安装接触面积应尽量加大。

④ 夹紧工件时，应尽可能多地使用螺栓压板或弓形夹。

5.1.4.9　V形块的使用

(1) 装夹轴类工件时选用V形块的方法

常见的V形块有夹角 90°和 120°的两种槽形。无论使用哪一种槽形，在装夹轴类零件时均应使轴的定位表面与V形块的V形面相切，避免出现图 5-42(b) 所示的情况。根据轴的定位直径选择V形块口宽 B 的尺寸。如图 5-42(a) 所示。

V形槽的槽口宽 B 应满足公式

$$B > d\cos\frac{\alpha}{2}$$

式中　B——V形槽的槽口宽；

d——工件直径；

α——V 形槽的 V 形角。

简化公式为

当 $\alpha=90°$，$B>\frac{\sqrt{2}}{2}d$ 或 $B>0.707d$

当 $\alpha=120°$，$B>\frac{1}{2}d$ 或 $B>0.5d$

选用较大的 V 形角有利于提高轴在 V 形块的定位精度。

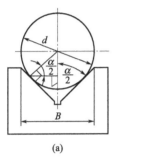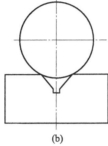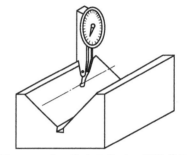

图 5-42　V 形块 V 形口宽的选择　　　　图 5-43　在工作台上找正 V 形块位置

（2）在机床工作台上找正 V 形块的位置

在机床工作台上正确安装 V 形块的位置，要求 V 形槽的方向与机床工作台纵向或横向进给方向平行。安装 V 形块时可用如下方法找其平行度，如图 5-43 所示：将百分表座及百分表固定在机床主轴或床身某一适当位置，使百分表测头与 V 形块的一个 V 形面接触，纵向或横向移动工作台即可测出 V 形块与（工作台纵向或横向）移动方向的平行度，然后根据所测得的数值调整 V 形块的位置，直至满足要求为止，一般情况平行度允许值为 0.02/100。

（3）用 V 形块装夹轴类工件时注意事项

① 注意保持 V 形块两斜面的洁净，无鳞刺，无锈斑，使用前应清除污垢。

② 装卸工件时防止碰撞，以免影响 V 形块的精度。

③ 使用时，在 V 形块与机床工作台及工件定位表面间，不得有棉丝毛及切屑等杂物。

④ 根据工件的定位直径，合理选择 V 形块。

⑤ 校正好 V 形块在铣床工作台上的位置（以平行度为准）。

⑥ 尽量使轴的定位表面与 V 形斜面多接触。

⑦ V 形块的位置应尽可能地靠近切削位置，以防止切削振动使 V 形块移位。

⑧ 使用两个 V 形块装夹较长的轴件时，应注意调整好 V 形块与工作台进给方向的平行度及轴心线与工作台台面的平行度。

5.1.4.10　工件通过托盘装夹在工作台上

如果对工件四周进行加工，因走刀路径的影响，很难安排装夹工件所需的定位和夹紧装置，这时可利用托盘装夹工件的方法，如图 5-44 所示。装夹步骤是：工件 1 通过螺钉 2 紧固在托盘 3 上，找正工件，使工件在工作台上定位；用压板和 T 形槽用螺钉把托盘夹紧在机床工作台上，或用平口钳夹紧托盘，这就避免了走刀时刀具与夹紧装置的干涉。

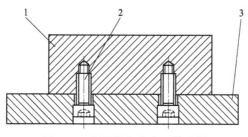

图 5-44 利用托盘装夹工件示例
1—工件；2—内六角螺钉；3—托盘

5.1.4.11 使用组合夹具、专用夹具

传统组合或专用夹具一般具有工件的定位、夹紧、刀具的导向和对刀等四种功能，而数控机床上由程序控制刀具的运动，不需要利用夹具限制刀具的位置，即不需要夹具的对刀和导向功能，所以数控机床所用夹具只要求具有工件的定位和夹紧功能，其所用夹具的结构一般比较简单。

5.2 数控铣床的编程特点

5.2.1 数控铣床的编程特点

5.2.1.1 数控铣床的编程特点

① 铣削是机械加工中最常用的方法之一，它包括平面铣削和轮廓铣削。数控铣床可以加工复杂的和手工难加工的工件，把一些用普通机床加工的工件用数控机床加工，可以提高加工效率。由于数控铣床功能各异，规格繁多，编程时要考虑如何最大限度地发挥数控机床的特点。二坐标联动用于加工平面零件轮廓；三坐标以上的数控铣床用于难度较大的复杂工件的立体轮廓加工。

② 数控铣床的数控装置具有多种插补功能。一般都具有直线插补和圆弧插补功能，有的还具有极坐标插补、抛物线插补、螺旋线插补等多种插补功能。编程时要充分合理地选择这些功能，提高编程和加工的效率。

③ 编程时要充分熟悉机床的所有性能和功能。如刀具长度补偿、刀具半径补偿、固定循环、镜像、旋转等功能。

④ 由直线、圆弧组成的平面轮廓铣削的数学处理比较简单。非圆曲线、空间曲线和曲面的轮廓铣削加工的数学处理比较复杂，一般要采用计算机辅助计算和自动编程。

5.2.1.2 数控铣床编程应注意的几个问题

在编制数控铣削程序时，除了要求计算准确，程序代码及编制格式无误外，还有一些问题需要特别注意，这里列举几个常被忽略的问题供读者参考。

（1）零件尺寸公差对编程的影响

如图 5-45 所示，由于零件轮廓各处尺寸公差带不同，如用同一把铣刀、同一个刀具半径补偿值编程加工，就很难保证各处尺寸在公差范围之内。

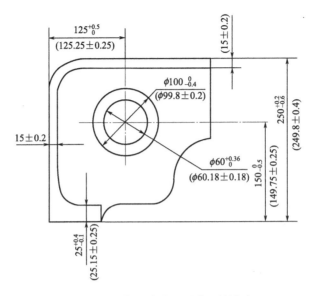

图 5-45　零件尺寸公差对编程的影响

解决这一问题的有效方法有两种：一种是兼顾各处尺寸公差，在编程计算时，改变轮廓尺寸并移动公差带，采用同一把铣刀和同一个刀具半径补偿值加工，如图 5-45 中的括号内尺寸，其公差带均作了相应改变，计算与编程时用括号内尺寸来进行；另一种方法是仍以图纸中的名义尺寸计算和编程，用同一把刀加工，在不同加工部位编入不同的刀具号，加工时赋予不同的刀具补偿值，但这样做，操作者会感到很麻烦，而且在圆弧与直线、圆弧与圆弧相切处也不容易办到。

此外，还有一些封闭尺寸（见图 5-46），为了同时保证这三个孔的孔间距公差，直接按名义尺寸编程是不行的，在编程时必须通过尺寸链的计算，对原孔位尺寸进行适当调整，保证加工后的孔距尺寸符合公差要求。实际生产中有许多与此相类似情况，编程时一定要特别注意。

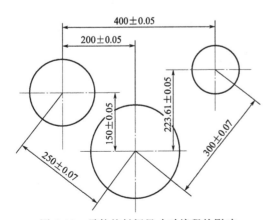

图 5-46　零件的封闭尺寸对编程的影响

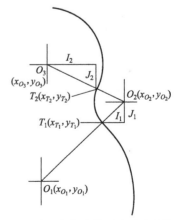

图 5-47　圆弧参数计算误差对编程的影响

(2) 圆弧参数计算误差对编程的影响

在按零件图纸尺寸计算圆弧参数（圆弧切点、终点坐标、所在圆的圆心坐标）时，误差总是难免的。特别是在两个圆或两个以上的圆连续相切或相交时，会产生较大误差积累，其结果往往使得圆弧起点相对于圆心的增量值 I、J 的误差增大（即：$\sqrt{I^2+J^2} \neq R$）。在图 5-47 中，圆 O_1 与圆 O_2 的切点 T_1 既是圆 O_1 的终点又是圆 O_2 的起点，圆 O_2 与圆 O_3 的切点 T_2 既是圆 O_2 的终点又是圆 O_3 的起点，在这种情况下极易产生较大计算误差的积累，该积累误差最终要反映在 I、J 值上。当 I、J 值误差超过一定限度时，机床控制机便难以接受，会拒绝执行该圆弧指令（报错）或因找不到圆弧终点而不停地转圈（如未经模拟轨迹或试切，很容易使工件报废）。特别是当误差处于机床控制机所允许的最大圆弧插补误差附近时（临界状态），常常会发生机床控制机有时勉强能接受，有时又不予接受的情况，这样反而更危险，其隐患很难查找，同时也极易造成在不一定什么时候铣坏工件。因此，在计算之后一定要注意复验 I、J 值的误差，一般应保证：$\left| \sqrt{I^2+J^2} - R \right| \leq \frac{2}{3} \delta_允$（控制机允许的最大圆弧插补误差）。如验证达不到上述要求时，可根据实际零件图形改动一下圆弧半径值或圆心坐标（在许可范围内）或采用互相"借"一点误差的方法来解决。

(3) 转接凹圆弧对编程的影响

对于直线轮廓所夹的凹圆弧来说，一般可由铣刀半径自然形成而不必走圆弧轨迹。但对于与圆弧相切或相交的转接凹圆弧，通常都用走圆弧轨迹的方法解决，如图 5-48 所示。由于这种转接凹圆弧一般都不大，选择铣刀直径时往往受其制约。此外，在实际加工中，也有可能为了保证其他轮廓的尺寸公差或用同一条程序进行粗、精加工而采取放大刀具半径补偿值的方法达到目的。但是，如果在编程计算时仍按图纸给出的转接圆弧半径，那就可能使上述工作受到限制。其结果是要么去选择更小直径的铣刀，要么将原来选好的铣刀磨小一点，而这样做既不方便也不经济，还有可能打乱原来的程序（如：行切宽度已定，铣刀改小后有可能留下覆盖不了的刀锋）。因此，最好的办法就是在编程计算时，把图纸中最小的转接凹圆弧半径放大一些（在其加工允差范围内），如图 5-48 中的 $R10$，放大为 $R10.5$ 或 $R11$ 来进行计算，以扩大刀具半径补偿范围。当其半径较小时（如 $R5$），则可先按大圆弧半径来编，再安排补加工（换小直径铣刀来完成）。

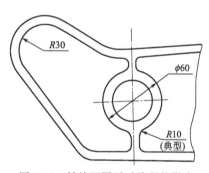

图 5-48 转接凹圆弧对编程的影响

(4) 尖角处使用过渡圆弧要防止过切

有时候，由于在用折线逼近曲线时没有注意到（或意想不到）其尖角是凸还是凹，尤其是在曲线拐点附近不太容易分辨，这时如在尖角处采用过渡圆弧编程就很容易产生过切现象，如图 5-49(a) 所示。

有时候，因凸型尖角附近有轮廓限制，如铣刀直径过大，尖角处采用过渡圆弧编程也会产生过切，如图 5-49(b) 所示。

遇到上述情况时，应放弃对此尖角处的过渡圆弧编程，改用其他方法。

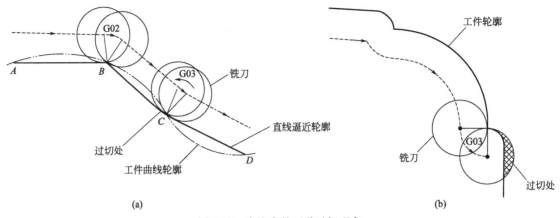

图 5-49 应注意的两种过切现象

5.2.2 绝对编程方式（G90）与增量编程方式（G91）

G90 表示程序段中的编程尺寸按绝对坐标给定，所有的坐标尺寸数字都是相对于固定的编程原点（工件原点）的，即绝对尺寸。G91 表示程序段中的编程尺寸按增量坐标给定，程序段的终点坐标都是相对于起点给出的，即增量尺寸。一般数控系统在初始状态（开机时状态）时自动设置为 G90 绝对编程状态。

【例 5-3】 如图 5-50 所示为刀具由原点按顺序向 1、2、3 点移动时的坐标，按两种不同坐标值编程。

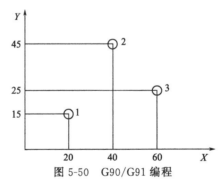

图 5-50 G90/G91 编程

G90 编程：

N010　G90 G01 X20 Y15；
N020　　　　X40 Y45；
N030　　　　X60 Y25；

G91 编程：

N010　G91 G01 X20 Y15；
N020　　　　X20 Y30；
N030　　　　X20 Y−20；

编程时选择合适的编程方式可使程序简化，减少不必要的数学计算。主要根据图纸尺寸的标注方式来选择绝对编程方式和增量编程方式。当加工尺寸由一个固定基准给定时，采用绝对编程方式编程较为方便；当加工尺寸是以轮廓顶点之间的间距给出时，采用增量编程方式较为方便。

5.3 FANUC-0iMA 系统的 G 代码在数控铣削中的应用

5.3.1 F、S、T 功能

5.3.1.1 进给功能（F）

进给功能也称 F 功能，由地址码 F 及其后续的数值组成，用于指定刀具的进给速度。进给功能字应写在相应轴尺寸字之后，对于几个轴合成运动的进给功能字，应写在最后一个尺寸字之后。

进给速度的指定方法有直接法和代码法两种。直接指定法即按有关数控切削用量手册的数据或经验数据直接选用，用 F 后面的数值直接指定进给速度，一般单位为 mm/min，切削螺纹时用 mm/r，在英制单位中用英寸表示，例如，F300 表示进给速度为 300mm/min。目前的数控系统大多数采用直接指定法。

用代码法指定进给速度时，F 后面的数值表示进给速度代码，代码按一定规律与进给速度对应。常用的有 1、2、3、4、5 位代码法及进给速率数（FRN）法等。例如，2 位代码法，即规定 00～99 相对应的 100 种分级进给速度，编程时只指定代码值，通过查表或计算可得出实际进给速度值。

5.3.1.2 主轴转速功能（S）

S 用以指定主轴转速，由地址码 S 及后续的若干位数字组成，单位为 r/min。S 地址后的数值亦有直接指定法和代码法两种。现今数控机床的主轴都用高性能的伺服驱动，可用直接法指定任何一种转速。代码法现很少应用。例如，用直接指定法时，S3000 表示主轴转速为 3000r/min。

5.3.1.3 刀具功能（T）

T 指令用以指定刀具号及其补偿号，由地址码 T 及后续的若干位数字组成，用于更换刀具时指定刀具或显示待换刀号。如 T01 表示 1 号刀；如 T0102，01 表示选择 1 号刀具，02 为刀具补偿值组号，调用第 02 号刀具补偿值，即从 02 号刀补寄存器中取出事先存入的补偿数据进行刀具补偿。刀具补偿用于对换刀、刀具磨损、编程等产生的误差进行补偿，一般编程时常取刀号与补偿号的数字相同（如 T0101），显得直观一些。

5.3.2 工件坐标系设定（G92，G54～G59）

工件坐标系设定指令是规定工件坐标系原点的指令，工件坐标系原点又称编程零点。数控编程时，必须先建立工件坐标系，用以确定刀具刀位点在坐标系中的坐标值。工件坐标系可用下述两种方法设定：用 G92 指令和其后的数据来设定工件坐标系；或事先用操作面板设定坐标轴的偏置，再用 G54～G59 指令来选择。

5.3.2.1 用 G92 指令设定工件坐标系

功能：G92 指令是规定工件坐标系原点（程序零点）的指令。

指令格式：G92 X＿ Y＿ Z＿；

其中，X＿ Y＿ Z＿ 是指主轴上刀具的基准点在新坐标系中的坐标值，因而是绝对值指令。

以后被指令的绝对值指令就是在这个坐标系中的位置。

【例 5-4】 如图 5-51 所示。

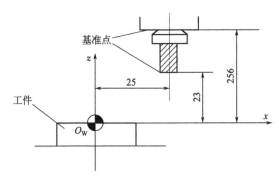

图 5-51 G92 设定工件坐标系

刀具基准点设在刀位点时，指令：

G92 X25 Z23；工件坐标系原点被设在距刀位点 x 轴 25、z 轴 23 的位置上。

若刀具基准点设在主轴头时，指令：

G92 X25 Z256；工件坐标系原点被设在距主轴头 x 轴 25、z 轴 256 的位置上。

说明：执行 G92 指令时，机床不动作，即 x、y、z 轴均不移动。

5.3.2.2 用 G54～G59 选择工件坐标系

功能：在编程过程中进行编程坐标系（工件坐标系）的平移变换，使编程坐标系的零点偏移到新的位置。

如图 5-52 所示用 G54～G59 可以选择 6 个工件坐标系。通过 CRT/MDI 面板设定机床零点到各坐标原点的距离，便可设定 6 个工件坐标系。

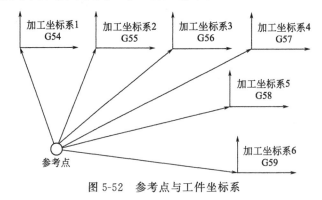

图 5-52 参考点与工件坐标系

指令格式：G54（～G59）；

G54～G59 为模态指令，在执行过手动返回参考点操作之后，如果未选择工件坐标系自动设定功能，系统便按默认值选择 G54～G59 中的一个。一般情况下，把 G54 设定为默认值。具体要看机床厂的设定。

【例 5-5】 编程举例:
G55 G00 X20 Y40;
X100 Y20;

上例中（20，40），（100，20）的位置位于工件坐标系2上，如图5-53所示。

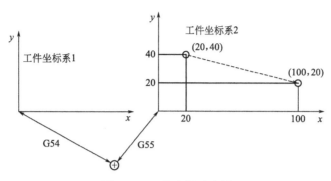

图 5-53 工件坐标系选择

通过上例可以看出，在绝对值移动时，与刀具的初始位置无关；不需要操作者修改程序；当再次使用时，程序不必修改。程序与工件的安装位置无关，也与刀具的位置无关。
表 5-10 列出了 G92 与 G54~G59 工件坐标系的区别。

表 5-10 G92 与 G54~G59 工件坐标系的区别

指令	格式	设置方式	与刀具当前位置关系	数目
G92	G92 X__ Y__ Z__	在程序中设置	有关	1
G54~G59	G54(G55,G56,G57,G58,G59)	在机床参数页面中设置	无关	6

注意：
① 使用 G54~G59 时，不用 G92 设定坐标系。G54~G59 和 G92 不能混用。
② 使用 G92 的程序结束后，若机床没有回到 G92 设定的起刀点，就再次启动此程序，刀具当前所在位置就成为新的工件坐标系下的起刀点，这样易发生事故。

5.3.3 快速点位运动 (G00)

功能：轴快速移动 G00 用于快速定位刀具，没有对工件进行加工。可以在几个轴上同时进行快速移动，由此产生一个线性轨迹，移动速度是机床设定的空行程速度，与程序段中的进给速度无关，如图 5-54 所示。

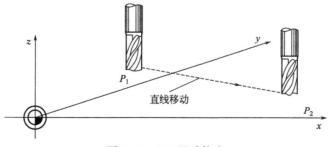

图 5-54 G00 运动轨迹

指令格式：G00 X＿ Y＿ Z＿；

其中：X＿ Y＿ Z＿ 是终点坐标。

说明：

① G00 一直有效，直到被 G 功能组中其他指令（G01，G02，G03）取代为止。

② 在未知 G00 轨迹的情况下，应尽量不用三坐标编程，避免刀具损伤工件。

5.3.4 直线插补（G01）

功能：刀具以直线从起始点移动到目标位置，按地址 F 下编程的进给速度运行，所有的坐标轴可以同时运行。

指令格式：G01 X＿ Y＿ Z＿ F＿；

其中：X＿ Y＿ Z＿ 是进给终点坐标；

　　　F＿ 是进给速度。

【例 5-6】 刀具从 P_1 点出发，沿 $P_2 \rightarrow P_3 \rightarrow \cdots P_6 \rightarrow P_1$ 走刀，零件轮廓与刀心轨迹如图 5-55 所示。

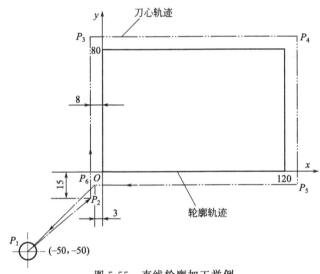

图 5-55 直线轮廓加工举例

用绝对值编程：		用增量值编程：	
N30 G00 G90 X－3 Y－15；	P_2 点	N30 G00 G91 X42 Y35；	P_2 点
N40 G01 Y88 F50；	P_3 点	N40 G01 Y103 F50；	P_3 点
N50 X128；	P_4 点	N50 X136；	P_4 点
N60 Y－3；	P_5 点	N60 Y－96；	P_5 点
N70 X－3；	P_6 点	N70 X－131；	P_6 点
N80 G00 X－50 Y－50；	P_1 点	N80 G00 X－47 Y－42；	P_1 点

注意：编程两个坐标轴（例如 G17 中 X＿ Y＿），如果只给出一个坐标轴尺寸，则第二个坐标轴自动地以最后编程的尺寸赋值。

5.3.5 插补平面选择（G17、G18、G19）

功能：在编程和计算长度补偿和刀具长度补偿时必须先确定一个平面，即确定一个两坐标的坐标平面,在此平面中可以进行刀具半径补偿。另外,根据不同的刀具类型(铣刀、钻头、镗刀等)进行相应的刀具长度补偿,如图 5-56 所示。对于数控铣床和加工中心,通常都是在 xy 坐标平面内进行轮廓加工。该组指令为模态指令,一般系统初始状态为 G17 状态,故 G17 可省略。

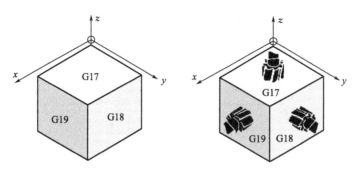

图 5-56 平面选择指令示意图

指令格式:G17/G18/G19
G17 用来选择 xy 平面;
G18 用来选择 xz 平面;
G19 用来选择 yz 平面。
G17、G18、G19 三个坐标平面的含义见表 5-11。

表 5-11 G17、G18、G19 三个坐标平面的含义

G 功能	平面(横坐标、纵坐标)	垂直坐标
G17	xy	z
G18	xz	y
G19	yz	x

注意:移动指令与平面选择无关。例如,执行指令 G17 G01 Z10 时,z 轴照样会移动。

5.3.6 圆弧插补(G02、G03)

功能:刀具以圆弧轨迹从起始点移动到终点。
指令格式一:
  在 xy 平面内的圆弧:G17 G02(G03)X＿Y＿I＿J＿F＿;
  在 xz 平面内的圆弧:G18 G02(G03)X＿Z＿I＿K＿F＿;
  在 yz 平面内的圆弧:G19 G02(G03)Y＿Z＿J＿K＿F＿;
指令格式二:
  在 xy 平面内的圆弧:G17 G02(G03)X＿Y＿R＿F＿;
  在 xz 平面内的圆弧:G18 G02(G03)X＿Z＿R＿F＿;
  在 yz 平面内的圆弧:G19 G02(G03)Y＿Z＿R＿F＿;
  其中:G02——顺时针方向(CW);G03——逆时针方向(CCW)。
  移动方向的判别方法是:从坐标平面垂直轴的正方向向负方向看坐标平面上的圆弧移动是顺时针方向还是逆时针方向,如图 5-57 所示。

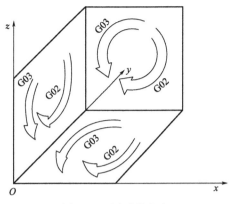

图 5-57 圆弧的方向

X__ Y__ Z__ 为圆弧终点坐标；

I__ J__ K__ 分别为圆弧圆心相对圆弧起点在 x、y、z 轴方向的坐标增量；

R__ 为圆弧半径，当圆弧圆心角≤180°时，R 为正值；圆弧圆心角＞180°时，R 为负值；

F__ 为沿圆弧的速度，即圆弧切线方向的速度。

说明：当为整圆时，即终点坐标与起点坐标重合时，若用半径 R 指令，则不移动，即零度的圆弧。此时，必须用 I，J 或 K 指令，同时编入 R 与 I，J，K 时，R 有效。

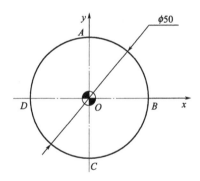

图 5-58 G02、G03 指令的使用

【例 5-7】 完成图 5-58 所示加工路径的程序编制。程序如下（刀具现位于 A 点上方，只描述轨迹运动）。

```
O5001；
G90 G54 G00 X0 Y25；
G02 X25 Y0 I0 J-25；         A→B 点
G02 X0 Y-25 I-25 J0；         B→C 点
G02 X-25 Y0 I0 J25；          C→D 点
G02 X0 Y25 I25 J0；           D→A 点
…
或
G90 G54 G00 X0 Y25；
G02 X0 Y25 I0 J-25；          A→A 点整圆
…
```

5.3.7 螺旋线插补（G02、G03）

功能：在圆弧插补时，垂直插补平面的直线轴同步运动，构成螺旋线插补运动，如图 5-59 所示。

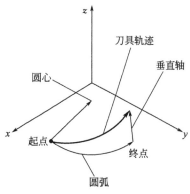

图 5-59　螺旋线插补

指令格式：

在 xy 平面圆弧螺旋线：G17 G02(G03)X＿Y＿I＿J＿Z＿K＿F＿；

在 xz 平面圆弧螺旋线：G18 G02(G03)X＿Z＿I＿K＿Y＿J＿F＿；

在 yz 平面圆弧螺旋线：G19 G02(G03)Y＿Z＿J＿K＿X＿I＿F＿；

下面以 G17 G02(G03)X＿Y＿I＿J＿Z＿K＿F＿为例，介绍各参数的意义，另外两种格式中的参数意义相同。

其中：G02，G03 分别表示顺时针、逆时针螺旋线插补，判断方向的方法同圆弧插补；

X＿Y＿Z＿为螺旋线的终点坐标；

I＿J＿为圆心在 x 轴、y 轴上相对于螺旋线起点的坐标；

K＿为螺旋线的导程（单线即为螺距），取正值。

【例 5-8】　如图 5-60 所示螺旋槽由两个螺旋面组成，前半圆 AmB 为左旋螺旋面，后半圆 AnB 为右旋螺旋面。螺旋槽最深处为 A 点，最浅处为 B 点。要求用 $\phi 8mm$ 的立铣刀加工该螺旋槽，编制数控加工程序。刀具半径补偿号为 D01，长度补偿号为 H01。

程序如下：

O5006；
N010 G54 G90 G94 G21 G17 T01；
N020 M06；
N030 G00 G43 Z50 H01；
N040 G00 X24 Y60；
N050 G00 Z2；
N060 M03 S1500；
N070 G01 Z－1 F50 M08；
N080 G03 X96 Y60 Z－4 I36 J0 K6；
N090 G03 X24 Y60 Z－1 I－36 J0 K6；
N100 G01 Z1.5 M09；
N110 G49 G00 Z150 M05；
N120 X0 Y0；
N150 M30；

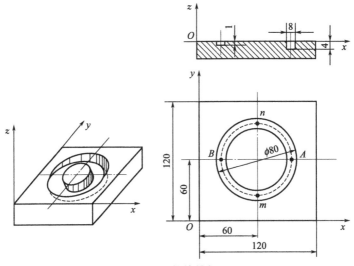

图 5-60 螺旋槽加工

螺旋线插补可用于切削螺纹。在新的系统中，除了上述圆柱螺旋线插补外，还有圆锥螺旋线插补，直线轴多至四轴。

5.3.8 任意角度倒角/拐角圆弧

功能：可在任意的直线插补和直线插补、直线插补和圆弧插补、圆弧插补和直线插补、圆弧插补和圆弧插补间，自动插入倒棱或倒圆。

指令格式：G01(G02/G03)，C __；
　　　　　G01(G02/G03)，R __；

说明：直线插补（G01）及圆弧插补（G02，G03）程序段最后附加 C 则自动插入倒棱角，附加 R 则自动插入倒圆角。

上述指令只在平面选择（G17，G18，G19）指定的平面有效。

C 后的数值为假设未倒角时，指令由假想交点到倒角开始点、终止点的距离，如图5-61所示。

N10 G91 G01 X100 C10；
N20 X100 Y100；

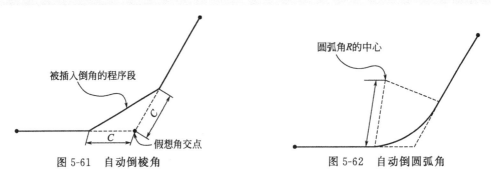

图 5-61　自动倒棱角　　　　　　　图 5-62　自动倒圆弧角

R 后的数值指令倒圆 R 的半径值，如图 5-62 所示。

N10 G91 G01 X100 R10；
N20 X100 Y100；

注意：但上述倒棱C及倒圆R程序段之后的程序段，必须是直线插补（G01）或圆弧插补（G02，G03）的移动指令。若为其他指令，则出现P/S报警，警示52。

倒棱C及倒圆R可在2个以上的程序段中连续使用。

5.3.9 刀具半径补偿（G41、G42、G40）

功能：当进行内、外轮廓的铣削时，能够使刀具中心在编程轨迹的法线方向上距编程轨迹的距离始终等于刀具的半径（如图5-63所示）。在机床上，这样的功能可以由G41或G42指令来实现。

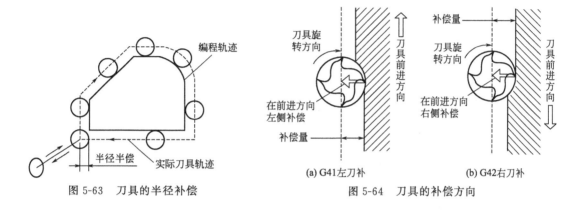

图5-63 刀具的半径补偿　　　　图5-64 刀具的补偿方向

指令格式：

在 xy 平面

G17 G41(G42)G01(G00)X＿Y＿D＿;
G40 G01(G00)X＿Y＿;

在 xz 平面

G18 G41(G42)G01(G00)X＿Z＿D＿;
G40 G01(G00)X＿Z＿;

在 yz 平面

G19 G41(G42)G01(G00)Y＿Z＿D＿;
G40 G01(G00)Y＿Z＿;

其中，刀具半径补偿方向的判定：沿刀具运动方向看，刀具在被切零件轮廓边左侧即为刀具半径左补偿，用G41指令；否则，便为右补偿，用G42指令。G41为刀具半径左补偿，如图5-64(a)所示；G42为刀具半径右补偿，如图5-64(b)所示。

X＿Y＿Z＿ 是G01、G00运动的终点坐标；

D＿ 中的两位数字表示刀具半径补偿值所存放的地址，或者说是刀具补偿值在刀具参数表中的编号；

G40为刀具半径补偿取消，使用该指令后，G41、G42指令无效。

注意事项：

① 从无刀具半径补偿的状态进入刀具补偿状态的过程中，必须使用G00或G01指令，不能使用G02或G03指令；刀具半径补偿撤销时，也要使用G00或G01指令。图5-65为刀

补的建立与取消过程。

② 由于半径补偿的建立需要一个过程，所以补偿时补偿开始点的选择非常重要。如图 5-66 所示，如果在加工开始时，半径补偿仍未加上的话，刀具所运行的轨迹将成为斜线，偏离工件轮廓，造成尺寸超差（过切）。而如果补偿开始点距离工件过远的话，又会由于刀具行程增大，造成工艺上的问题。实践表明，刀具补偿点距离加工起始点 2 倍刀具半径的距离，效果较为理想。如果为了快速加工，可以选用大的 F 参数。需要特别注意的是在加工内腔的模具时一般都在外面补偿。

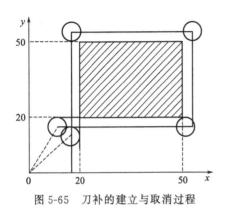 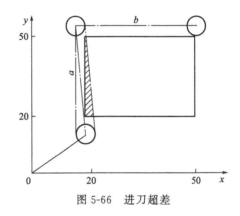

图 5-65　刀补的建立与取消过程　　　　　图 5-66　进刀超差

③ 使用刀具半径补偿时应避免过切削现象。这又包括以下三种情况。

a. 使用刀具半径补偿和取消刀具半径补偿时，刀具必须在所补偿的平面内移动，移动距离应大于刀具补偿值。

b. 加工半径小于刀具半径的内圆弧时，进行半径补偿将产生过切削，如图 5-67 所示。只有过渡圆角 $R \geqslant$ 刀具半径 r ＋精加工余量的情况下才能正常切削。

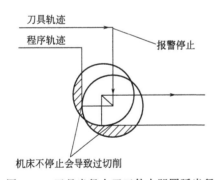 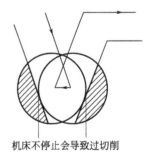

图 5-67　刀具半径大于工件内凹圆弧半径　　　　图 5-68　刀具半径大于工件槽底宽度

c. 被铣削槽底宽小于刀具直径时将产生过切削，如图 5-68 所示。

④ G41、G42 不能重复使用，即在程序中前面有了 G41 或 G42 指令之后，不能再直接使用 G41 或 G42 指令。若想使用，则必须先用 G40 指令解除原补偿状态后，再使用 G41 或 G42，否则补偿就不正常了。

⑤ 从刀具寿命、加工精度、表面粗糙度而言，顺铣的效果较好，因而 G41 使用较多。

【例 5-9】　如图 5-69 所示，用 φ14mm 的平键槽铣刀，切深为 5mm，完成工件外轮廓的铣削加工。不考虑加工工艺问题，编写加工程序如下。

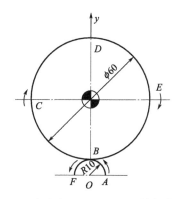

图 5-69 切向切入、切向切出外轮廓加工

O5002；
N010 G90 G94 G54 G00 X0 Y0；
N020 Y−40；
N030 S500 M03 F200；
N040 Z100；
N050 Z2；
N060 G01 Z−5 F50；
N070 G41 X10 D01；　　　　　　　调入1号刀具半径补偿（O→A）
N080 G03 X0 Y−30 R10；　　　　　圆弧切入（A→B）
N090 G02 X0 Y−30 I0 J30；　　　　铣削整圆（B→C→D→E→B）
N100 G03 X−10 Y−40 R10；　　　　圆弧切出（B→F）
N110 G01G40 X0；　　　　　　　　取消刀具半径补偿（F→O）
N120 G00 Z2；
N130 G00 Z100；
N140 M05；
N150 M30；

5.3.10　刀具长度补偿（G43、G44、G49）

功能：建立刀具长度正/负向补偿，使刀具偏置存储器里的长度偏差起作用。当实际刀具长度与编程的标准刀具长度不一致时，只要通过操作面板把实际刀具长度与编程标准刀具长度之差作为偏置值存入刀具参数存储器里即可，如图 5-70 所示。

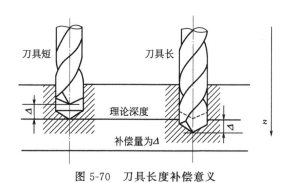

图 5-70　刀具长度补偿意义

指令格式：
在 xy 平面　G17 G43(G44/G49)　G01(G00)　Z__ H__；

在 xz 平面　G18 G43(G44/G49)　G01(G00)　Y __ H __；
在 yz 平面　G19 G43(G44/G49)　G01(G00)　X __ H __；
其中：G43 为刀具长度正补偿，G44 为刀具长度负补偿；
X __ Y __ Z __ 为补偿轴的终点坐标；
H __ 中的两位数字，表示刀具长度补偿值所存放的地址，或者说是刀具长度补偿值在刀具参数表中的编号；
G49 为取消刀具长度补偿。另外，在实际使用中，也可不用 G49 指令取消刀具长度补偿，而是调用 H00 号刀具补偿，也可收到同样的效果。

【例 5-10】 加工如图 5-71 所示的孔，已知钻头比标准对刀杆短了 10mm，其加工程序如下。

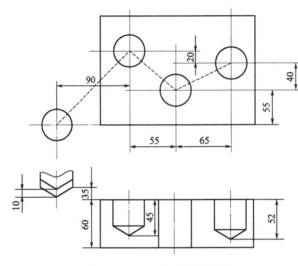

图 5-71　刀具长度补偿的使用

```
O5003；
N 10 G91 G00 X90 Y115 M03 S600；      增量编程，刀具快速移动，x 轴向 90，y 轴向 115，主轴正转，
                                      转速 600r/min
N020 G43 Z－32 H01；                   刀具下移 32mm，调用刀具长度正补偿 H01
N030 G01 Z－48 F100 M08；              z 向进刀 48mm，进给速度 100mm/min，切削液开
N040 G04 P2000；                       孔底暂停 2s
N050 G00 Z48；                         刀具抬起 48mm
N060 X55 Y－60；                       刀具快速定位，x 轴向 55，y 轴向－60
N070 G01 Z－68 F100；                  z 向进刀 68mm，进给速度 100mm/min
N080 G00 Z68；                         刀具抬起 68mm
N090 X65 Y40；                         刀具快速定位，x 轴向 65，y 轴向 40
N100 G01 Z－55 F100；                  z 向进刀 55mm，进给速度 100mm/min
N110 G04 P2000；                       孔底暂停 2s
N120 G00 Z55 H00；                     刀具抬起 55mm，取消刀具长度补偿
N130 X－210 Y－95；                    刀具返回起始点
N140 M05；                             主轴停转
N150 M30；                             程序停止
```

5.3.11 子程序（M98、M99）

5.3.11.1 子程序的概念

把程序中某些固定顺序和重复出现的程序单独抽出来，按一定格式编成一个单独程序，供主程序反复调用，这个程序就是常说的子程序，这样可以简化主程序的编制。子程序可以被主程序调用，同时子程序也可以调用另外一个子程序。

5.3.11.2 子程序的格式

O××××；
N100 __；
N110 __；
N120 __；
N130 __；
N140 M99；

在子程序的开头，继"O"之后规定子程序号，子程序号由4位数字组成，前几位的"0"可省略。M99为子程序结束指令，M99不一定要独立占用一个程序段，如G00X__ Y__ Z__ M99也可以。

5.3.11.3 子程序的调用

调用子程序的格式为：

M98 P×××× L××××；

其中，M98是调用子程序指令，地址P后面的4位数字为子程序号，地址L为重复调用次数，若调用次数为"1"可省略不写，系统允许调用次数为9999次。

主程序调用某一子程序需要在M98后面写上子程序号，此时要改子程序O××××为P××××。

5.3.11.4 子程序的执行过程

以下列程序为例说明子程序的执行过程。

主程序   子程序
O0001；   O1010；
N0010…；   N0020…；
N0020 M98 P1010 L2；   N0030…；
N0040 M98 P1010；   N0040…；
N0050   N0050 M99；
…

主程序执行到N0020时就调用执行O1010子程序，重复执行两次后，返回主程序，继续执行N0020后面的程序段，在N0040时再次调用O1010子程序一次，返回时又继续执行N0050及其后面程序。当一个子程序调用另一个子程序时，其执行过程同上。

5.3.11.5 子程序的特殊调用方法

（1）子程序中用P指令返回的地址

除子程序结束时用M99指令返回主程序中调用子程序的下段外，还可以在M99程序段中加入P××××，则子程序在返回时，将返回到主程序中顺序号为P××××程序段，如上例中把子程序中N0050程序段中的M99改成M99 P0010，则子程序结束时，便会自动返回到主程序N0010程序段，但这种情况只用于储存器工作方式而不能用于纸带方式。

（2）自动返回到程序头

如果在主程序（或子程序）中执行M99，则程序将返回到程序开头位置并继续执行后面的程序，这种情况下通常是写成/M99，以便在不需要重复执行时跳过程序段，也可以在主程序（或子程序）中插入/M99 P××××，其执行过程如前所述，还可以在使用M99的程序段前面写入/M02或/M30以结束程序的调用。

（3）用M99 La；强制改变子程序重复执行的次数

地址L中用a表示该子程序被调用的次数，它将强制改变主程序中对该子程序的调用次数，如主程序中用M98 P××××L99，执行该子程序时遇到/M99 L0，此时若任选程序开关为"OFF"位置，则重复执行次数将变成0次。

5.3.11.6 子程序编程举例

【例5-11】 如图5-72所示为在数控铣床上铣削四个直径为φ80mm的孔的走刀路线。已知底孔直径为φ76mm，使用φ20mm四刃立铣刀，切削速度为20m/min，进给量为0.1mm/齿。

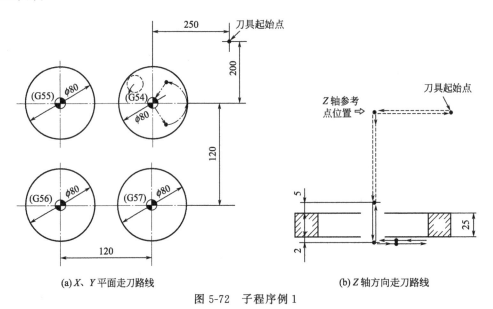

(a) X、Y平面走刀路线　　(b) Z轴方向走刀路线

图5-72　子程序例1

为了便于编程，建立如图5-72所示的G54～G57四个工件坐标系，编写的程序如下：

```
O010;                    (主程序号)
G17 G90 G40 G80 G49 G21; (G代码初始状态)
G00 G54 X0 Y0;           (G54坐标系设定,快速到达X0,Y0位置)
M03 S320;                (主轴正转,冷却液开)
G43 Z5.0 H01;            (刀具长度补偿,至安全高度)
M98 P101;                (调子程序0101,铣削孔)
G00 G55 X0 Y0;           (G55坐标系设定,快速到达X0,Y0位置)
```

```
M98 P101;                        (调子程序 O101，铣削孔)
G00 G56 X0 Y0;                   (G56 坐标系设定，快速到达 X0，Y0 位置)
M98 P101;                        (调子程序 O101，铣削孔 3)
G00 G57 X0 Y0;                   (G57 坐标系设定，快速到达 X0，Y0 位置)
M98 P101;                        (调子程序 O101，铣削孔 4)
G91 G28 Z0;                      (Z 轴回机床参考点)
G00 G54 X250.0 Y200.0;           (刀具返回起始点)
M30;                             (程序结束)

O101;                            (子程序号)
G01 Z−27.0 F1000;                (下刀至铣削深度)
G41 X15.0 Y−25.0 D11 F128;       (建立刀具半径补偿)
G03 X40.0 Y0 R25.0;              (圆弧进刀切入工件)
I−40.0;                          (铣 φ80 孔)
X15.0 Y25.0 R25.0;               (圆弧退刀切出工件)
G01 G40 X0 Y0;                   (撤销刀具半径补偿)
Z5.0 F1000;                      (刀具返回安全高度)
M99;                             (子程序结束)
```

【例 5-12】 在图 5-73 所示的零件上钻削 16 个 φ10mm 的孔，试应用子程序编写加工程序。

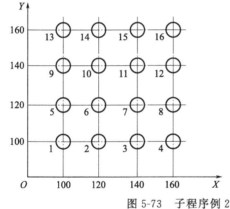
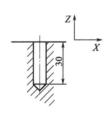

图 5-73 子程序例 2

程序如下。

```
O0001;                           (主程序号)
N01 G43 Z20 H01;                 (至起始面，刀具长度补偿)
N02 S300 M03;                    (启动主轴)
N03 G00 X100 Y100;               (定位到 1 号孔)
N04 M98 P1000;                   (调用子程序加工 1 号、2 号、3 号、4 号孔)
N05 G90 G00 X100 Y120;           (定位到 5 号孔)
N06 M98 P1000;                   (调用子程序加工 5 号、6 号、7 号、8 号孔)
N07 G90 G00 X100 Y140;           (定位到 9 号孔)
N08 M98 P1000;                   (调用子程序加工 9 号、10 号、11 号、12 号孔)
N09 G90 G00 X100 Y160;           (定位到 13 号孔)
N10 M98 P1000;                   (调用子程序加工 13 号、14 号、15 号、16 号孔)
N11 G90 G00 Z20 H00;             (撤销刀具长度补偿)
N12 X0 Y0;                       (返回程序原点)
N13 M02;                         (程序结束)

O1000;                           (子程序号)
```

N001 G99 G82 Z-35 R5 P2000 F100;   (钻1号孔，返回R平面)
N002 G91 X20 L3;   (钻2号、3号、4号孔，返回R平面)
N003 M99;   (子程序结束)

5.4 典型零件的镗铣加工工艺分析及编程

5.4.1 盖板零件镗铣加工工艺及编程

【例 5-13】 盖板加工表面主要是平面和孔，需经铣平面、钻孔、扩孔、镗孔、铰孔及攻螺纹等工步才能完成。下面以图 5-74 所示盖板为例介绍其加工中心加工工艺。

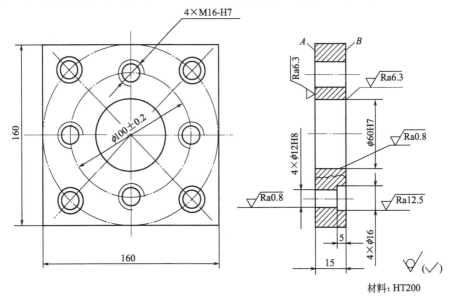

图 5-74 盖板零件简图

5.4.1.1 盖板零件加工工艺分析

（1）零件工艺分析

该盖板的材料为铸铁，毛坯为铸件。由图可知，盖板加工内容为平面、孔和螺纹且都集中在 A、B 面上，其四个侧面不需要加工，其中最高精度为 IT7 级。从定位和加工两个方面考虑，以 A 面为主要定位基准，并在前道工序中先加工好，选择 B 面及位于 B 面上的全部孔在加工中心上加工。

（2）选择加工中心

由于 B 面及位于 B 面上的全部孔，只需单工位加工即可完成，故选择立式加工中心。该零件加工内容只有粗铣、精铣、粗镗、半精镗、精镗、钻、扩、锪、铰及攻螺纹等工步，所需刀具不超过 20 把，故选用国产 XH714 型立式加工中心即可满足上述要求。该机床 X 轴行程为 600mm，Y 轴行程为 400mm，Z 轴行程为 400mm，工作台尺寸为 800mm×400mm，主轴端面至工作台台面距离为 125～525mm，定位精度和重复定位精度分别为 0.02mm 和 0.01mm，刀库容量为 18 把，工件一次装夹后可自动完成上述内容加工。

(3) 设计工艺

① 选择加工方法　B 面尺寸精度无要求但粗糙度 Ra 为 6.3μm，故采用粗铣→精铣方案；φ60H7 孔尺寸精度要求为 IT7 级，粗糙度为 Ra0.8μm，已铸出毛坯孔，故采用粗镗→半精镗→精镗方案；φ12H8 孔尺寸精度要求为 IT8 级，粗糙度为 Ra0.8μm，同时为防止钻偏，按钻中心孔→钻孔→扩孔→铰孔方案进行；φ16 孔在 φ12 孔基础上锪至尺寸即可；M16 螺纹孔在 M6 和 M20 之间，故采用先钻底孔后攻螺纹的加工方法，即按钻中心孔→钻底孔→倒角→攻螺纹方案加工。

② 确定加工顺序　按照先粗后精、先面后孔的原则及为了减少换刀次数不划分加工阶段来确定加工顺序。具体加工路线为：粗、精铣 B 面→粗、半精、精镗 φ60H7 孔→钻各光孔和螺纹孔的中心孔→钻、扩 4×φ12H8 孔→锪 4×φ16 孔→铰 4×φ12H8 孔→M16 螺孔钻底孔、倒角和攻螺纹，详见表 5-12。

③ 确定装夹方案和选择夹具　该盖板零件形状较简单、尺寸较小，四个侧面较光整，加工面与非加工面之间的位置精度要求不高，故可选通用台钳，以盖板底面 A 和两个侧面定位，用台钳钳口从侧面夹紧。

④ 选择刀具　根据加工内容，所需刀具有面铣刀、镗刀、中心钻、麻花钻、铰刀、立铣刀（锪 φ16 孔）及丝锥等，其规格根据加工尺寸选择。因 XH714 型加工中心的允许装刀直径：无相邻刀具为 φ150mm，有相邻刀具为 φ80mm，粗、精铣 B 面时无相邻刀具，可取最大值 φ150mm，但工件宽度为 160mm，一次不能铣削整个宽度，至少需两次走刀。一般来说，粗铣铣刀直径应选小一些，以减小切削力矩，但也不能太小，以免影响加工效率；精铣铣刀直径应选大一些，以减少接刀痕迹。考虑到两次走刀间的重叠量及减少刀具种类，经综合分析确定粗、精铣铣刀直径都选为 φ100mm。其他刀具根据孔径尺寸确定。刀柄柄部根据主轴锥孔和拉紧机构选择。XH714 型加工中心主轴锥孔为 ISO40，适用刀柄为 BT40（日本标准 JISB6339），故刀柄柄部应选择 BT40 型式。具体所选刀具及刀柄见表 5-13。

⑤ 确定进给路线　B 面的粗、精铣削加工进给路线根据铣刀直径确定，因所选铣刀直径为 φ100mm，故安排沿 X 方向两次进给（见图 5-75）。因为孔的位置精度要求不高，机床的定位精度完全能保证，所以所有孔加工进给路线均按最短路线确定，图 5-76~图 5-80 所示的即为各孔加工的进给路线。

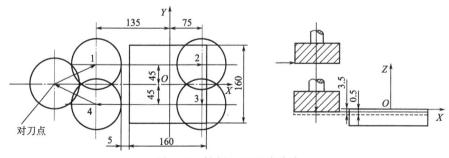

图 5-75　铣削 B 面进给路线

⑥ 选择切削用量　查表确定切削速度和进给量，然后计算出机床主轴转速和机床进给速度，见表 5-12。

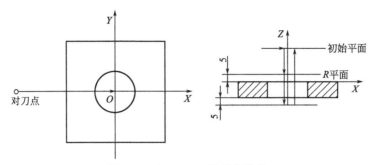

图 5-76 镗 φ60H7 孔进给路线

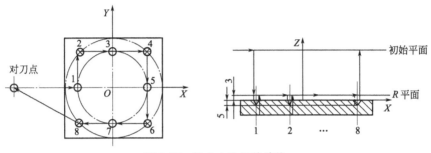

图 5-77 钻中心孔进给路线

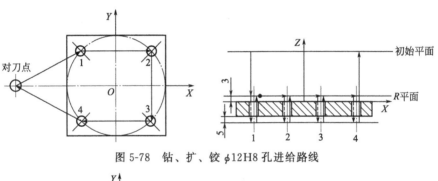

图 5-78 钻、扩、铰 φ12H8 孔进给路线

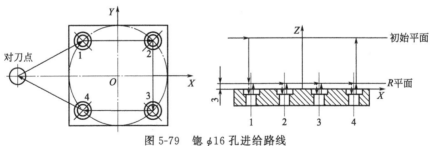

图 5-79 锪 φ16 孔进给路线

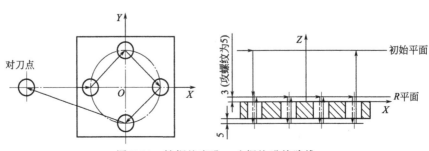

图 5-80 钻螺纹底孔、攻螺纹进给路线

表 5-12 数控加工工序卡

（工厂）	数控加工工序卡		产品名称或代号	零件名称	材料	零件图号
				盖板	HT200	
工序号	程序编号	夹具名称	夹具编号	使用设备		车间
		台钳		XH714		
工步号	工步内容		加工面	刀具号	刀具规格/mm	主轴转速/(r/min)	进给速度/(mm/min)	背吃刀量/mm	备注
1	粗铣 B 平面留余量 0.5mm			T01	φ100	300	70	3.5	
2	精铣 B 平面至尺寸			T13	φ100	350	50	0.5	
3	粗镗 φ60H7 孔至 φ58mm			T02	φ58	400	60		
4	半精镗 φ60H7 孔至 φ59.92mm			T03	φ59.92	450	50		
5	精镗 φ60H7 孔至尺寸			T04	φ60	500	40		
6	钻 4×φ12H8 及 4×M16mm 的中心孔			T05	φ3	1000	50		
7	钻 4×φ12H8 至 φ11mm			T06	φ11	600	60		
8	扩 4×φ12H8 至 φ11.85mm			T07	φ11.85	300	40		
9	锪 4×φ16mm 至尺寸			T08	φ16	150	30		
10	铰 4×φ12H8 至尺寸			T09	φ12	100	40		
11	钻 4×M16mm 底孔至 φ14mm			T10	φ14	450	60		
12	倒 4×M16mm 底孔端角			T11	φ18	300	40		
13	攻 4×M16mm 螺纹孔			T12	M16	100	200		
编制		审核		批准		共1页		第1页	

表 5-13 数控加工刀具卡片

产品名称或代号			零件名称	盖板	零件图号		程序编号	
工步号	刀具号	刀具名称	刀柄型号	刀具		补偿值/mm	备注
				直径/mm	长度/mm		
1	T01	面铣刀 φ100mm	BT40-XM32-75	φ100			
2	T13	面铣刀 φ100mm	BT40-XM32-75	φ100			
3	T02	镗刀 φ58mm	BT40-TQC50-180	φ58			
4	T03	镗刀 φ59.92mm	BT40-TQC50-180	φ59.92			
5	T04	镗刀 φ60mm	BT40-TW50-140	φ60			
6	T05	中心钻 φ3mm	BT40-Z10-45	φ3			
7	T06	麻花钻 φ11mm	BT40-M1-45	φ11			
8	T07	扩孔钻 φ11.85mm	BT40-M1-45	φ11.85			
9	T08	阶梯铣刀 φ16mm	BT40-MW2-55	φt6			
10	T09	铰刀 φ12mm	BT40-M1-45	φ12			
11	T10	麻花钻 φ14mm	BT40-M1-45	φ14			
12	T11	麻花钻 φ18mm	BT40-M2-50	φ18			
13	T12	机用丝锥 M16mm	BT40-G12-130	M16			
编制		审核		批准		共1页	第1页

5.4.1.2 盖板零件加工程序编制

```
O0111
G91 G28 Z0；
M06 T01；
G90 G54 G00 X0 Y0 M03 S300；
G43 H1 Z100.；
X-150.；
Z5.；
Z-3.5；
M98 P113 F70；
Z-4.；
M98 P113 S350 F50；
M05；
G91 G28 Z0；
M06 T02；
G90 G54 G00 X0 Y0 M03 S400；
G43 H2 Z100.；
G85 G98 X0 Y0 Z-20. R5. F60；
G80 G00 Z200.；
M05；
G91 G28 Z0；
M06 T03；
G90 G54 G00 X0 Y0 M03 S450；
G43 H3 Z100.；
G86 G98 X0 Y0 Z-20. R5. F50；
G80 G00 Z200.；
M05；
G91 G28 Z0；
M06 T04；
G90 G54 G00 X0 Y0 M03 S500；
G43 H4 Z100.；
G76 G98 X0 Y0 Z-20. R5. F40 P1000 Q0.2；
G80 G00 Z100.；
M05；
G91 G28 Z0；
M06 T05；
G90 G54 G00 X0 Y0 M03 S1000；
G90 G16；
G43 H5 Z100.；
G81 G99 X50. Y180. Z-5. R3. F50；
X80. Y135.；
X50. Y90.；
X80. Y45.；
X50. Y0；
X80. Y-45.；
X50. Y-90.；
X80. Y-135.；
G80 G15 G00 Z100.；
M05；
G91 G28 Z0；
```

M06 T6；
M03 S600；
G43 H6 Z100.；
G90 G54 G00 X0 Y0；
G91 G16；
G83 G99 X80. Y135. Z－20. R3. Q3. F60；
Y－90.；
Y－90.；
Y－90.；
G80 G15 Z100. G00；
M05；
G91 G28 Z0；
M06 T7；
M03 S300；
G43 H7 Z100.；
M98 P114 F40；
M05；
G91 G28 Z0；
M06 T8；
G90 G54 G00 X0 Y0 M03 S150；
G43 H08 Z100.；
G91 G16；
G82 G99 X80. Y135. Z－5. R3. P2000 F30；
Y－90.；
Y－90.；
Y－90.；
G80 G15 G00 Z100.；
M05；
G91 G28 Z0；
M06 T9；
M03 S100；
G43 H09 Z100.；
M98 P114 F40；
M05；
G91 G28 Z0；
M06 T10；
G90 G54 G00 X0 Y0 M03 S450；
G43 H10 Z100.；
G83 G99 X－50. Y0 Z－20. R3. F60 Q3.；
X0 Y50.；
X50. Y0；
X0 Y－50.；
G80 G00 Z100.；
M05；
G91 G28 Z0；
M06 T11；
G90 G00 G54 X0 Y0 M03 S300；
G43 H11 Z100.；
G82 G99 X－50. Z－3. R3. P1000 F40；
X0 Y50.；
X50. Y0；
X0 Y－50.；

```
G80 G00 Z100.;
M05;
G91 G28 Z0
M06 T12;
G90 G54 G00 X0 Y0 M03 S100;
G43 H12 Z100.;
G84 G99 X-50. Z-20. R3. P500 F200;
X0 Y50.;
X50. Y0;
X0 Y-50.;
G80 G00 Z100.;
M30;

O0113
G00 X-135. Y45.;
G01 X75.;
Y-45.;
X-135.;
G00 X-150. Y0;
Z100.;
M99;

O0114
G90 G54 G00 X0 Y0;
G91 G16;
G81 G99 X80. Y135. Z-20. R3.;
Y-90.;
Y-90.;
Y-90.;
G80 G15 G00 Z100.;
M99;
```

5.4.2 支承套零件的加工工艺及编程

【例5-14】 图5-81所示为升降台铣床的支承套,现分析其加工中心的加工工艺。

5.4.2.1 支承套零件加工工艺分析

(1) 零件工艺分析

支承套的材料为45钢,毛坯为棒料。支承套ϕ35H7孔对ϕ100f9外圆有位置精度要求;ϕ60孔底平面对ϕ35H7孔有跳动要求;2×ϕ15H7孔对端面C有平行度要求;端面C对ϕ100f9外圆有跳动要求。若在普通机床上加工,由于各加工面在不同方向上,需多次安装才能完成,这些位置精度要求不能保证且效率低;在加工中心上加工,只需一次安装即可完成。为便于在加工中心上定位和夹紧,将ϕ100f9外圆、$80^{+0.5}_{0}$尺寸两端面、$78^{0}_{-0.5}$尺寸上平面均安排在前面工序中由普通机床完成。2×ϕ15H7孔、ϕ35H7孔、ϕ60孔、2×ϕ11孔、2×ϕ17孔、2×M6-6H螺孔确定在加工中心上一次安装完成。

在B0°工位,采用G54指令,编程原点X0、Y0设在ϕ35H7孔中心上,Z0设在$80^{+0.5}_{0}$尺寸左面。

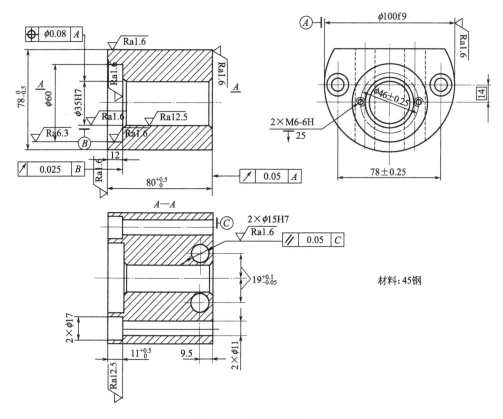

图 5-81 支承套简图

在 B90°工位,采用 G55 指令,编程原点 X0 设在 $80_{\ 0}^{+0.5}$ 尺寸左面,Y0 设在 ϕ35H7 孔中心上,Z0 设在 $78_{-0.5}^{\ 0}$ 尺寸上面。

(2) 选择加工中心

因加工表面位于支承套互相垂直的两个表面(左侧面及上平面)上,需要两工位加工才能完成,故选择卧式加工中心。加工内容有钻孔、扩孔、镗孔、锪孔、铰孔及攻螺纹等,所需刀具不超过 20 把。国产 XH754 型卧式加工中心可满足上述要求。该机床 X 轴行程为 500mm,Z 轴行程为 400mm,Y 轴行程为 400mm,工作台尺寸为 400mm×400mm,主轴中心线至工作台距离为 100~500mm,主轴端面至工作台中心线距离为 150~550mm,主轴锥孔为 ISO40,刀库容量 30 把,定位精度和重复定位精度分别为 0.02mm 和 0.01mm,工作台分度精度和重复分度精度分别为 7″和 4″。

(3) 设计工艺

① 选择加工方法 由于毛坯为棒料,因此所有孔都是在实体上加工。为防止钻偏,需先用中心钻钻引正孔,然后再钻孔。孔 ϕ35H7 及 2×ϕ15H7 选择铰削作其最终加工方法。对 ϕ60 的孔,根据孔径精度、孔深尺寸和孔底平面要求,用铣削方法同时完成孔壁和孔底平面的加工。各加工表面选择的加工方案如下:

2×ϕ15H7 孔　　　　钻中心孔→钻孔→扩孔→铰孔

ϕ35H7 孔　　　　　钻中心孔→钻孔→粗镗→半精镗→铰孔

φ60 孔　　　　　　　　粗铣→精铣

2×φ11 孔　　　　　　钻中心孔→钻孔

2×φ17 孔　　　　　　锪孔（在 φ11 底孔上）

2×M6-6H 螺孔　　　　钻中心孔→钻底孔→孔端倒角→攻螺纹

② 确定加工顺序　为减少变换工位的辅助时间和工作台分度误差的影响，各个工位上的加工表面在工作台一次分度下按先粗后精的原则加工完毕。具体的加工顺序是：

第一工位（B0°）：钻 φ35H7、2×φ11 中心孔→钻 φ35H7 孔→钻 2×φ11 孔→锪 2×φ17 孔→粗镗 φ35H7 孔→粗铣、精铣 φ60×12 孔→半精镗 φ35H7 孔→钻 2×M6-6H 螺纹中心孔→钻 2×M6-6H 螺纹底孔→2×M6-6H 螺纹孔端倒角→攻 2×M6-6H 螺纹→铰 φ35H7 孔；

第二工位（B90°）：钻 2×φ15H7 中心孔→钻 2×φ15H7 孔→扩 2×φ15H7 孔→铰 2×φ15H7 孔。详见表 5-14 数控加工工序卡片。

③ 确定装夹方案和选择夹具　首先按照基准重合原则考虑选择定位基准。由于 φ35H7 孔、φ60 孔、2×φ11 孔及 2×φ17 孔的设计基准均为 φ100f9 外圆中心线，所以选择 φ100f9 外圆中心线为主要定位基准。因 φ100f9 外圆不是整圆，故用 V 形块做定位元件。支承套长度方向的定位基准，若选右端面定位，对 φ17 孔深尺寸 $11^{+0.5}_{0}$ 存在基准不重合误差，精度不能保证（因工序尺寸 $80^{+0.5}_{0}$ 的公差为 0.5mm），故选左端面定位。工件的装夹简图如图 5-82 所示。在装夹时应使工件上平面在夹具中保持垂直，以消除转动自由度。

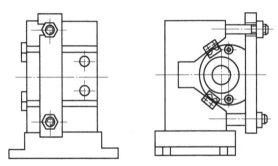

图 5-82　支承套装夹示意图

④ 选择刀具　各工步刀具直径根据加工余量和孔径确定，详见表 5-15 数控加工刀具卡片。刀具长度与工件在机床工作台上的装夹位置有关，在装夹位置确定之后，再计算刀具长度，这里只计算 φ35H7 孔钻孔刀具的长度。为减小刀具的悬伸长度，将工件装夹在工作台中心线与机床主轴之间，因此，刀具的长度用公式 $T_L > A - B - N + L + Z_0 + T_t$ 和公式 $T_L < A - N$ 计算，计算式中

T_L——刀具长度；

A——主轴端面至工作台中心最大距离；

B——主轴在 Z 向的最大行程；

N——加工表面距工作台中心距离；

L——工件的加工深度尺寸；

T_t——钻头尖端锥度部分长度，一般 $T_t = 0.3d$（d 为钻头直径）；

Z_0——刀具切出工件长度（已加工表面取 2～5mm，毛坯表面取 5～8mm）。

$A=550$mm，$B=150$mm，$N=180$mm，$L=80$mm

$Z_0=3$mm，$T_t=0.3d=0.3\times31$mm$=9.3$mm

所以：

$$T_L>(550-150-180+80+3+9.3)\text{mm}\approx 312\text{mm}$$

$$T_L<(550-180)\text{mm}=370\text{mm}$$

取 $T_L=330$mm。其余刀具的长度参照上述算法可一一确定，见表 5-15。

⑤ 选择切削用量　在机床说明书允许的切削用量范围内查表选取切削速度和进给量，然后算出主轴转速和进给速度，其值见表 5-14。

表 5-14　数控加工工序卡片

（工厂）	数控加工工序卡		产品名称或代号	零件名称		材料	零件图号	
				支承套		45钢		
工序号	程序编号	夹具名称	夹具编号	使用设备				
		专用夹具		XH754				
工步号	工步内容		加工面	刀具号	刀具规格/mm	主轴转速/(r/min)	进给速度/(mm/min)	背吃刀量/mm	备注
	B0°								
1	钻 φ35H7 孔、2×φ17×11 孔中心孔			T01	φ3	1200	40		
2	钻 φ35H7 孔至 φ31			T02	φ31	150	30		
3	钻 φ11 孔			T03	φ11	500	70		
4	锪 2×φ17 沉孔			T04	φ17	150	15		
5	粗镗 φ35H7 孔至 φ34			T05	φ34	400	30		
6	粗铣 φ60×12 至 φ59×11.5			T06	φ32T	500	70		
7	精铣 φ60×12 至尺寸			T06	φ32T	600	45		
8	半精镗 φ35H7 孔至 φ34.9			T07	φ34.9	450	35		
9	钻 2×M6-6H 螺纹中心孔			T01	φ3	1200	40		
10	钻 2×M6-6H 底孔至 φ5			T08	φ5	650	35		
11	2×M6-6H 孔端倒角			T03	φ11	500	20		
12	攻 2×M6-6H 螺纹			T09	M6	100	100		
13	铰 φ35H7 孔至尺寸			T10	φ35AH7	100	50		
	B90°								
14	钻 2×φ15H7 孔中心孔			T01	φ3	1200	40		
15	钻 2×φ15H7 孔至 φ14			T11	φ14	450	60		
16	扩 2×φ15H7 孔至 φ14.85			T12	φ14.85	200	40		
17	铰 2×φ15H7 孔至尺寸			T13	φ15AH7	100	60		
编制		审核		批准			共1页	第1页	

表 5-15 数控加工刀具卡片

产品名称或代号			零件名称	支承套	零件图号		程序编号		
工步号	刀具号	刀具名称	刀柄型号		刀具		补偿值/mm	备注	
				直径/mm	长度/mm				
1	T01	中心钻 $\phi 3$	JT40-Z6-45		$\phi 3$	280			
2	T02	锥柄麻花钻 $\phi 31$	JT40-M3-75		$\phi 31$	330			
3	T03	锥柄麻花钻 $\phi 11$	JT40-M1-35		$\phi 11$	330			
4	T04	锥柄埋头钻 $\phi 17 \times 11$	JT40-M2-50		$\phi 17$	300			
5	T05	粗镗刀 $\phi 34$	JT40-TQC30-165		$\phi 34$	320			
6	T06	立铣刀 $\phi 32T$	JT40-MW4-85		$\phi 32T$	300			
7	T06	立铣刀 $\phi 32T$	JT40-MW4-85		$\phi 32T$	300			
8	T07	镗刀 $\phi 34.85$	JT40-TZC30-165		$\phi 34.85$	320			
9	T01	中心钻 $\phi 3$	JT40-Z6-45		$\phi 3$	280			
10	T08	直柄麻花钻 $\phi 5$	JT40-Z6-45		$\phi 5$	300			
11	T03	锥柄麻花钻 $\phi 11$	JT40-M1-35		$\phi 11$	330			
12	T09	机用丝锥 M6	JT40-G1JT3		M6	280			
13	T10	套式铰刀 $\phi 35AH7$	JT40-K19-140		$\phi 35AH7$	330			
14	T01	中心钻 $\phi 3$	JT40-Z6-45		$\phi 3$	280			
15	T11	锥柄麻花钻 $\phi 14$	JT40-M1-35		$\phi 14$	320			
16	T12	扩孔钻 $\phi 14.85$	JT40-M2-50		$\phi 14.85$	320			
17	T13	铰刀 $\phi 15AH7$	JT40-M2-50		$\phi 15AH7$	320			
编制			审核		批准			共1页	第1页

5.4.2.2 支承套零件加工程序编制

```
O0121
G91 G28 Z0;
M06 T1;
G90 G54 G00 X0 Y0 M03 S1200;
G43 H1 Z100.;
G81 G99 X0 Y0 Z-5. R3. F40;
X-39. Y14.;
X39. Y14.;
G80 G00 Z100.;
M05;
M06 T2;
G90 G00 G54 X0 Y0 M03 S150;
G43 H2 Z100.;
G83 G99 X0 Y0 Z-85. R3. Q3. F30;
G80 G00 Z100.;
M05;
M06 T3;
G90 G54 G00 X0 Y0 M03 S500;
```

G83 G99 X－39. Y14. Z－85. R3. Q3. F70；
X39. Y14. ；
G80 G00 Z100. ；
M05；
M06 T4；
G90 G54 G00 X0 Y0 M03 S150；
G43 H4 Z100. ；
G82 G99 X－39. Y14. Z－85. Q3. R3. F15 P3000；
X39. Y14. ；
G80 G00 Z100. ；
M05；
M06 T5；
G90 G54 G00 X0 Y0 M03 S400；
G43 H5 Z100. ；
G85 G99 X0 Y0 Z－85. R3. F30；
G80 G00 Z100. ；
M05；
M06 T6；
G90 G54 G00 X0 Y0 M03 S500；
G43 H6 Z100. ；
M98 P122 D01 F70；
G10 G91 L10 P6 R－0.5；
G43 H1 Z100；
G98 P122 D02 F45；
M05；
M06 T7；
G90 G54 G00 X0 Y0 M03 S450；
G43 H07 Z100. ；
G99 G86 X0 Y0 Z－85. R3. F35；
G80 G00 Z100. ；
M05；
M06 T1；
G90 G54 G00 X0 Y0 M03 S1200；
G43 H01 Z100. ；
G99 G81 X23. Y0 Z－5. R－9. F40；
X－23. Y0；
G80 G00 Z100. ；
M05；
M06 T8；
G90 G54 G00 X0 Y0 M03 S650；
G43 H08 Z100. ；
G99 G83 X23. Y0 Z－30. R－9. Q3. F35；
X－23. Y0；
G80 G00 Z100. ；
M05；
M06 T3；
G90 G54 G00 X0 Y0 M03 S500；
G43 H03 Z100. ；
G99 G82 X23. Y0 Z－15. R－9. P1000 F20；
X－23. Y0；

G80 G00 Z100.;
M05;
M06 T9;
G90 G54 G00 X0 Y0 M03 S100;
G43 H09 Z100.;
G99 G84 X23. Y0 Z−25. R−9. P1000 F100;
X−23. Y0;
G80 G00 Z100.;
M05;
M06 T10;
G90 G54 G00 X0 Y0 M03 S100;
G43 H10 Z100.;
G99 G81 X0 Y0 Z−85. R3. F50;
G80 G00 Z100.;
M05;
G00 B−90;
M06 T1;
G90 G55 G00 X0 Y0 M03 S1200;
G43 H01 Z100.;
G99 G81 X70.5 Y19. Z−5. R3. F40;
X70.5 Y−19.;
G80 G00 Z100.;
M05;
M06 T11;
G90 G55 G00 X0 Y0 M03 S450;
G43 H11 Z100.;
G99 G83 X70.5 Y19. Z−85. R3. Q3. F60;
X70.5 Y−19.;
G80 G00 Z100.;
M05;
M06 T12;
G90 G55 G00 X0 Y0 M03 S200;
G43 H12 Z100.;
G99 G81 X70.5 Y19. Z−85. R3. F40;
X70.5 Y−19.;
G80 G00 Z100.;
M05;
M06 T13;
G90 G55 G00 X0 Y0 M03 S100;
G43 H13 Z100.;
G99 G81 X70.5 Y19. Z−85. R3. F60;
X70.5 Y−19.;
G80 G00 Z100.;
M05;
M30;

O0122
G90 G54 G00 X0 Y0;
Z5.;
G01 Z−11.5;
G41 G01 X25. Y−5.;

```
G03 X30. Y0 R5.;
G03 I—30.;
G03 X25. Y5. R5.;
G00 G40 Z100.;
M99;
```

本章小结

数控铣削加工工艺以普通铣床的加工工艺为基础，结合数控铣床的特点，综合用多方面的知识解决数控铣床加工过程中面临的问题，其内容包括金属切削原理与刀具、加工工艺、典型零件加工及工艺分析等方面的基础知识和基本理论。数控铣削加工的工艺设计关键在于合理安排工艺路线，协调数控铣削工序与其他工序之间的关系，确定数控铣削工序的内容和步骤，并为程序编制准备必要的条件。

习 题

1. 简述数控铣床的加工对象。
2. 简述数控铣床定位基准的选择原则。
3. 在数控铣床上如何选择夹具？选择夹具的顺序是什么？
4. 简述加工方法的选择原则。
5. 拟定加工路线的原则有哪些？
6. 加工余量怎样确定？
7. 影响加工余量的因素有哪些？
8. 数控加工工艺主要包括哪些内容？

6 西门子系统车削编程

6.1 西门子 808 系统简介

西门子 808D（SINUMERIK 808D）系统是一款经济型数控系统，可为车削和铣削应用实现完美的预先配置。其应用范围涵盖了标准型铣床和加工中心、循环控制车床以及全自动数控车床、高性能普及型车床等。该系统开放度高、功能较强大，除兼容 ISO 标准代码编程外，该系统还可通过图形和交互方式进行编程。西门子 808 系统在经济型数控机床中有较高的竞争力。

6.1.1 西门子 808D 界面

6.1.1.1 西门子 808D 数控单元（以下简称为 PPU 键盘）

PPU 键盘用于向 CNC 输入数据以及导航至系统的操作区域。

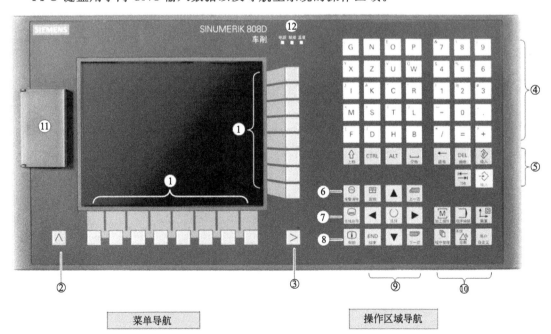

图 6-1 西门子 808D 系统操作面板（PPU）

菜单导航键：808D（PPU）屏幕下方及右侧分别有 8 个水平排列和垂直排列的软键，由其对应位置的按键功能激活，见图 6-1。

操作区域导航键：在 808D（PPU）右侧下部功能区域，包括光标移动、翻页、帮助、程序管理、加工操作、程序编辑、系统诊断等功能。

PPU 键盘功能和组合键功能见表 6-1、表 6-2。

表 6-1　PPU 键盘功能

序号	按键	说明
①		垂直及水平软键 调用特定菜单功能
②	∧	返回键 返回上一级菜单
③	>	菜单扩展键 未分配功能给该按键（预留使用）
④	K … Z 0 … 9	字母键和数字键 使用这些按键来输入字符或数控系统指令； 按住＜上档＞键，同时按下字母键或数字键可以输入该键上部的字符
⑤	控制键	
	⇧ 上档	上档键
	CTRL	控制键
	ALT	换档键
	空格	空格键
	← 退格	退格键 删除光标左侧的字符
	DEL 删除	删除键 删除选中的文件或字符
	插入	插入键
	TAB	制表键 ・光标缩进几个字符 ・在输入字段和选中程序名之间切换
	输入	输入键 ・确认输入的值 ・打开目录或程序

续表

序号	按键	说明
⑥	报警清除	报警清除键 清除用该符号标记的报警和提示信息
⑦	在线向导	在线向导键 打开向导基本画面
⑧	帮助	帮助键 调用选中窗口、报警、提示信息、机床数据、设定数据或者最终用户向导的上下文关联帮助
⑨	光标键	
	▲ ◄ ► ▼	光标移动 上/下/左/右键
	起始	起始键 未分配功能给该按键,预留使用
	END 结束	结束键 移动光标至一行的末尾
	上一页	上一页键 在菜单屏幕上向上翻页
	下一页	下一页键 在菜单屏幕上向下翻页
	选择	选择键 ·在输入区之间切换 ·在数控系统启动时打开"调试菜单"对话框
⑩	操作区域键	
	M 加工操作	打开"加工操作"操作区
	程序编辑	打开"程序"操作区
	偏置	打开"偏置"操作区
	程序管理	打开"程序管理器"操作区
	系统 诊断	按下该按键打开"诊断"操作区 按住＜上档＞键,同时按下该键打开"系统"操作区
	用户 自定义	确保用户能够进行扩展应用,例如,能够使用 EasyXLanguage 功能创建用户对话框 关于该功能的详细信息,请参见 SINUMERIK 808D 功能手册

续表

序号	按键	说明
⑪	USB 接口	连接至 USB 设备 举例： • 连接至外部 USB 存储器，在 USB 存储器和数控系统之间传输数据 • 连接至外部 USB 键盘，作为外部数控系统键盘使用
⑫	电源 就绪 温度	LED"电源" 绿色灯亮：数控系统处于上电状态 LED"就绪" 绿色灯亮：数控系统已就绪可以进行操作 LED"温度" 未亮灯：数控系统温度在特定范围内 橙色灯亮：数控系统温度超出范围

表 6-2 PPU 键盘组合键功能

组合键	说明
\<ALT\>+\<X\>	打开"加工操作"操作区
\<ALT\>+\<V\>	打开"程序"操作区
\<ALT\>+\<C\>	打开"偏置"操作区
\<ALT\>+\<B\>	打开"程序管理器"操作区
\<ALT\>+\<M\>	打开"诊断"操作区
\<ALT\>+\<N\> \<上档\>+ 系统/诊断	打开"系统"操作区
\<ALT\>+\<H\>	调用在线帮助系统
\<ALT\>+\<L\>	可以输入小写字母
\<ALT\>+\<S\>	仅在用户界面语言为中文时使用 调用中文字符的输入法编辑器
\<=\>	调用小型计算器 请注意此功能在 MDA 模式下不适用
\<CTRL\>+\<B\>	在程序段中选择文本
\<CTRL\>+\<C\>	复制所选择的文本
\<CTRL\>+\<D\>	在屏幕上显示预先定义的页面
\<CTRL\>+\<P\>	截屏
\<CTRL\>+\<R\>	重新启动 HMI
\<CTRL\>+\<S\>	保存启动文档

6.1.1.2 西门子 808D 机床控制面板（以下简称为 MCP 键盘）

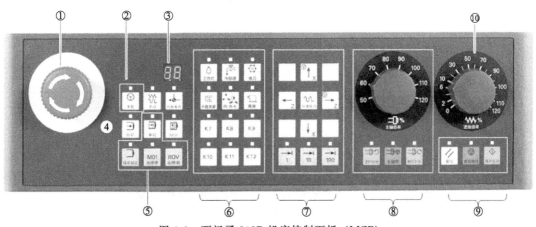

图 6-2 西门子 808D 机床控制面板（MCP）

表 6-3 MCP 键盘功能

序号	按键或开关	说明
①	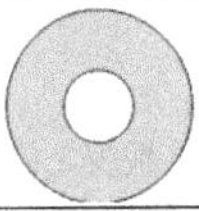 (急停按钮图示)	急停按钮 立即停止所有机床运行
②	 手轮	手轮键(带 LED 状态指示灯) 用外部手轮控制轴运行
③	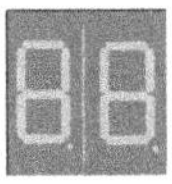 88	刀具数量显示 显示当前刀具数量
④	操作模式键(都带 LED 状态指示灯)用于选择机床的操作模式,通过图示按键可以完成手动、MDA、自动等操作模式转换	
	 手动	操作模式"手动"
	 回参考点	操作模式"回参考点"
	 自动	操作模式"自动"
	 MDA	操作模式"MDA" 手动程序输入,自动运行
⑤	程序控制键(都带 LED 状态指示灯)用于控制程序的运行状态	
	 程序测试	程序测试键 禁用设定值到轴和主轴的输出,数控系统仅模拟轴运行来验证程序的正确性
	 M01 选择停	选择停键 在每个编程了 M01 功能的程序段处停止程序
	 ROV G0修调	G0 修调键 调整轴进给倍率
	 单段	单段键 激活单程序段执行模式
⑥	用户定义键(都带 LED 状态指示灯)用于控制机床辅助功能,通过图示按键可以激活这些功能	
	 工作灯	工作灯控制键 在任何操作模式下按该键可以开关灯光 LED 亮:灯光开 LED 灭:灯光关
	 冷却液	冷却液控制键 在任何操作模式下按该键可以开关冷却液供应 LED 亮:冷却液供应开 LED 灭:冷却液供应关

续表

序号	按键或开关	说明
⑥	 换刀	换刀键(仅在 JOG 模式有效) 按下该键开始按顺序换刀 LED 亮:机床开始按顺序换刀 LED 灭:机床停止按顺序换刀
	 卡盘夹紧	夹具夹紧状态键 在任何操作模式下按该键可以激活夹具夹紧/松开工件 LED 亮:激活夹具夹紧工件 LED 灭:激活夹具松开工件
	 内/外卡	内部/外部夹紧键 仅在主轴停止运行时按下该键 LED 亮:激活外部夹具向内夹紧工件 LED 灭:激活内部夹具向外夹紧工件
	 尾座	尾座键 在任何操作模式下按该键可以移入/退回尾架 LED 亮:向工件方向移入尾架直到稳定接合工件末端
	K7 ... K12	用户定义键
⑦	轴运行键,用于控制轴的手动操作,通过图示按键来移动机床刀架	
	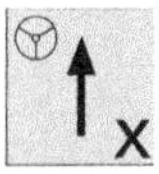 X↑	X 轴键 向正方向运行 X 轴
	 X↓	X 轴键 向负方向运行 X 轴
	 ←Z	Z 轴键 向负方向运行 Z 轴
	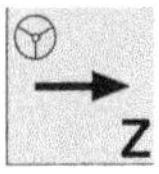 Z→	Z 轴键 向正方向运行 Z 轴
	 快速移动	快速运行覆盖键 按下该键同时按下相应的轴按键可以使该轴快速运行
		无效按键,未分配功能给该按键
	   1 10 100	增量进给键(带 LED 状态指示灯) 设置需要的轴运行增量
⑧	主轴控制键	
	 逆时针转	主轴开始逆时针转动
	 主轴停	停止主轴

续表

序号	按键或开关	说明
⑧	 顺时针转	主轴开始顺时针转动
	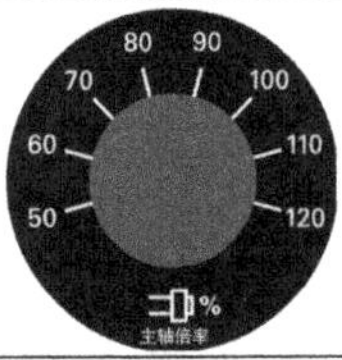 主轴倍率	主轴倍率开关 使主轴按照特定速度倍率转动
⑨	程序状态键	
	 进给保持	进给保持键 停止执行数控系统程序
	 循环启动	循环启动键 开始执行数控系统程序
	 复位	复位键 ＊复位数控系统程序 ＊清除符合清除条件的报警
⑩	 进给倍率	进给倍率开关 以特定进给倍率运行选中的轴

6.1.2 西门子 808D 基本操作

（1）配置（创建）刀具

配置刀具是西门子系统能够正常编程、操作的重要环节。

西门子 808 系统可创建的刀具号范围为 1～32000，机床上最多可带载 64 个刀具/刀沿。

第 1 步：确认此时系统已处于"手动"模式下。

按 PPU 操作区域导航上的  偏置 键，按 PPU 屏幕下方菜单导航上的  刀具列表 软键该键变成蓝色  刀具列表，再按屏幕右侧  新建刀具 软键，出现我们要选择的刀具类型 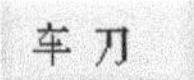 车刀、切槽刀、钻头、丝锥，见图 6-3。

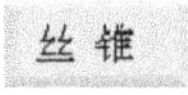

第 2 步：按下相应的刀具类型（车刀）。

在"刀具号"中输入数值"1"，在"刀沿位置"中输入数值"3"（"刀沿位置"选择的正确性直接决定刀具补偿的正确性），见图 6-4。

按 PPU 上的  确认 软键（此时相当于选中了 1 号刀为正偏刀），见图 6-5。

根据不同的需要选择输入"半径"或"刀尖宽度"，按 PPU 上的  输入 键。

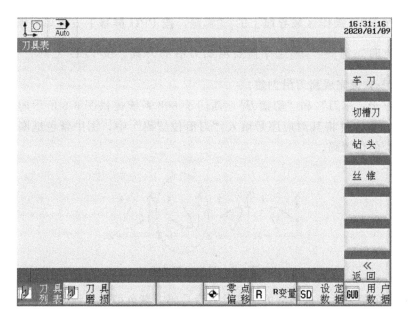

图 6-3 新建刀具画面

图 6-4 新建车刀

图 6-5 刀具表

（2）创建刀沿

正确选择刀沿位置码的原则：根据实际刀尖所指方向选择相应的刀沿位置码。每把刀具最多可建立 9 个刀沿，可根据需要在不同的刀沿中存入不同的刀具长度及半径数据，用户根据需要选择正确的刀沿进行编程操作（如 T1D1、T1D2、T1D3……）。

第1步：按PPU操作区域导航上的 键，按PPU屏幕下方菜单导航上的 软键，使用＜方向＞键 ▼ ▲ 选中需要增加刀沿的刀具。按PPU上的 软键，按PPU上的 软键完成新刀沿创建。

第2步：对于"车刀"和"切槽刀"，西门子808系统提供图6-6所示的4种刀尖位置选择（1～4号位置）并将其对应序号填入"刀沿位置码"中，图中紫色框圈出的红色坐标表示"正偏刀"的位置码。

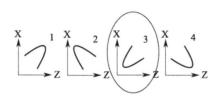

图6-6 刀尖位置选择

图6-7中红色框显示当前激活的刀具及刀沿号码，紫色框显示该刀具下建立了几个刀沿以及每个刀沿中的相关存储数值。

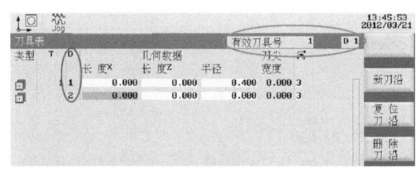

图6-7 新建刀沿

（3）装载刀具并激活相应刀沿位

① 按PPU上的 键，按MCP上的 键，按PPU上的 软键，将"T"中的刀具号数值设为"1、2、3、4……"，将"D"中的刀沿号数值设为"1、2……9"所要加载的刀沿号，按PPU上的 键，见图6-8。

② 按MCP上的 键，按PPU上的 软键完成刀具激活，见图6-9。

（4）测量刀具（对刀操作）

测量刀具前必须要先将刀具创建并装载。

① 测量长度：Z。

按PPU上的 键，按MCP上的 键，按PPU上的 软键，按PPU上 软键，使用MCP上的 键，选择合适的增量倍率，将刀具移动至工件端面，在

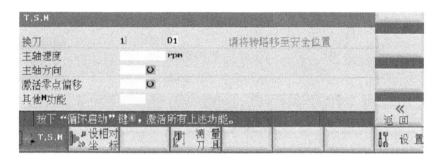

图 6-8 加载刀具

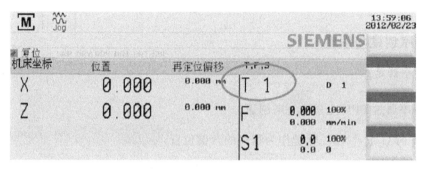

图 6-9 激活刀具

"Z_0"中输入数值"0"（这个值表示刀尖与零点间的距离），按下 [输入]。按 PPU 上的 [设置长度Z] 软键，完成 Z 轴对刀操作，见图 6-10。

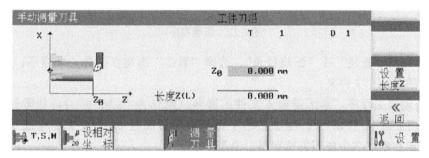

图 6-10 Z 轴对刀操作

② 测量长度：X。

按 PPU 上 [测量X] 软键，使用 MCP 上的 [手轮] 键，选择合适的增量倍率，移动刀具车削一段毛坯外圆，并沿+Z 方向退出工件，测量被切削部位外圆直径，在"Φ"中输入数值"50"（这里输入的就是被切削部位外圆直径），按下 [输入]。按 PPU 上 [设置长度X] 软键，按 PPU 上的 [返回] 软键完成 X 轴对刀操作，见图 6-11。

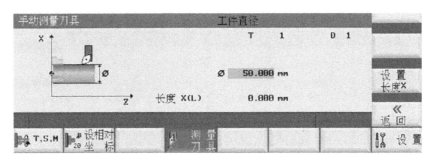

图 6-11 X 轴对刀操作

6.2 西门子 808D 程序管理

6.2.1 程序创建与编辑

(1) 程序创建

① 新程序通过 PPU 上的 程序管理 来创建。

② 选择 PPU 上"NC"软键作为程序的存储位置 。

③ 可使用 PPU 上屏幕右侧的 新建 软键来创建一个新程序，见图 6-12。

图 6-12 新建程序

④ 可以选择"新建"或"新建目录"，选择"新建"所建立的是一个程序，选择"新建目录"建立的是一个文件夹。

⑤ 如需创建主程序，则无需输入文件扩展名（默认为".MPF"），如需创建子程序，必须输入文件扩展名".SPF"。程序名的字符长度不可超过 24 个英文字符或 12 个中文字符。建议不要在程序名中使用特殊字符。见图 6-13。

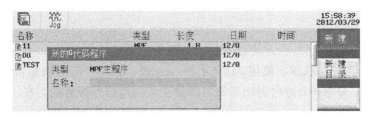

图 6-13 输入程序名

(2) 程序编辑

零件程序或零件程序一部分在执行过程中不可编辑，对零件程序所做的任何修改均立即被储存。

① 编辑零件程序的操作步骤

a. 按下 PPU 上的 ![程序管理]，NC 程序列表窗口将会打开，见图 6-14。

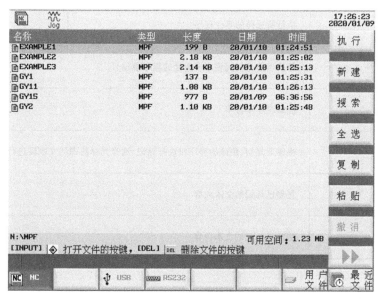

图 6-14　程序列表

b. 选择要编辑的程序并按下＜输入＞ ![输入] 来打开文件，零件程序编辑器窗口打开。

c. 在该窗口中编辑程序段，任何程序修改均被自动储存。

d. 要对某个程序段重编号，请按下"重编号"软键 ![重编号] 。

e. 要删除文本段，请按下＜退格＞ ![退格] 或＜删除＞ ![DEL 删除] 。

② 程序编辑界面下主屏幕上的软键功能（表 6-4）

表 6-4　编辑软键功能

软键名称		功能
编辑	![编辑]	编辑程序文本，可添加、替换、删除程序文本
轮廓	![轮廓]	创建简单和复杂的零件轮廓轨迹图形，并由图形自动生成轨迹代码
钻孔	![钻孔]	进入钻削循环对话界面
车削	![车削]	进入车削循环界面
G 代码激活	![激活]	激活 G 代码附属输入功能
模拟	![模拟]	执行仿真来检查刀具是否在正确路径上移动

续表

软键名称		功能
重新编译	重新编译 	将光标移至所需修改的循环指令,按下此键解码循环名称并修改该循环相关参数
执行	执行 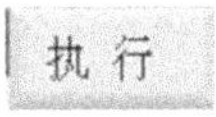	执行所选择的零件程序
重编号	重编号 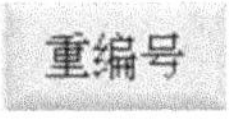	替换当前光标到程序末端处的程序段编号
搜索 	搜索	搜索程序字符串
标记	标记 	将需要复制、删除的程序段进行标记,选择光标前面的文本段进行后续操作
复制 	复制	复制已标记的文本内容
粘贴	粘贴 	粘贴已标记的文本内容

6.2.2 编程基础知识

6.2.2.1 程序名称

① 如用户界面语言为英语,则程序名仅使用英文字母或数字;如用户界面语言为中文,则程序名可以使用中文、字母或数字。

② 不建议在程序名的首个字符使用特殊字符,且仅使用小数点来隔开子程序名的文件扩展名。

③ 在新建主程序时,无需输入文件扩展名".MPF",如需创建子程序,必须输入文件扩展名".SPF"。

④ 程序名最多使用 24 个英文字符或 12 个中文字符。

6.2.2.2 程序结构

数控系统程序由一系列的程序段组成（见表 6-5）,每个程序块代表一个加工步骤,以字的形式将指令写入程序块,执行顺序中的最后一个程序段包含程序结束的一个特殊字。

① 程序段应包含执行加工步骤需要的所有数据。通常,一个块由多个字组成,始终带有程序段结束字符"LF"（换行）。写入时,按下换行键或<INPUT>键,将自动生成该字符。

② 如果一个程序段中有多个指令,建议使用以下顺序：

N… G… X… Z… F… S… T… D… M… H…

③ 跳过程序段。

可以通过程序段号前面的斜杠"/"标记每个程序运行时不执行的程序段。通过操作（程序控制"SKP"）或提供给可编程控制器（信号）激活程序段跳过。如果连续多个程序段前都以"/"标记,则它们都将被跳过。程序从下一个程序段（不带"/"标记）开始继续执行。

④ 注释,备注。

可以使用注释(备注)解释程序段中的指令。注释以符号";"开始,以程序段末尾结束。在当前程序段显示中,注释与剩余程序段的内容一起显示。

表 6-5 数控系统程序结构的示例

程序内容	程序注释
N10 G71G18G54G90	
N20 T1D1	1号刀1号刀沿
N30 M3S600	主轴正转,600r/min
N40 G0X200Z100	快速移动到换刀点
N50CYCLE95("KD5:KD5_E",1.00000, , ,0.20000,0.15000,0.10000,0.10000,1, , ,0.50000)	毛坯切削循环(粗加工)
N60 G0X200Z100	快速移动到换刀点
/N70 M5	主轴停(此程序段可跳过)
/N80 M0	程序暂停(此程序段可跳过)
/N90 T1D1	一号刀一号刀沿(此程序段可跳过)
N100 G96S100M3LIMS=1500	恒线速切削,限制主轴最高转速1500r/min
N110CYCLE95("KD5:KD5_E",1.00000, , ,0.20000,0.15000,0.10000,0.10000,5, , ,0.50000)	毛坯切削循环(精加工)
N120 G0X200Z100	快速移动到换刀点
N130 G97M3S500	恢复恒转速切削
N140 M30	程序结束

⑤ 常用指令见表6-6。

表 6-6 常用指令

地址	含义	说明	编程
D	刀具补偿号0~9,仅整数,没有符号	包含特别刀具T…的补偿数据;D0->补偿值=0,一个刀具最多9个D数字	D…
F	进给率 0.001~99999.999	刀具/工件的轨迹速度;单位为mm/min或mm/r 取决于G94或G95	F…
F	停留时间(带有G4的程序段) 0.001~99999.999	停留时间,单位为s	G4 F…;单独程序段
F	螺距变化(包含G34、G35的程序段)0.001~99999.999	单位为mm/r	参见G34、G35
G0	快速移动直线插补	运行指令	G0 X… Z…
G1*	进给率的直线插补	(插补类型)	G1 X… Z… F…
G2	顺时针圆弧插补		G2 X… Z… I… K… F…;圆心和终点 G2 X… Z… CR=… F…;半径和终点 G2 AR=… I… K… F…;张角和圆心 G2 AR=… X… Z… F…;张角和终点

续表

地址	含义	说明	编程
G3	逆时针圆弧插补		G3 …;项目内容和 G2 相同
G33	恒螺距螺纹插补	模态有效	恒定螺距 G33 Z… K… SF=…; 圆柱螺纹 G33 X… I… SF=…; 横向螺纹 G33 Z… X… K… SF=…; 圆锥螺纹,Z 轴上的轨迹大于 X 轴上的轨迹 G33 Z… X… I… SF=…; 圆锥螺纹,X 轴上的轨迹大于 Z 轴上的轨迹
G34	螺纹切削,螺距增加		G33 Z… K… SF=…; 圆柱螺纹,恒定螺距 G34 Z… K… F0.17; 螺距增加;0.17mm/r
G35	螺纹切削,螺距减少		G33 Z… K… SF=…; 圆柱螺纹 G35 Z… K… F0.16; 螺距减少;0.16mm/r
G4	暂停时间	特殊运动,停留时间(非模态)	G4 F…; 单独程序段,F:时间以 s 为单位 或 G4 S…; 单独程序段,S:以主轴转数为单位
G74	回参考点		G74 X1=0 Z1=0; 单独程序段
G75	返回固定点		G75 X1=0 Z1=0; 单独程序段
G17	X/Y 平面	平面选择	
G18*	Z/X 平面(标准车削)		
G19	Y/Z 平面		
G40*	取消刀具半径补偿	刀具半径补偿模态有效	
G41	刀具半径补偿,轮廓左边		
G42	刀具半径补偿,轮廓右边		
G500*	取消可设定的零点偏移	可设定的零点偏移模态有效	
G54	可设定的零点偏移 1		
G55	可设定的零点偏移 2		
G56	可设定的零点偏移 3		
G57	可设定的零点偏移 4		
G58	可设定的零点偏移 5		
G59	可设定的零点偏移 6		
G70	英制尺寸输入	英制/公制尺寸数据模态有效	
G71*	公制尺寸数据输入		
G700	英制尺寸数据输入;也用于进给率 F		
G710	公制尺寸数据输入;也用于进给率 F		

续表

地址	含义	说明	编程
G90*	绝对尺寸数据输入	绝对尺寸/增量尺寸模态有效	
G91	增量尺寸输入		
G94	进给率 F 以 mm/min 为单位	进给率/主轴模态有效	
G95*	主轴旋转进给率 F，单位为 mm/r		
G96	恒定切削速度"开"(F 以 mm/r 为单位,S 以 m/min 为单位)		G96 S…LIMS=…F…
G97	恒定切削速度"关"		
DIAMOF	半径尺寸	半径/直径尺寸模态有效	
DIAMON*	直径尺寸		
G290*	西门子模式	外部 NC 语言模态有效	
G291	外部模式(ISO 模式)		
I	插补参数 ±(0.001～99999.999) 螺纹: 0.001～2000.000	属于 X 轴;含义取决于 G2、G3→圆心或 G33、G34、G35→螺距	参见 G2、G3 和 G33、G34、G35
K	插补参数 ±(0.001～99999.999) 螺纹: 0.001～2000.000	属于 Z 轴;含义与 I 相同	参见 G2、G3 和 G33、G34、G35
L	子程序;名称和调用 7 个数; 仅整数,没有符号	替代自由名称,还可以选择 L1…L9999999; 这还在单独程序段中调用子程序(UP),请注意:L0001 不是始终等于 L1。 为换刀子程序保留名称"LL6"	L…;单独程序段
M	辅助功能 0～99 仅整数,没有符号	例如,用于启动开关操作,如"冷却液开",每个程序段最多五个 M 功能	M…
M0	编程停止	在包含 M0 的程序段结束时停止加工;按下 NC START 可继续	
M1	可选停止	和 M0 一样,但是,只有在存在特殊信号(程序控制:"M01")时才能执行停止	
M2	返回到程序开始处时结束主程序	可以在处理顺序的最后一个程序段中找到	
M30	程序结束(与 M2 相同)	可以在处理顺序的最后一个程序段中找到	
M17	结束子程序	可以在处理顺序的最后一个程序段中找到	
M3	主轴顺时针旋转		
M4	主轴逆时针旋转		
M5	主轴停止		
N	程序段号-子程序段 0～99999999 仅整数,没有符号	可以用于使用编号标识程序段;在程序段开头处写入	N20
:	主程序段的程序段号 0～99999999 仅整数,没有符号	特殊程序段标识,替代…;此类程序段应包含整个后续加工步骤的所有指令	:20

续表

地址	含义	说明	编程
P	零件程序运行次数 1～9999 仅整数,没有符号	在子程序多次运行并且包含在与调用相同的程序段中时使用	L781 P…;单独程序段 N10 L871 P3;三个循环
R0 到 R299	计算参数 ±(0.0000001～99999999) (8位小数)或指定为指数: ±[(10−300)～(10+300)]		R1=7.9431 R2=4 指定指数: R1=−1.9876EX9; R1=−1987600000
SIN( )	正弦(度)		R1=SIN(17.35)
COS( )	余弦(度)		R2=COS(R3)
TAN( )	正切(度)		R4=TAN(R5)
SQRT( )	平方根		R6=SQRT(R7)
POT( )	平方		R12=POT(R13)
ABS( )	绝对值		R8=ABS(R9)
TRUNC( )	整数取整		R10=TRUNC(R2)
RET	子例程结束	替代 M2 用于保持连续路径模式	RET;单独程序段
S	主轴转速 0.001～99999.999	主轴转速的测量单位	S…
S	G96 处于活动状态时的切削速度 0.001～99999.999	G96 切削速度计量单位为 m/min;仅用于主轴	G96 S…
S	停留时间 0.001～99999.999 (带有 G4 的程序段)	主轴暂停转数	G4 S…;单独程序段
T	刀具号 1～32000 仅整数,没有符号	可以直接使用 T 命令或只使用 M6 执行换刀,可以在机床数据中设置	T…
AC	绝对坐标	可以为某些轴的终点和中心点指定尺寸,不考虑 G91	N10 G91 X10 Z=AC(20);X−增量尺寸,Z−绝对尺寸
ANG	轮廓段中的直线角度 ±0.00001～359.99999	以度为单位指定; 如果只知道平面的一个终点坐标或当平面中终点坐标已知或者多个程序段编程轮廓而最后的终点坐标未知时,在 G0 或者 G1 下定义直线的一种方法	N10 G1 X… Z… N11 X… ANG=… 或几个程序段上的轮廓: N10 G1 X… Z… N11 ANG=… N12 X… Z… ANG=…
AR	圆弧插补的张角 0.00001～359.99999	以度为单位指定;可以在使用 G2/G3 时定义圆弧	参见 G2、G3
CHF	倒角;通用 0.001～99999.999	在两个轮廓程序段之间插入指定倒角长度的倒角	N10 X… Z… CHF=… N11 X… Z…
CHR	倒角;在轮廓定义中 0.001～99999.999	在两个轮廓间插入给定腰长的倒角	N10 X… Z… CHR=… N11 X… Z…
CR	圆弧插补半径 0.010～99999.999 负号用于选择圆弧;大于半圆的情况	可以在使用 G2/G3 时定义圆弧	参见 G2、G3
CYCLE92	切割循环	用于工件切断	N10 CYCLE92(…); 单独程序段

续表

地址	含义	说明	编程
CYCLE93	切槽循环	用于外沟槽、内沟槽及端面槽加工	N10 CYCLE93(…); 单独程序段
CYCLE94	退刀槽循环	E型和F型退刀槽,精加工	N10 CYCLE94(…); 单独程序段
CYCLE95	毛坯切削循环,带底切	用于外表面、内表面及端面的粗精加工	N10 CYCLE95(…); 单独程序段
CYCLE96	螺纹退刀槽循环	用于加工螺纹退刀槽	N10 CYCLE96(…); 单独零件程序段
CYCLE98	螺纹链切削循环	用于螺纹链的加工	N10 CYCLE98(…); 单独零件程序段
CYCLE99	螺纹切削循环	外螺纹、内螺纹、锥螺纹及端面螺纹	N10 CYCLE99(…); 单独程序段
GOTOB	向后跳转指令	和跳转标记符一起使用,向程序开始方向跳转至标识的程序段	N10 LABEL1:… … N100 GOTOB LABEL1
GOTOF	GoForward 指令	对标签标记的程序段执行GoTo操作;跳转目标在程序结束方向上	N10 GOTOF LABEL2 … N130 LABEL2:…
IC	使用增量尺寸指定的坐标	可以为某些轴的终点和中心点指定尺寸,不考虑G90	N10 G90 X10 Z=IC(20);Z—增量尺寸,X—绝对尺寸
IF	跳转条件	如果满足跳转条件,则对带有下列标签的程序段执行 GoTo 操作;否则至下一指令/程序段,一个程序段中可以包含多个F指令。 关系运算符: ==等于,<>不等于,>大于,<小于,>=大于等于,<=小于等于	N10 IF R1>5 GOTOF LABEL3 … N80 LABEL3:…
LIMS	带有G96,G97的主轴转速上限 0.001~99999.999	在G96功能生效时-恒定切削速度以及G97时限制主轴转速	参见G96
RND	倒圆,取值 0.010~99999.999	在两个轮廓间插入规定半径值的圆弧切线过渡	N10 X… Z… RND=… N11 X… Z…

6.2.3 西门子 808D 系统 ISO 模式编程

6.2.3.1 ISO 模式激活

西门子标准加工代码都是在 DIN 模式下实现的,对于 ISO 程序指令,西门子 808D 也提供相应的实现功能,但是必须通过操作激活 ISO 模式。

方法 1:通过改变"设置"永久性改变编程模式为 ISO 模式。

按 PPU 上的<上档>+<诊断>键 ＋ ,确保口令被设为"制造商(SUNRISE)"级,选择屏幕右侧"ISO"软键 ,屏幕中会出现提示框询问是否激活新配置,选择右侧的"确认"软键 确认 激活 ISO 模式。

方法 2:激活 ISO 模式,会在使用"复位"键或加工程序运行结束后自动退出 ISO 模式,返回到默认的 DIN 模式。

在要执行的 ISO 零件程序的首行添加指令 G291,并在 M30 前增加 G290,(G291/G290 指令必须要单独置于一行)当屏幕左上方出现 ISO 字样,证明 ISO 模式已被激活。

6.2.3.2 ISO 模式常用典型代码简介

808D 中的 ISO 模式下的编程有自己的运行规则,必须对相应的位置进行适当的修改之后才能运行 ISO 程序。

(1) 程序开头

常见的 ISO 程序:以"O"作为程序开头	808D 的 ISO 模式:不兼容以"O"为开头的文件名程序
O0001; G0 X200 Z100 M5 G04 X5 M3 S1000 …	O0001;删除该行 G0 X200 Z100 M5 G04 X5 M3 S1000 …

(2) T 代码

常见的 ISO 程序:默认激活的刀具偏置号与刀具号一致	808D 的 ISO 模式:刀具激活方式为 T△△○○ 不论第几号刀,默认激活的刀具偏置号均为 01
T0707; G0 X200. Z100. X32. Z2. F0.2 …	T0701;一般默认的是 01 号刀沿,当然也可根据需要在刀具列表中创建对应的 07 号刀沿。 G0 X200. Z100. X32. Z2. F0.2 …

说明:

① 使用 PPU 上的软按键激活 ISO 模式可直接实现 T0701 的编写方式。

② 使用 G291 激活 ISO 模式,需设置机床参数 MD10890=0,方可实现 T0701 的编写方式(否则为 T1D1)。

③ 不论使用上述哪一种方式激活 ISO 模式,默认激活的刀具偏置号均为 01,如需进一步使用 T0707 编写方式,需要在 7 号刀下创建第 7 号刀沿(每把刀最多 9 个刀沿)。

(3) 808D 系统 ISO 模式特点

① 两段循环之间必须增加 G00/G01 的相关代码,否则会出现报警(该情况下可能出现的报警号 10255/15100/14082/10932)。

常见的 ISO 程序	西门子 808D 系统 ISO 程序
常见 ISO 程序 N70 G90 X43 Z-130 N80 X41; N89 G71 U1.5 R1 F0.3; …	808D ISO 程序 N70 G90 X43 Z-130 N80 X41; N85 G0 X45 Z3;必须增加该行指令 N89 G71 U1.5 R1 F0.3; …

② G71~G75 中的 F 代码必须编写在循环指令的第二行,否则会出现报警(该情况下可能出现的报警号 61812)。

常见的 ISO 程序:F 位置随意	西门子 808D 的 ISO 模式:F 必须编写在第二行
N89 G71 U1.5 R1 F0.3;F 的速度可以写在本行,也可写在 N90 N90 G71 P100 Q170 U0.5 W-0.2; N100 G01 X16 Z0; …	N89 G71 U1.5 R1; N90 G71 P100 Q170 U0.5 W-0.2 F0.3;F 的速度必须在 G71 格式的第二行 N100 G01 X16 Z0; …

③ G70 中的 F 代码必须写在前面的粗加工循环轨迹中。

常见的 ISO 程序	西门子 808D 系统 ISO 程序:必须在 G71 循环程序段(N100~N200)之间编写
N89 G71 U1.5 R1 F0.3 N90 G71 P100 Q170 U0.5 W-0.2; N100 G01 X16 Z0; … N200 G0 X45 Z3; N210 G70 P100 Q170 F0.15; F0.15 表示的是 G70 时候的速度,也可写在 N100~N200 中间的任意一行	N89 G71 U1.5 R1 F0.3 N90 G71 P100 Q170 U0.5 W-0.2; N100 G01 X16 Z0 F0.15;此处 F0.15 表示的是 G70 时候的速度 … N200 G0 X45 Z3; N210 G70 P100 Q170; …

④ 倒角与倒圆指令。

常见的 ISO 程序	西门子 808D 系统 ISO 程序
直线倒角代码:C 圆弧倒角代码:R	直线倒角代码:,C CHR(指定以斜面为底的等腰三角形的腰长) CHF(指定以斜面为底的等腰三角形的底长) 圆弧倒角代码:RND

⑤ ISO 模式常用典型代码。

ISO 代码	描述	DIN 比较
G00	定位(快速移动)	同 DIN
G01	直线差补	同 DIN
G17/G18/G19	XY 平面/ZX 平面/YZ 平面	同 DIN
G20/G21	in/mm 输入	G70/G71
G32	等螺距螺纹切削	G33
G41/G42/G40	左侧刀尖半径补偿/右侧刀尖半径补偿/取消刀具半径补偿	同 DIN
G54~G59	工件坐标系选择	同 DIN
G80	取消固定循环	
G98/G99	进给率 F 单位为:mm/min mm/r	G94/G95
S	主轴转速	同 DIN
R	倒圆	RND
,C	倒斜角(注意格式,C 参数前必须要有符号",")	CHF/CHR
M3/M4/M5	主轴正转/主轴反转/主轴停转	同 DIN
M98 P_L_	子程序调用(P+子程序名/L+调用次数)	程序名+L_
M99	子程序结束	M17

6.3 西门子 808D 编程实例

6.3.1 加工任务

加工如图 6-15 所示工件,零件原料毛坯为 ϕ30mm 棒料 45 钢。

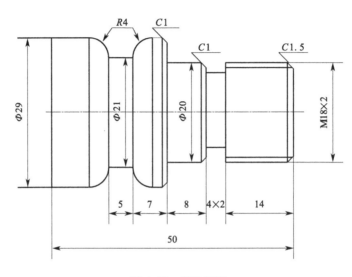

图 6-15 编程实例

6.3.2 工艺分析

① 加工该零件需要用到 3 把刀具,分别是 T1,90°正偏刀;T3,60°螺纹刀;T4,4mm 切槽刀。T1:粗、精加工外轮廓表面。T3:M18×2 螺纹加工。T4:4×2 退刀槽加工、5mm 圆弧槽加工及工件切断。

② 设定程序原点。

以工件右端面与轴线交点处建立工件坐标系。采用试切对刀法建立。

③ 换刀点设置。

在工件坐标系(X200.0 Z100.0)处,设置为换刀点。

④ 加工该零件需要用到四个循环分别是:毛坯切削,带底切循环-CYCLE95;凹槽切槽循环-CYCLE93;螺纹切削循环-CYCLE99;切断循环-CYCLE92。

6.3.3 程序编制

(1) 毛坯切削,带底切-CYCLE95(适用于粗加工、精加工、完全加工)

格式:CYCLE95(NPP,MID,FALZ,FALX,FAL,FF1,FF2,FF3,VARI,DT,DAM,_VRT)

循环参数说明见表 6-7。

表 6-7 CYCLE95 循环参数说明

参数	说明
NPP	轮廓子程序名,开头两位必须是字母
MID	最大进刀切削深度(不输入符号)
FALZ	纵向轴上精加工余量(不输入符号)
FALX	上精加工余量(不输入符号)
FAL	轮廓精加工余量(不输入符号)
FF1	粗加工进给,无底切
FF2	在底切时插入进给
FF3	精加工进给
VARI	加工方式 值范围:1~12
DT	粗加工时用于断屑的停留时间
DAM	位移长度,每次粗加工切削断屑时均中断该长度
_VRT	粗加工时从轮廓的退刀位移,增量(不输入符号)

本循环可以通过选择 车削 软键进入及设置参数。 轮廓车削 软键可以在屏幕右侧垂直菜单中找到,相关参数可以在如图 6-16 所示的图表中输入设置。

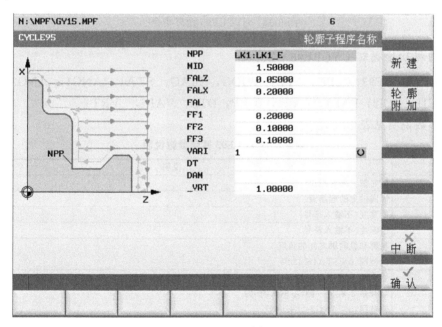

图 6-16 CYCLE95 循环界面

选择 轮廓附加 软键,"轮廓车削"循环的轮廓数据会插入储存此时进入到轮廓数据设置界面,自动设置于主程序中 M30 指令后面,可以通过选中进行编辑修改。如图 6-17 深色部分为该零件轮廓轨迹,其轮廓子程序名称定义为"LK1"。

选择" 工艺界面 "返回图 6-16 界面,选择 确认 完成 CYCLE95 循环的设置,见图 6-18。

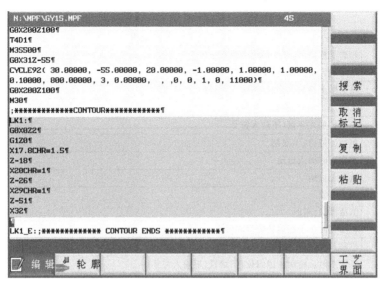

图 6-17 轮廓子程序

```
CYCLE95( "LK1:LK1_E", 1.50000, 0.05000, 0.20000, ,0.20000, 0.10000,
0.10000, 1, , ,1.00000)
```

图 6-18 CYCLE95 循环指令

(2) 凹槽切槽循环-CYCLE93

格式：CYCLE93（SPD，SPL，WIDG，DIAG，STA1，ANG1，ANG2，RCO1，RCO2，RCI1，RCI2，FAL1，FAL2，IDEP，DTB，VARI，_VRT)

循环参数说明见表 6-8。

表 6-8 CYCLE93 循环参数说明

参数	说明
SPD	横向轴上的起始点
SPL	纵向轴上的起始点
WIDG	槽宽度(不输入符号)
DIAG	槽深度(不输入符号)
STA1	轮廓和纵向轴之间的角度 值范围：0≤STA1≤180°
ANG1	啮合角 1：在通过起始点确定的槽一侧(不输入符号)值范围：0≤ANG1<89.999°
ANG2	啮合角 2：在另一侧(不输入符号) 值范围：0≤ANG2<89.999°
RCO1	半径/倒角 1,外部：在通过起始点确定的一侧(槽口圆弧角)
RCO2	半径/倒角 2,外部(槽口圆弧角)
RCI1	半径/倒角 1,内部：在起始点侧(槽底部圆弧角)
RCI2	半径/倒角 2,内部(槽底部圆弧角)
FAL1	切槽底部的精加工余量
FAL2	齿面处的精加工余量
IDEP	进刀深度(不输入符号)
DTB	切槽基础处的停留时间
VARI	加工方式 值范围：1~8 和 11~18
_VRT	轮廓的可变退回距离,增量(不输入符号)

最简单的加工凹槽的操作是使用CYCLE93循环，本循环可以通过选择 车削 软键进入及设置参数。相关循环可使用屏幕右侧垂直软键找到，使用垂直软键选择 凹槽 ，并根据需要设置相关的参数值，见图6-19。

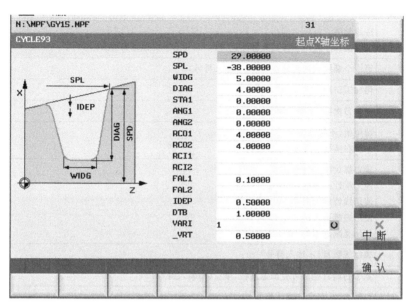

图6-19　CYCLE93循环界面

使用 确认 软键使设置生效后，所选择的循环和设置的数值将自动编译成相应的零件加工程序（见图6-20），机床将会在循环中所设定的位置进行车削凹槽的操作。

```
CYCLE93( 29.00000, -38.00000, 5.00000, 4.00000, 0.00000, 0.00000, 0.
00000, 4.00000, 4.00000, , ,0.10000, ,0.50000, 1.00000, 1, 0.50000
)
```

图6-20　CYCLE93循环指令

(3) 螺纹切削循环-CYCLE99

格式：CYCLE99（SPL、DM1、FPL、DM2、APP、ROP、TDEP、FAL、IANG、NSP、NRC、NID、PIT、VARI、NUMTH、_ VRT、PSYS、PSYS、PSYS、PSYS、PSYS、PSYS、PSYS、PITA、PSYS、PSYS、PSYS、PSYS）

循环参数说明见表6-9。螺纹切削循环格式变量比较多。"PSYS"为内部变量默认值，均为"0"，不允许编辑。

表6-9　CYCLE99循环参数说明

参数	说明
SPL	纵向轴上螺纹起始点
DM1	起始点处螺纹的直径
FPL	纵向轴上螺纹终点
DM2	终点处螺纹的直径
APP	导入位移(不输入符号)

续表

参数	说明
ROP	收尾位移(不输入符号)
TDEP	螺纹深度(不输入符号)
FAL	精加工余量(不输入符号)
IANG	进给角度 值范围:"+"(用于齿面处齿面进刀),"-"(用于交替齿面进刀)
NSP	第一个螺纹线的起始点偏移(不输入符号)
NRC	粗加工切削次数(不输入符号)
NID	空走刀次数(不输入符号)
PIT	螺距值(不输入符号) 单位在参数 PITA 中定义!!!
VARI	确定螺纹的加工方式 使用线性进刀的 300101 外螺纹 使用线性进刀的 300102 内螺纹 使用递减进刀的 300103 外螺纹 使用递减进刀的 300104 内螺纹
NUMTH	螺纹线数量(不输入符号)
_VRT	基于初始直径的可变回退路径,增量(不输入符号)
PSYS	内部参数,只允许默认值 0
PITA	1:螺距,单位为 mm/r 2:螺距,单位为螺纹数/in(TPI)

使用螺纹循环 CYCLE99 可以通过选择 车削 软键进入及设置参数。相关循环可使用屏幕右侧垂直软键找到,使用垂直软键选择 螺纹切削,并根据需要设置相关的参数值,见图 6-21。

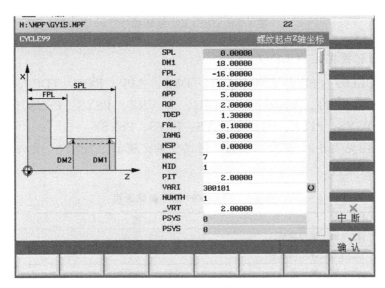

图 6-21 CYCLE99 循环界面

使用 确认 软键使设置生效后，所选择的循环和设置的数值将自动编译成相应的零件加工程序（见图 6-22），机床将会在循环中所设定的位置进行车削螺纹的操作。

```
CYCLE99( 0.00000, 18.00000, -16.00000, 18.00000, 5.00000, 2.00000, 1
.30000, 0.10000, 30.00000, 0.00000, 7, 1, 2.00000, 300101, 1, 2.0000
0, 0, 0, 0, 0, 0, 0, 0, 1, , , ,0)¶
```

图 6-22　CYCLE99 循环指令

(4) 切断循环-CYCLE92

格式：CYCLE92（SPD，SPL，DIAG1，DIAG2，RC，SDIS，SV1，SV2，SDAC，FF1，FF2，SS2，0，VARI，1，0，AMODE）

循环参数说明见表 6-10。

表 6-10　CYCLE92 循环参数说明

参数	说明
SPD	横向轴上的起始点(绝对,始终为直径)
SPL	纵向轴上的起始点(绝对)
DIAG1	减少速度的深度 Ø(绝对)
DIAG2	最终深度 Ø(绝对)
RC	倒角宽度或倒圆半径(与参数 AMODE 共同使用)
SDIS	安全距离(加到参考点,不输入符号)
SV1	恒定切削速度 V
SV2	恒定切削速度下的最大速度
SDAC	主轴旋转方向 3;M3;4;M4
FF1	到达转速降低时深度(DING1)的进给率
FF2	到达最终深度 DING2 时的进给率
SS2	降低后的主轴转速(直至最终深度)
PSYS	内部参数;只允许默认值 0
VARI	0:退回 SPD 和 SDIS 定义的位置 1:不返回
AMODE	切下工件是否倒角或倒圆弧 交替模式:倒圆角或倒直角 10000:倒圆;11000:倒角

使用切断循环 CYCLE92 可以通过选择 车削 软键进入及设置参数。相关循环可使用屏幕右侧垂直软键找到，使用垂直软键选择 切断，并根据需要设置相关的参数值，见图 6-23。

使用 确认 软键使设置生效后，所选择的循环和设置的数值将自动编译成相应的零件加工程序（见图 6-24），机床将会在循环中所设定的位置进行工件自动切断的操作。

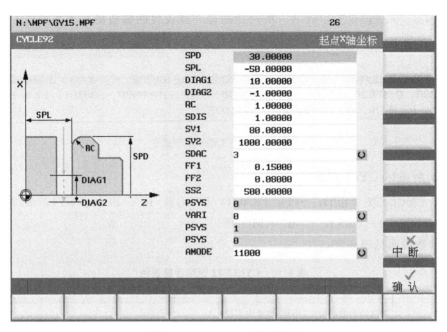

图 6-23　CYCLE92 循环界面

```
CYCLE92( 30.00000, -50.00000, 10.00000, -1.00000, 1.00000, 1.00000,
80.00000, 1000.00000, 3, 0.15000, 0.08000, 500.00000, 0, 0, 1, 0, 11
000)¶
```

图 6-24　CYCLE92 循环指令

（5）程序详解

程序内容	注释
G18G90G54G71	XZ 坐标系、绝对值编程、G54 坐标系、公制
T1D1	调用正偏刀
S800M3	主轴正转 800r/min
G0X200Z100	移动到换刀点 X200Z100
G95	每转进给量
CYCLE95（"LK1:LK1_E",1.50000,0.05000,0.20000,,0.20000,0.10000,0.10000,1,,,1.00000)	毛坯轮廓切削循环（粗加工）
G0X200Z100	
M05	主轴停止
M0	程序暂停（清理切屑并检测）
T1D1	再次确认 1 号刀（正偏刀）
M3S1200	主轴正转 1200r/min
CYCLE95("LK1:LK1_E",,,,,,,0.10000,5,,,1.00000)	轮廓精加工循环
G0X200Z100	
T4D1	调用 4mm 切槽刀
M3S500	
G0X22.0Z-18	
G01X14F0.08	切退刀槽
G4F2	暂停 2s，修光槽底
G1X20F0.5	
G0X32	

续表

程序内容	注释
Z-38F0.08 CYCLE93(29.00000,-38.00000,5.00000,4.00000,0.00000,0.00000,0.00000,4.00000,4.00000, , ,0.10000, ,0.50000,1.00000,1,0.50000)	凹槽加工循环,加工5mm圆弧槽
G0X200Z100	
T3D1	调用螺纹刀
M3S500	
CYCLE99(0.00000,18.00000,-16.00000,18.00000,5.00000,2.00000,1.30000,0.10000,30.00000,0.00000,7,1,2.00000,300101,1,2.00000,0,0,0,0,0,0,0,1, , , ,0)	螺纹切削循环
G0X200Z100	再次调用4mm切槽刀
T4D1	
M3S500	
G0X31Z-54	切断循环
CYCLE92(30.00000,-50.00000,10.00000,-1.00000,1.00000,1.00000,80.00000,1000.00000,3,0.15000,0.08000,500.00000,0,0,1,0,11000)	
G0X200Z100	
M30	主程序结束
;＊＊＊＊＊＊＊＊＊＊＊CONTOUR＊＊＊＊＊＊＊＊＊＊＊ LK1:	LK1:——LK1_E:之间为轮廓子程序,通过CY-CLE95循环进行调用
G0X0Z2	
G1Z0	
X17.8CHR=1.5	
Z-18	
X20CHR=1	
Z-26	
X29CHR=1	
Z-51	
X32	轮廓子程序结束
LK1_E:;＊＊＊＊＊＊＊＊＊＊＊＊CONTOUR ENDS＊＊＊＊＊＊＊＊＊＊＊	

本章小结

通过本章的学习,掌握西门子808D数控车削系统程序编制的基本内容与方法、深刻理解各种常用复合循环的使用方法;熟悉西门子数控车床常用编程指令程序结构与格式以及西门子数控车床ISO编程中注意事项;理解各程序段的含义,具有编制简单西门子数控车床程序的能力。

习　题

1. 简述西门子数控车床加工程序的编制步骤。
2. 西门子数控车床如何创建刀具和刀沿?
3. 西门子808D系统ISO模式常用典型代码与DIN比较有什么不同之处?
4. 西门子808D数控车床如何进行对刀操作?

7 数控加工自动编程

7.1 自动编程概述

7.1.1 自动编程的特点

随着数控加工技术的迅速发展，设备类型增多，零件品种增加，零件形状日益复杂，迫切需要速度快、精度高的编程，以便于加工过程的直观检查。为弥补手工编程和 NC 语言编程的不足，近年来开发出多种自动编程（automatic programming，AP）系统，如图形交互式编程系统、数字化自动编程系统、会话式自动编程系统、语音数控编程系统等，其中图形交互式编程系统的应用越来越广泛。

图形交互式编程系统是以计算机辅助设计（CAD）软件为基础，首先形成零件的图形文件，然后再调用数控编程模块，自动编制加工程序，同时可动态显示刀具的加工轨迹。其特点是速度快、精度高、直观性好、使用简便，已成为国内外先进的 CAD/CAM 软件所采用的数控编程方法。目前常用的图形交互式软件有 Master CAM、Cimatron、Pro/E、UG、CAXA、Solid Works、CATIA 等。编程人员根据零件图纸的要求，按照某个自动编程系统的规定，将零件的加工信息用较简便的方式送入计算机，由计算机自动进行程序的编制，编程系统能自动打印出程序单和制备控制介质。

自动编程适用于：形状复杂的零件；虽不复杂但编程工作量很大的零件（如有数千个孔的零件）；或虽不复杂但计算工作量大的零件（如轮廓加工时非圆曲线的计算）。据统计，用手工编程时，一个零件的编程时间与机床实际加工时间之比，平均约为 30∶1。数控机床不能开动的原因中，有 20%～30% 是由不能及时编制出加工程序造成的，因此编程自动化是当今的趋势。

7.1.2 自动编程软件的分类

自动编程也称计算机辅助编程（computer aided programming，CAP）。目前，自动编程根据编程信息的输入与计算机对信息的处理方式不同，分为语言式和图形交互式两种自动编程方式。

在语言式自动编程方式中，编程人员编程时是依据所用数控语言的编程手册以及零件图样，以语言的形式表达出加工的全部内容，然后再把这些内容全部输入到计算机中进行处理，制作出可以直接用于数控机床的数控加工程序。

在图形交互式自动编程方式中，编程人员则首先要对零件图样进行工艺分析，确定构图方案，然后利用自动编程软件本身的计算机辅助设计（CAD）功能，在显示器上以人机对话的方式构建出几何图形，最后利用软件的计算机辅助制造（CAM）功能制作出数控加工程序。这种自动编程方式又称为图形交互式自动编程，该系统是一种 CAD 功能与 CAM 功能高度结合的编程系统。目前几乎所有大型 CAD/CAM 应用软件都具备数控编程功能。在使用这种系统编程时，编程人员不需要编写数控源程序，只需要从 CAD 数据库中调出零件图形文件，并显示在屏幕上，采用多级菜单作为人机界面。在编程过程中，系统还会给出大量的提示。这种方式操作简便，容易学习，可大大提高编程效率。

一般 CAD/CAM 系统编程部分都包括下面的基本内容：查询被加工部位图形元素几何信息；对设计信息进行工艺处理；计算刀具中心运动轨迹；定义刀具类型；定义刀位文件数据等。一些功能强大的 CAD/CAM 系统，甚至还包括数据后置处理器，除自动生成数控加工源程序外，还能进行加工模拟，用来检验数控程序的正确性。

7.1.3 自动编程的工作过程

7.1.3.1 语言式自动编程系统的工作过程

自动编程系统必须具备 3 个条件：即数控语言编写的零件源程序、通用计算机及其辅助设备和编译程序（系统软件）。数控语言是一种类似车间用语的工艺语言，它是由一些基本符号、字母以及数字组成并有一定词法和语法的语句。用它来描述零件图的几何形状、尺寸、几何元素间的相互关系（相交、相切、平行等）以及加工时的运动顺序、工艺参数等。按照零件图样用数控语言编写的计算机输入程序称为零件源程序，它与在手工编程时用数控指令代码写出的数控加工程序不同，零件源程序不能直接控制机床，只是计算机进行编程时的依据。

通用计算机及其辅助设备是自动编程所需要的硬件。编译程序又称为自动编程系统，其作用是使计算机具有处理零件源程序和自动输出加工程序的能力，它是自动编程所必需的软件。数控语言编写的零件源程序，计算机是不能直接识别和处理的，必须根据具体的数控语言计算机语言（高级语言或汇编语言）以及具体机床的指令，事先给计算机编好一套能处理零件源程序的编译程序（又称为数控编程软件），将这种数控编程软件存入计算机中，计算机才能对输入的零件源程序进行翻译、计算，并执行根据具体数控机床的控制系统所编写的后置处理程序。如图 7-1 所示。

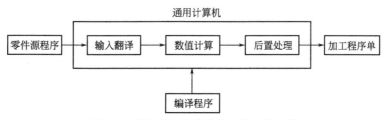

图 7-1　语言式自动编程系统的工作过程

计算机处理零件源程序一般经过下列 3 个阶段。

(1) 翻译阶段

翻译阶段是按源程序的顺序，依次进行一个符号一个符号的阅读并进行语言处理。首先分析语句的类型，当遇到几何定义语句时，则转入几何定义处理程序。另外，在此阶段还需进行十进制到二进制的转换和语法检查等工作。

(2) 数值计算阶段

该阶段的工作类似于手工编程时的基点和节点坐标数据的计算，其主要任务是处理连续运动语句，通过计算求出刀具位置数据，并以刀具位置文件的形式加以保存。

(3) 后置处理阶段

后置处理阶段是按照计算阶段的信息，通过后置处理生成符合具体数控机床要求的零件数控加工程序。该加工程序可以通过打印机输出加工程序单，也可以通过穿孔机或者磁带机制成相应的数控带或磁带作为数控机床的输入信息，还可以通过计算机的通信接口，将后置处理的信息直接输入数控机床控制机的存储器，予以调用。目前，经计算机处理的加工程序，还可以通过 CRT 屏幕或绘图机自动绘图，自动绘出刀具相对于工件的运动轨迹图形，用以检查程序的正确性，以便编程人员分析错误的性质并加以修改。

7.1.3.2 图形交互式自动编程系统的工作过程

图形交互式自动编程系统是建立在 CAD 功能和 CAM 功能基础上的，其工作过程如下。

(1) 几何造型

几何造型就是利用图形交互式自动编程软件的 CAD 功能，即构建图形、编辑修改、曲线曲面造型和实体造型等功能，将零件被加工部位的几何图形准确地绘制在计算机屏幕上，同时在计算机内自动生成零件图形的数据文件，作为下一步刀具轨迹计算的依据。自动编程过程中，软件将根据加工要求提取这些数据，进行分析判断和必要的数学处理，以形成加工的刀具位置数据。

(2) 刀具路径的生成

图形交互式自动编程系统的刀具路径的生成是面向屏幕上的图形交互进行的。首先，从几何图形文件库中获取已绘制的零件几何造型后，根据所加工零件的型面特征和加工要求，正确选用刀具路径主菜单下的有关加工方式菜单，再根据屏幕提示，输入刀具路径文件名，用光标选择相应的图形目标，输入所需的各种参数。软件将自动从图形文件中提取编程所需的信息，进行分析判断，计算节点数据，并将其转换为刀具位置数据，存入指定的刀位文件中，同时可进行刀具路径模拟和加工过程动态模拟，在屏幕上显示出刀具轨迹图形。

(3) 后置处理

后置处理的目的是形成数控加工文件。由于各种数控机床使用的控制系统不同，其编程指令代码及格式也有所不同，为此应从后置处理程序文件中选取与所要加工机床的数控系统相适应的后置处理程序，再进行后置处理，才能生成符合数控加工格式要求的数控加工程序。

7.1.4 自动编程的发展

1952 年，美国麻省理工学院林肯实验室研制成功第一台数控铣床后，为了充分发挥铣床的加工能力，解决复杂零件的加工问题，麻省理工学院伺服机构研究室随即着手研究数控自动编程技术，1955年公布了该研究成果，即用于机械零件数控加工的自动编程工具（automatically programmed tools，APT）。1958年，美国航空空间协会组织了10多家航空工厂，在麻省理工学院协助下进一步发展APT系统，产生了APTⅡ，可用于平面曲线的自动编程问题。1962年，又发展成APTⅢ，可用于3～5坐标立体曲面的自动编程。其后美国航空空间协会继续对APT进行改进，1970年产生了APTⅣ，可处理自由曲面的自动编程。为突出发展空间曲面（也称雕塑曲面）的编程技术，ALRP与CAM—I两家联合开发出以APTⅣ为基础的SSX1。到了20世纪80年代，空间曲面编程发展到APTⅣ—SSX7，在一些单位得到了应用。

美国除了开发大而全的APT系统之外，还开发了ADAPT、AUTOSPOT等小型系统。APT系统配有多种后置处理程序，通用性好，可靠性高（可自动诊错），是一种应用广泛的数控编程软件，能够适应多坐标数控机床加工曲线曲面的需要。

随后世界上许多先进国家也都开展了自动编程技术的研究工作，并开发出自己的数控编程语言，但大多是参考APT语言的设计思想，根据不同需要研究出了许多各具特色的自动编程系统。英国开发了2C、2CL、2PC，德国开发了EXAPT1～EXAPT3、MIMIAPT，法国开发了IFAPT、SURFAPT，此外还有日本的HAPT、FAPT，意大利的MODAPT系统等。我国对自动编程技术的研究开始于20世纪60年代中期，起步虽晚，但发展很快。70年代研制出了SKC、ZCX、ZBC—1、CKY等用于平面轮廓铣削加工、车削加工等功能的自动编程系统。80年代以来，许多高等院校和研究所开发了许多新系统，如南京理工大学开发的EAPT自动编程系统，上海机床研究所研制的MAPL自动编程系统等。

图7-2所示CAD/CAM系统编程流程中，仍需要编程人员较多的干预才能生成数控源程序。随着CAPP技术和人工智能技术的发展，图7-3、图7-4所示数控自动编程应用越来

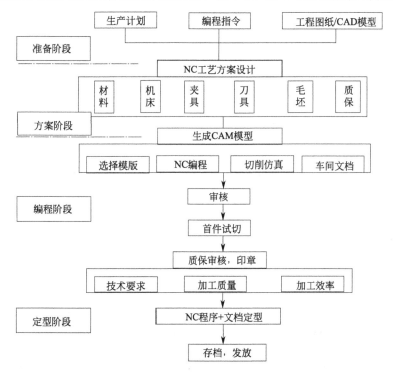

图7-2　CAD/CAM系统编程流程

越广泛。系统从CAD数据库获取零件几何信息，从CAPP系统获取零件加工过程的工艺信息，调用NC源程序生成器自动生成数控源程序，再对生成的源程序进行动态仿真，如果正确无误，则将加工指令送到机床进行加工。自动编程系统的完全实现仍有待时日。

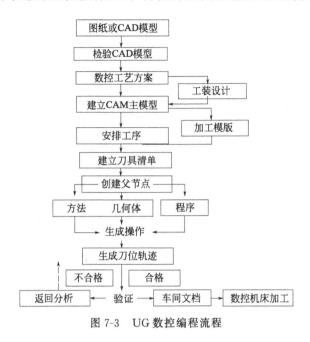

图7-3 UG数控编程流程

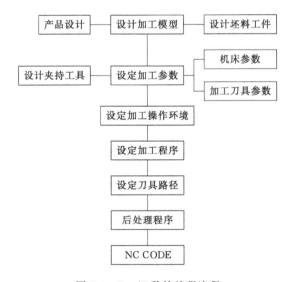

图7-4 Pro/E数控编程流程

7.2 典型CAD/CAM软件介绍

目前，在市场上流行的商业性CAD/CAM系统，大体上可划分为通用性系统软件和单一性系统软件。

7.2.1 通用性系统软件

典型的通用性系统有 CADAM、SolidWorks、Unigraphics NX、CATIA、Pro/ENGINEER、I-DEAS 等。

(1) CADAM

CADAM 系统是美国洛克希德飞机公司 1965 年开始研制的绘图加工系统，1972 年投入生产使用，1975 年进入市场，目前国际上已有近百家飞机公司和其他部门采用，我国也有十余套 CADAM 系统在使用。CADAM 系统是在 IBM 大型机系列和 IBM-2250 光笔图形显示终端上开发的。

CADAM 的设计思想是使新的计算机绘图方式尽量保持原来工程制图的习惯，用三面投影图描述三维形体。该系统可以在屏幕上百分之百地完成一幅工程图的图面设计，包括标注尺寸线和全部图注，可以方便地存储、调用和修改图样，同时还能对所设计的产品做几何分析、构造有限元模型、生成数控加工指令等。

(2) SolidWorks

SolidWorks 是生信国际有限公司推出的基于 Windows 的机械设计软件。生信公司是一家专业化的信息高速技术服务公司，在信息和技术方面一直保持与国际 CAD/CAE/CAM/PDM 市场同步。该公司提倡"基于 Windows 的 CAD/CAE/CAM/PDM 桌面集成系统"是以 Windows 为平台，以 SolidWorks 为核心的各种应用的集成，包括结构分析、运动分析、工程数据管理和数控加工等。SolidWorks 是微机版参数化特征造型软件，价格相当于工作站版相应软件的 1/5~1/4，具备运行环境更大众化的实体造型实用功能。SolidWorks 是基于 Windows 平台的全参数化特征造型软件，可以十分方便地实现复杂的三维零件实体造型、复杂装配和生成工程图。图形界面友好，用户上手快。该软件可以应用于以规则几何形体为主的机械产品设计及生产准备工作中，其价位适中。

(3) Unigraphics

Unigraphics 是 Unigraphics Solutions 公司的拳头产品。该公司首次突破传统 CAD/CAM 模式，为用户提供一个全面的产品建模系统。在 Unigraphics 中，优越的参数化和变量化技术与传统的实体、线框和表面功能结合在一起，这一结合被实践证明是强有力的，并被大多数 CAD/CAM 软件厂商所采用。它是从二维绘图、数控加工编程、曲面造型等功能发展起来的软件。20 世纪 90 年代初，美国通用汽车公司选中 Unigraphics 作为全公司的 CAD/CAE/CAM/CIM 主导系统，这进一步推动了 Unigraphics 的发展。

Unigraphics 最早是在 VAX 计算机的通用环境下开发的，后来逐渐转移到 UNIX 工作站上，例如 SGI 工作站。1997 年 10 月 Unigraphics Solutions 公司与 Intergraph 公司签约，合并了后者的机械 CAD 产品，将微机版的 SOLIDEDGE 软件统一到 Parasolid 平台上。由此形成了一个从低端到高端，兼有 UNIX 工作站版和 WindowsNT 微机版的较完善的企业级 CAD/CAE/CAM/PDM 集成系统。目前推出的 Unigraphics 系统从 15 版本开始已经可以在微机上运行，从 16 版本开始已经完全抛开 UNIX 操作系统，而采用 Windows NT 或 Windows 2000，且用户界面与 Windows 的界面风格相统一。但可以仿 UNIX，因此 Unigraphics 除了可以在一般的微机（至少 64MB 内存）上运行外，也可以在工作站上运行。

Unigraphics 提供了灵活的复合建模模块。Unigraphics 作为一个 CAD/CAE/CAM 系

统，主要提供了以下功能：工程制图模块、线框、实体、自由曲面造型模块、特征建模、用户自定义 CAD/CAE/CAM 系统特征、装配、虚拟现实及漫游、逼真着色、WAVE 技术（参数化产品设计平台）及几何公差等 CAD 模块。

Unigraphics 还有较强的 CAM 功能，主要有车削加工、型芯和型腔铣削、固定轴铣削、清根切削、可变轴铣削、顺序铣、后置处理、切削仿真、线切割、图形刀具轨迹编辑器及 NURBS（非均匀 B 样条）轨迹生成器。

CAE 部分主要有有限元分析、机构分析、注塑模分析等模块。另外，Unigraphics 还提供了较为完善的钣金件的设计、制造、排样及高级钣金的设计功能。

此外，Unigraphics 还提供了用户进行二次开发的接口及用户界面的设计工具 Unigraphics OPEN/API 等。值得一提的是 Unigraphics 的一个特色产品 IMAN。

Unigraphics 的 IMAN 是一种经过生产验证的 PDM 解决方案，目前在各种不同行业的大、小型企业中得到了广泛应用。IMAN 可以从很少的用户扩展到非常多的用户，并能够管理单站和多站企业环境。其产品可靠的结构使客户可以持续以最少的数据移植成本充分利用数据和信息技术所带来的新的优势。IMAN 还是提供虚拟产品开发（VPD）和支持一体化产品开发过程和环境的技术产品，能够保证工程师们在提供端到数据端管理的无缝电子产品开发环境中密切合作。除了与工程应用和实用工具如 CAD/CAM 的紧密集成外，IMAN 还具备将信息与后处理系统如采购管理和企业资源规划系统的链接能力。

（4）CATIA

CATIA 是由法国著名飞机制造公司 Dassault 开发并由 IBM 公司负责销售的 CAD/CAM/CAE/PDM 应用系统，CATIA 起源于航空工业，其最大的标志客户美国波音公司通过 CATIA 建立起了一整套无纸飞机生产系统。CATIA 软件分为 V4 版本和 V5 版本两个系列。V4 版本应用于 UNIX 平台，V5 版本应用于 UNIX 和 Windows 两种平台。V5 版本的开发开始于 1994 年，UNIX 平台下的 V4 版本尽管功能强大，但也有其缺点，即菜单较复杂，专业性太强等。一个设计人员熟练掌握 CATIA V4 版本往往需要两三年甚至更长的时间。为了使软件能够易学易用，Dassault System 于 1994 年开始又开发了 CATIA V5。V5 版本界面更加友好，功能也日趋完善，并且开创了 CAD/CAE/CAM 软件的一种全新风格。

CATIA 提供了下面几种功能。

① 基于规则驱动的实体建模、混合建模以及钣金件设计，相关装配与集成化工程制图产品等。

② 一系列易用的模块来生成、控制并修改结构及自由曲面物体。

③ 电子样机检查及仿真功能，该知识工程产品能帮助用户获取并重复使用本企业的经验，以优化整个产品生命周期。

④ 在产品设计过程中集成并交换电气产品的设计信息。

⑤ 容易使用，面向设计者的零件及其装配的应力与频率响应等分析。

⑥ 面向车间的加工解决方案。

⑦ 用户制造厂房设施的优化布置设计。

⑧ 各类数据转换接口，其与 CATIAV4 的集成帮助将 V4 与 V5 有效地组合成为一个集成的混合环境。

CATIA 软件是与 Unigraphics 软件功能类似的 CAD/CAE/CAM 系统，但 CATIA 主要应用于航空航天工业，而 Unigraphics 主要在汽车、船舶等行业应用广泛，在最近几年，

Unigraphics 在航空航天工业也占有一席之地，且有与 CATIA 平分秋色之势。

（5）Pro/ENGINEER

Pro/ENGINEER 在机械制造领域中大量使用，是美国参数技术公司（Parametric Technology Corporation，PTC）的著名产品。PTC 公司提出的单一数据库、参数化、基于特征、全相关的概念改变了机械 CAD/CAE/CAM 的传统观念，这种全新的概念已成为当今世界机械 CAD/CAE/CAM 领域的新标准。利用该概念开发出来的第三代机械 CAD/CAE/CAM 产品 Pro/ENGINEER 软件能将设计至生产全过程集成到一起，让所有的用户能够同时进行同一产品的设计制造工作，即实现所谓的并行工程。

Pro/ENGINEER 备有统一的数据库，并具有较强的参数化设计、组装管理、生产加工过程及刀具轨迹等功能；它还提供各种现有标准交换格式的转换器以及与著名的 CAD/CAE 系统进行数据交换的专用转换器，所以也具有集成化功能。该系统的另一个特点是硬件独立性，它可以在 DEC、HP、IBM、SUN、SGI 等各种工作站上运行。Pro/ENGINEER 采用实体造型技术，从 8.0 版本开始增加了参数化曲面造型功能，并具有用户自定义形状特征的模块。

Pro/ENGINEER 系统主要有以下功能。

① 参数化设计和特征功能。Pro/ENGINEER 是采用参数化设计的、基于特征的实体模型化系统，工程设计人员采用具有智能特性的基于特征的功能去生成模型，如腔、壳、倒角及圆角，也可以随意勾画草图，轻易改变模型。这一功能特性给工程设计者提供了在设计上从未有过的简易和灵活。

② 单一数据库。Pro/ENGINEER 是建立在统一基层的数据库上，不像一些传统的 CAD/CAM 系统建立在多个数据库上。所谓单一数据库，就是工程中的资料全部来自一个库，使得每一个独立用户可为一件产品造型而工作，不管是哪一个部门的。换言之，在整个设计过程的任何一处发生改动，亦可以反映在整个设计过程的各相关环节上。例如，一旦工程样图有改变，NC（数控）工具路径也会自动更新；组装的工程图如有任何变动，也完全同样反映在整个三维模型上。这种独特的数据结构与工程设计的完整结合，使得一件产品的所有设计完全结合起来。这一优点，使得设计更优化，成品质量更高，产品能更好地推向市场，价格也更便宜。

③ 真正的全相关性，任何地方的修改都会自动反映到所有相关地方。

④ 具有真正管理并发进程、实现并行工程的能力。

⑤ 具有强大的装配功能，能够始终保持设计者的设计意图。

⑥ 容易使用，可以极大地提高设计效率。Pro/ENGINEER 系统用户界面简洁，概念清晰，符合工程人员的设计思想与习惯。整个系统建立在统一的数据库上，具有完整而统一的模型。Pro/ENGINEER 建立在工作站上，系统独立于硬件，便于移植。

（6）I-DEAS

I-DEAS 是由美国国家航空及宇航局（NASA）支持开发的，由 SDRC 公司于 1979 年发布的第一个完全基于实体造型技术的 CAD/CAM 大型软件。波音、索尼、三星、现代及福特等公司均是 SDRC 公司的大客户和合作伙伴。该软件可帮助工程师以极高的效率，在单一数字模型中完成从产品设计、仿真分析、测试直至数控加工的产品研发全过程。I-DEAS 软件内含诸如结构分析、热力分析、优化设计及耐久性分析等真正提高产品性能的高级分析功能。I-DEASCAMAND 是 CAM 行业的顶级产品。I-DEASCAMAND 可以方便地仿真刀具及机床的运动，以从简单的二轴、两轴半加工到七轴五联动方式来加工极为复杂的工件表面，并可以对数控加工过程进行自动控制和优化。

目前属于 EDS 公司（2001 年，EDS 宣布收购合并 UGS 与 SDRC）。I-DEAS 提供一套基于因特网的协同产品开发解决方案，包含全部的数字化产品开发流程。I-DEAS 是可升级的、集成的、协同电子机械设计自动化（manufacturing design automatically，MDA）解决方案。I-DEAS 使用数字化主模型技术，这种技术将帮助用户在设计早期阶段就能从"可制造性"的角度更加全面地理解产品。纵向及横向的产品信息都包含在数字化主模型中，在产品开发流程中制造、生产、市场管理及供应商等部门都将更容易地进行有关全部产品信息的交流。

数字化主模型帮助用户开发及评估多种设计概念，使得设计的最终产品更贴近用户的期望。质量成为设计过程自身的一部分。通过为相关产品开发任务提供公共基础的方法，整个团队实现并行工作。数字主模型能够使不同职能部门的多个团队在产品开发早期共同工作，它替代了在同一时期不同团队只能建立各自数据的模式，这样就大大地缩减了产品的上市时间。它在航空航天、汽车运输、电子及消费品和工业设备等方面拥有众多的用户。I-DEAS 除了基本的 CAD 造型及 CAM 功能以外，其新功能主要包括以下三项。

① CAD 方面：复杂曲面建立能力，包括模压/凸台、复杂角结构圆角以及变量化扫描；产品修改工具，包括增强的选取意图捕捉及几何映射。

② CAM 方面：机床仿真、笔尖铣削、光顺的高速加工连接、交互的图形化刀具轨迹编辑以及自动孔加工等。

③ CAE 方面：基于网格区域的几何提取、装配的有限元模型构造等。

由于 I-DEAS 和 Unigraphics 的内核都是 Parasolid，因此 I-DEAS 和 Unigraphics 能够实现两个产品基于 Parasolid/eXT 技术的互操作。两个系统彼此能互相访问，在一个系统中进行设计，另一个系统可以对该设计进行分析或加工。用户可以充分利用两套软件的优势来优化自己的产品研发流程，获取更高的价值。两套系统之间可进行双向变更的相关通知及更新，并保护设计意图，实现对历程树等的智能跟踪。两套软件将逐步实现针对几何、模型文件、TDM 数据的互操作性。互操作功能使用户运用两个产品的互补性以改善其企业的设计过程。

(7) Cimatron

Cimatron CAD/CAM 系统是以色列 Cimatron 公司的 CAD/CAM/PDM 产品，是较早在微机平台上实现三维 CAD/CAM 全功能的系统。该系统提供了比较灵活的用户界面，优良的三维造型、工程绘图，全面的数控加工，各种通用、专用数据接口以及集成化的产品数据管理。Cimatron CAD/CAM 系统自从 20 世纪 80 年代进入市场以来，在国际上的模具制造业备受欢迎。近年来，Cimatron 公司为了在设计制造领域发展，着力增加了许多适合设计的功能模块，每年都有新版本推出，市场销售份额增长很快。1994 年北京宇航计算机软件有限公司（BACS）开始在国内推广 Cimatron 软件，从第 8 版本起进行了汉化，以满足国内企业不同层次技术人员应用需求，用户覆盖机械、铁路、科研及教育等领域，市场前景看好。

7.2.2 单功能系统

较典型的单功能系统有如下几种。

(1) Master CAM

Master CAM 是由美国 CNC Software 公司开发的基于微机的 CAD/CAM 软件，V5.0 以上版本运行于 Windows 操作系统。由于其价格较低且功能齐全，因此有很高的市场占有率，目前该软件的最新版本已经开发到了 Master CAM 9.0。系统主要功能如下。

1) 造型功能

① 完整的曲线功能。可设计、编辑复杂的二维、三维空间曲线，还能生成多边形、椭圆等方程曲线，尺寸标注、注释等也很方便。

② 强大的曲面功能。采用 NURBS、PARAMETRICS 等数学模型，有十多种生成曲面方法。

③ 具有曲面修剪、曲面间等（变）半径倒圆角、倒角、曲面偏置、延伸等编辑功能；以及处理两个曲面或三个曲面产生熔接曲面，可对三个曲面做过渡处理。

④ 崭新的实体功能。以 PARASOLID 为核心，倒圆角、抽壳、布尔运算、延伸及修剪等功能都很强。

⑤ 可靠的数据交换功能。可转换的格式包括 IGES、SAT（ACIS SOLIDS）、DXF、CADL、VDA、STL、DWG 及 ASCII。可读取 Parasolid、HPGL、CATIA、Pro/ENGINEER、STEP 等格式的数据文件。

2) 加工功能

① 可实现由二轴至五轴的外形、挖槽、钻孔、单一曲面、多重曲面等多种加工方式。

② 除可使用原来的加工方式，如平行加工、外形加工及挖槽等加工方式外，Master CAM V9 提供多种新的多重曲面加工方式、辐射加工及多重曲面投影加工。

③ 零件采用辐射粗、精加工，刀具路径对回转中心呈辐射状，解决了行切加工陡壁零件时效果不好的问题。

④ 加工中可设定起始角度、旋转中心及起始补正距离，以切削方向容差及最大角度增量控制表面精度。

⑤ 对于极不规则零件，可先做二维刀具路径，然后把刀具路径投影至多重曲面进行加工。

另外，新版软件还提供了一个有用的功能——批次加工。当有多个刀具路径需生成时可采用此方式，设置好每个任务的加工参数，调整加工次序，即可让系统按照次序自动执行每一个处理过程。

3) 仿真模拟

可模拟实际的切削过程，通过设定毛坯及刀具的形状、大小及不同颜色，可以观察到实际的切削过程。系统同时给出有关加工情况、去除材料量、加工时间等，并检测出加工中可能出现的碰撞、干涉并报告错误在刀具轨迹文件中的位置。模拟完成后，即可测量零件的表面精度。

4) 屏幕显示

① 新版软件界面上方有灵活方便的工具棒，可自由设定其中的 98 个按钮，随意调用各

种功能。

② 图形可实时用鼠标拖动旋转，彩色渲染图可控制旋转、平移及缩放，可清楚地观察建立的三维模型。

③ 图素选取可用多边形框选，也可取消选择。

④ 在操作过程中，若有疑问，可随时用"?"或"Alt-H"呼叫 HELP，即可显示当前使用功能的详细说明。

5）数据接口

软件提供多种图形文件接口，包括 DXF、IGES、STL、STA 及 ASCII 等。我国自行开发的较典型的系统有北京航空航天大学的 CAXA 和广州红地技术有限公司开发的金银花系统。

(2) AutoCAD

AutoCAD 是 Autodesk 公司的主导产品。Autodesk 公司是世界第四大 PC 软件公司。目前在 CAD/CAE/CAM 工业领域内，该公司是拥有全球用户量最多的软件供应商，也是全球规模最大的基于 PC 平台的 CAD 和动画及可视化软件企业。Autodesk 公司的软件产品已被广泛地应用于机械设计、建筑设计、影视制作、视频游戏开发以及 Web 网的数据开发等重大领域。AutoCAD 是当今最流行的二维绘图软件，它在二维绘图领域拥有广泛的用户群。

AutoCAD 有强大的二维功能，如绘图、编辑、剖面线和图案绘制、尺寸标注以及二次开发等，同时有部分三维功能。AutoCAD 提供 AutoLISP、ADS、ARX 作为二次开发的工具。在许多实际应用领域（如机械、建筑、电子）中，一些软件开发商在 AutoCAD 的基础上已开发出许多符合实际应用的软件。

(3) MDT

MDT 是 Autodesk 公司在 PC 平台上开发的三维机械 CAD 系统。它以三维设计为基础，集设计、分析、制造以及文档管理等多种功能为一体，为用户提供了从设计到制造一体化的解决方案。MDT 主要功能特点如下。

① 基于特征的参数化实体造型，用户可十分方便地完成复杂三维实体造型，可以对模型进行灵活的编辑和修改。

② 基于 NURBS 的曲面造型，可以构造各种各样的复杂曲面，以满足如模具设计等方面对复杂曲面的要求。

③ 可以比较方便地完成几百甚至上千个零件的大型装配。

④ MDT 提供相关联的绘图和草图功能，提供完整的模型和绘图的双向连接。该软件的推出受到广大用户的普遍欢迎。由于该软件与 AutoCAD 同是出自 Autodesk 公司，因此两者完全融为一体，用户可以方便地实现三维向二维的转换。MDT 为 AutoCAD 用户向三维升级提供了一个较好的选择。

(4) SOLIDEDGE

SOLIDEDGE 是真正 Windows 软件。它不是将工作站软件生硬地搬到 Windows 平台上，而是充分利用 Windows 基于组件对象模型（COM）的先进技术重写代码。SOLIDEDGE 与 Microsoft Office 兼容，与 Windows 的 OLE 技术兼容，这使得设计师们在使用 CAD 系统时，能够进行 Windows 下的字处理、电子报表及数据库操作等。SOLIDEDGE 具有友好的用户界面，它采用一种称为 Smart Ribbon 的界面技术，用户只要按下一个命令按钮，即可以在 Smart Ribbon 上看到该命令的具体的内容和详细的步骤，同时在状态条上提示用户下一步该做什么。SOLIDEDGE 是基于参数和特征实体造型的新一代机械设计 CAD 系统，是为设计人员专门开发的，易于理解和操作的实体造型系统。

(5) CAXA 电子图板和 CAXA-ME 制造工程师

CAXA 电子图板和 CAXA-ME 制造工程师软件的开发与销售单位是北京北航海尔软件有限公司（原北京航空航天大学华正软件研究所）。该公司是从事 CAD/CAE/CAM 软件与工程服务的专业化公司。CAXA 电子图板是一套高效、方便、智能化的通用中文设计绘图软件，可帮助设计人员进行零件图、装配图、工艺图表及平面包装的设计，适合所有需要二维绘图的场合，使设计人员可以把精力集中在设计构思上，满足现代企业快速设计、绘图及信息电子化的要求。CAXA-ME 是面向机械制造业的我国自主开发的中文界面三维复杂形面 CAD/CAM 软件。CAXA 系统的主要功能有：

① 计算机辅助设计，包括零件的二维、三维设计与绘图，专业注塑模具及冲模具设计与绘图。

② 计算机辅助工艺过程设计。

③ 计算机辅助制造，包括任意型腔、型面造型与自动加工编程，铣床 2～3 轴加工、线切割、车床自动加工编程，以及电脑雕刻机专用雕刻软件。

(6) 金银花软件

金银花（Lonicera）软件是由广州红地技术有限公司开发的基于 STEP 标准的 CAD/CAM 系统。该软件主要应用于机械产品设计和制造中，它可以实现设计/制造一体化和自动化。该软件起点高，以制造业最高国际标准 ISO 10303（STEP）为系统设计的依据。该软件采用面向对象的技术，使用先进的实体建模、参数化特征造型、二维和三维一体化、SDAI 标准数据存取接口的技术；具备机械产品设计、工艺规划设计和数控加工程序自动生成等功能；同时还具有多种标准数据接口，如 STEP、DXF 等；支持产品数据管理（PDM）。目前金银花系统的系列产品包括：机械设计平台 MDA、数控编程系统 NCP、产品数据管理 PDS、工艺设计工具 MPP。机械设计平台 MDA（Mechanical Design Assistant）是金银花系列软件之一，是二维和三维一体化设计系统。

金银花 MDA2000 提供参数化特征设计功能，共有六个模块：零件设计、装配设计、工程图设计、高级曲面、标准件库和高级渲染。用户可以利用该软件方便地进行零件设计（三维实体造型）、装配设计；自动生成所需的工程图纸；配有计算机辅助制造软件的数控加工中心可以直接读取所设计的三维实体零件文件；三维实体零件、装配件可以用计算机辅助分析软件进行各种强度分析、运动分析、运动仿真等；用户可以在该软件的基础上进行二次开发，以满足不同行业和领域的特殊需求。金银花 MDA2000 已发展成为国内二次应用开发的一个标准平台和集成平台以及和 CAD/CAM 一体化的支撑平台。

(7) 高华 CAD

高华 CAD 是由北京高华计算机有限公司推出的 CAD 产品。该公司是由清华大学和广东科龙（容声）集团联合创建的一个专门从事 CAD/CAM/PDM/MIS 集成系统的研究、开发、推广、应用、销售和服务的专业化高技术企业。该公司与国家 CAD 支撑软件工程中心紧密结合，坚持走自主版权的民族软件产业的发展道路。高华 CAD 系列产品包括计算机辅助绘图支撑系统 GHDrafting、机械设计及绘图系统 GHMDS、工艺设计系统 GHCAPP、三维几何造型系统 GHGEMS、产品数据管理系统 GHPDMS 及自动数控编程系统 GHCAM。其中 GHMDS 是基于参数化设计的 CAD/CAE/CAM 集成系统,它具有全程导航、图形绘制、明细表的处理、全约束参数化设计、参数化图素拼装、尺寸标注、标准件库、图像编辑等功能模块。

(8) GS-CAD98

GS-CAD98 是浙江大天电子信息工程有限公司开发的基于特征的参数化造型系统。该公司是国家科委高技术研究发展中心、浙江大学和中国航天总公司 CAD/CAM 中心在杭州联合创建的高新技术研究、开发和应用企业。大天公司集软件开发、工程应用、信息系统集成和计算机类产品销售为一体,是从事 CAD/CAPP/CAM 工程数据库和 MIS/OA 的开发、应用、销售和服务的专业化高技术公司。GS-CAD98 是一个具有完全自主版权、基于微机、中文 Windows95/NT 平台的三维 CAD 系统。它实现了三维零件设计与装配设计,工程图生成的全程关联,在任一模块中所做的变更,在其他模块中都能自动地做出相应变更。

(9) 开目 CAD

开目 CAD 是华中科技大学机械学院开发的具有自主版权的基于微机平台的 CAD 和图纸管理软件,它面向工程实际,模拟人的设计绘图思路,操作简便,机械绘图效率比 AutoCAD 高得多。开目 CAD 支持多种几何约束种类及多视图同时驱动,具有局部参数化的功能,能够处理设计中的过约束和欠约束的情况。开目 CAD 实现了 CAD、CAPP、CAM 的集成,适合我国设计人员的习惯,是全国 CAD 应用工程主推产品之一。

7.3 典型 CAD/CAM 软件应用实例

Master CAM 是基于 PC 平台的 CAD/CAM 集成系统,因其便捷的造型功能和强大的加工功能得到了广泛的应用。Master CAM 有三维设计、铣床 3D 加工、车床/铣床复合及线切割/激光加工四个系统。本节通过实例介绍如何应用 Master CAM 系统进行计算机辅助设计与制造。

零件的 CAD 造型实例如下。

在 Master CAM 系统软件下建立如图 7-5 所示的旋钮实体模型。

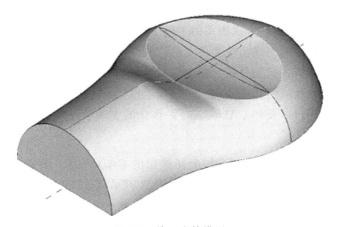

图 7-5 旋钮实体模型

CAD 建模过程：先建立图中的二维黑色线框模型，然后再利用 Master CAM 曲面里的昆氏曲面完成上图。

1) 用水平线命令画水平线输入点（0，−15.7，15.7）后，直接输入长度 5，完成了两条辅助线的设计，如图 7-6 所示。

2) Create ⟶ Arc ⟶ Circ pt+rad 画圆，如图 7-7 所示。

3) Create ⟶ Line ⟶ Vertical 绘制两条直线，如图 7-7 所示。

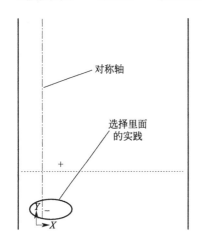

图 7-6　画辅助线　　　　　　　　　图 7-7　画圆与绘制两条直线

4) 绘制相切圆，选择需要的圆，如图 7-8 所示。

5) 修剪图形，如图 7-9 所示。

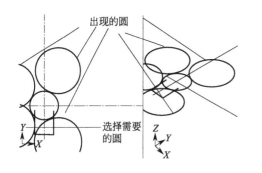
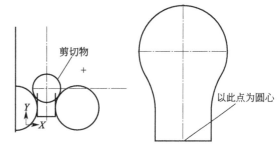

图 7-8　绘制相切圆　　　　　　　　　图 7-9　修剪

6) 以图 7-9 所示为圆心，作半径为 5 的圆。然后通过绕 X 轴旋转 90°得到如图 7-10 所示图形。

7) 通过图形修改把下半圆剪去，如图 7-11 所示。

8) 画半径为 3.5 的三个圆弧，如图 7-12 所示。

9) 建立修剪得直线，如图 7-12 所示。

10) 捕捉左或右圆弧的顶点用直线连接，并绘制圆，如图 7-13 所示。

11) 删除多余的弧，再把直线修剪，如图 7-14 所示。

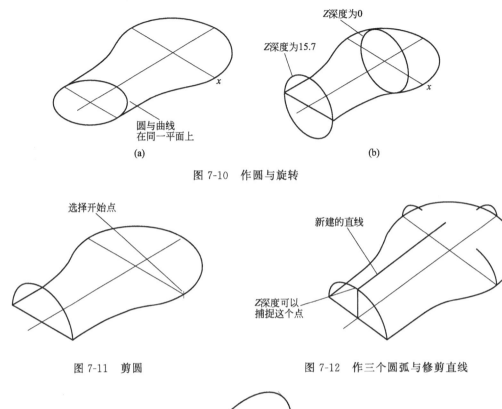

图 7-10　作圆与旋转

图 7-11　剪圆　　　　　图 7-12　作三个圆弧与修剪直线

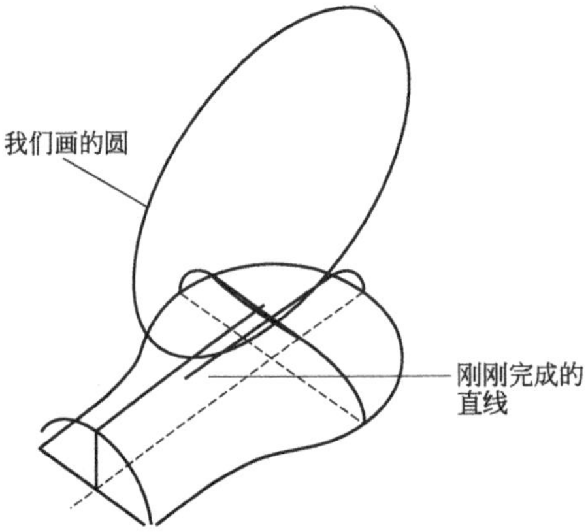

图 7-13　绘制圆

12）再画椭圆，就完成要旋转的线框部分，如图 7-15 所示。

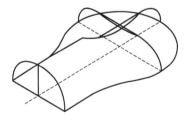

图 7-14　删除圆弧与修剪直线

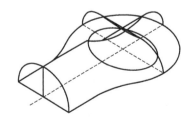

图 7-15　画椭圆并旋转

13）通过 Creat/Surface/Coons 的昆氏曲面把线框制作成图 7-16、图 7-17 所示曲面（注意选择切削方向和截断面的方向）。

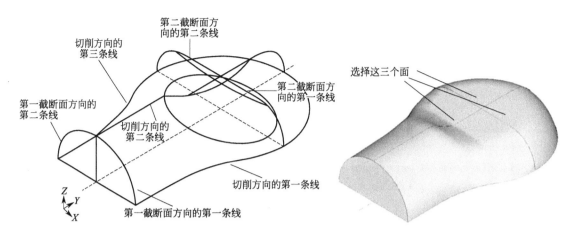

图 7-16 线框制作成曲面　　　　　图 7-17 线框制作成曲面实体图

14）建立椭圆的曲面，完成符合要求的 CAD 造型，如图 7-18（a）、（b）所示。

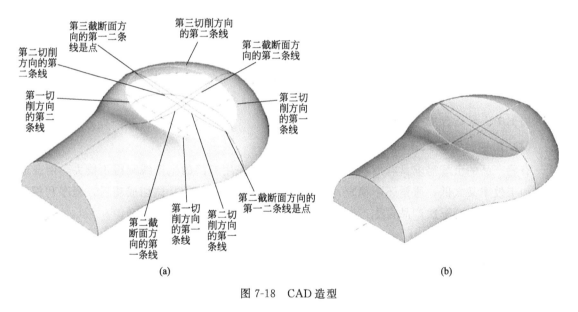

图 7-18 CAD 造型

本章小结

通过本章的学习需要掌握自动编程的特点和工作过程，了解各种 CAD/CAM 自动编程软件的特点。

习　题

1. 数控手工编程和自动编程的区别有哪些？
2. 自动编程的应用场合有哪些？
3. 举例说明图形交互式自动编程系统的工作过程。

8 加工中心的程序编制

8.1 加工中心程序编制基础

8.1.1 加工中心的主要功能

数控加工中心具有高度自动化、大功率、高精度、高速度和高可靠性等优点，但是这些优点都是以一定条件为前提的，一台加工中心只有在合适的条件下才能发挥出最佳效益。

加工中心最适合加工具有以下特点的零件。

(1) 周期性重复投产的零件

有些产品的市场需求具有周期性和季节性，如果采用专门的生产线则得不偿失，用普通设备加工效率又太低，质量还不稳定，而采用加工中心首批（件）试切成功后，程序和相关信息可保留下来，下次产品再生产时，只要很少的准备时间就可开始生产。

(2) 价格昂贵的高精度零件

有些零件需求甚少，但其价格昂贵，是不允许报废的关键零件，要求精度高且工期短，如果用传统机床加工需多台机床协调工作，并容易受人为因素影响出现废品；采用加工中心进行加工，生产过程完全由程序控制，避免了工艺流程中干扰因素，具有生产效率高、质量稳定的特点。

(3) 多品种、小批量的零件

加工中心生产的柔性不仅体现在对特殊要求零件加工的快速反应上，而且可以快速实现批量生产，迅速占领市场。

(4) 结构比较复杂、需多工序多工位加工的零件

有些零件结构复杂，在普通机床上加工需要昂贵的工艺装备，使用数控铣床也需要多次更换刀具和夹具，使用加工中心就可能一次装夹完成钻、铣、镗、攻螺纹、切槽等多工序加工。

(5) 难测量零件

加工中心对此类零件加工更有优越性。

8.1.2 加工中心的工艺及装备

（1）加工中心的特点

1）工艺特点

① 加工精度高。

② 表面质量好。

③ 加工生产率高。

④ 工艺适应性强。

⑤ 劳动强度低、劳动条件好。

⑥ 良好的经济效益。

⑦ 有利于生产管理的现代化。

2）加工顺序安排（又称工序）

通常包括切削加工工序、热处理工序和辅助工序等，工序安排得科学与否将直接影响到零件的加工质量、生产率和加工成本。切削加工工序通常按以下原则安排。

① 先粗后精　当加工零件精度要求较高时通常都要经过粗加工、半精加工、精加工阶段，如果精度要求更高，还包括光整加工的几个阶段。

② 基准面先行　用作基准的表面应先加工，任何零件的加工过程总是先对定位基准进行粗加工和精加工。例如轴类零件总是先加工中心孔，再以中心孔为精基准加工外圆和端面；箱体类零件总是先加工定位用的平面及两个定位孔，再以平面和定位孔为精基准加工孔系和其他平面。

③ 先面后孔　对于箱体、支架等零件，平面尺寸轮廓较大，用平面定位比较稳定，而且孔的深度尺寸又是以平面为基准的，故应先加工平面，然后加工孔。

④ 先主后次　即先加工主要表面，然后加工次要表面。在加工中心上加工零件，一般都有多个工步，使用多把刀具，因此加工顺序安排得是否合理，直接影响到加工精度、加工效率、刀具使用数量和经济效益。此外还应考虑减少换刀次数，节省辅助时间。一般情况下，每换一把新的刀具后，尽量一次加工完用该刀具加工的所有部位，以减少换刀次数，提高生产率。每道工序尽量减少刀具的空行程移动量，按最短路线安排加工表面的加工顺序。安排加工顺序时可参照采用粗铣大平面→粗镗孔→半精镗孔，采用立铣刀加工时采用平面粗铣→加工中心孔→钻孔→攻螺纹→平面和孔精加工（精铣、铰、镗等）的加工顺序。

（2）数控加工中心的组成

世界上第一台加工中心于1958年在美国诞生，美国的卡尼-特雷克公司在一台数控镗铣床上增加了换刀装置，这标志着第一台加工中心问世。数十年来出现了各种类型的加工中心，虽然外形结构各异，但总体上是由以下几大部分组成。

1）基础部件

由床身、立柱和工作台等大件组成，它们是加工中心结构中的基础部件。这些大件有铸铁件，也有焊接的钢结构件，它们要承受加工中心的静载荷以及在加工时的切削负载，因此必须具备极高的刚度，也是加工中心中质量和体积最大的部件。

2）主轴部件

由主轴箱、主轴电动机、主轴和主轴轴承等零件组成。主轴的启动、停止等动作和转速均由数控系统控制，并通过装在主轴上的刀具进行切削。主轴部件是切削加工的功率输出部件，是加工中心的关键部件，其结构的好坏，对加工中心的性能有很大的影响。

3）数控系统

由 CNC 装置、可编程序控制器、伺服驱动装置以及电动机等部件组成，是加工中心执行顺序控制动作和控制加工过程的中心环节。

4）自动换刀装置（ATC）

加工中心与数控铣床最大的区别是具有对零件进行多工序加工的能力，有一套自动换刀装置。

（3）数控加工中心的分类

根据加工中心的结构、功能、加工精度的不同，可将加工中心分为以下几类。

1）按主轴在空间所处的状态分类

① 立式加工中心 立式加工中心（图 8-1）的主轴在空间处于垂直状态，它能完成铣、镗、钻、扩、铰、攻螺纹等加工工序，最适合加工 Z 轴方向尺寸相对较小的工件，一般情况下除底面不能加工外，其余五个面都可以用不同的刀具进行轮廓加工和表面加工。

② 卧式加工中心 卧式加工中心（图 8-2）主轴在空间处于水平状态。一般的卧式加工中心有 3～5 个坐标轴，常配有一个数控分度回转工作台。其刀库容量一般较大，有的刀库可存放几百把刀具。卧式加工中心的结构较立式加工中心复杂，体积和占地面积较大，价格也较昂贵。卧式加工中心适合于箱体类零件的加工。特别是箱体类零件上的系列组孔和型腔间有位置公差时，通过一次性装夹在回转工作台上，即可对箱体（除底面和顶面之外）的四个面进行铣、镗、钻、攻螺纹等加工。

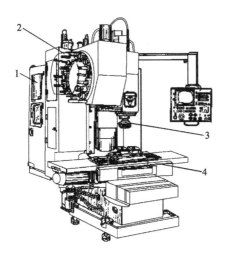

图 8-1 立式加工中心
1—数控柜；2—刀库；3—主轴；4—工作台

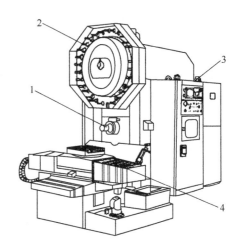

图 8-2 卧式加工中心
1—主轴；2—刀库；3—数控柜；4—工作台

③ 复合加工中心　复合加工中心（图 8-3）又称五面加工中心，其主轴在空间可作水平和垂直转换，故又称立卧式加工中心。这种加工中心兼有立式和卧式加工中心的功能，在加工过程中，零件通过一次装夹，即能够完成对五面（除底面外）的加工，并能够保证得到较高的加工精度。但这种加工中心结构复杂，价格昂贵。

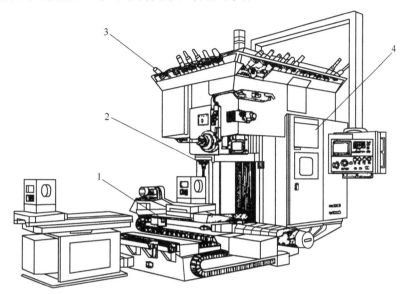

图 8-3　复合加工中心（五面加工中心）
1—工作台；2—主轴；3—刀库；4—数控柜

2）按坐标轴数分类

根据加工中心的可控坐标轴数和联动坐标轴数，可将加工中心分为：3 轴 2 联动、3 轴 3 联动、4 轴 3 联动、5 轴 4 联动、6 轴 5 联动等加工中心。

3）按工作台的数量和功能分类

① 单工作台加工中心　单工作台加工中心即机床上只有一个工作台。这种加工中心与其他加工中心相比，结构较简单，价格及加工效率均较低。

② 双工作台加工中心　双工作台加工中心即机床上有两个工作台，这两个工作台可以相互更换。一个工作台上的零件在加工时，在另一个工作台上可同时进行零件的装、卸。当一个工作台上的零件加工完毕后，自动交换另一个工作台，并对预先装好的零件紧接着进行加工。因此，这种加工中心比单工作台加工中心的效率高。

③ 多工作台加工中心　多工作台加工中心又称为柔性制造单元（FMC），有两个以上可更换的工作台，实现多工作台加工。工作台上的零件可以是相同的，也可以是不同的，这些可由程序进行处理。多工作台加工中心结构较复杂，刀库容量大，控制功能多，一般都是采用先进 CNC 系统，所以其价格昂贵。

4）按加工精度分类

① 普通加工中心　一般情况下，普通加工中心的分辨率多为 $1\mu m$，进给速度为 15～25m/min，定位精度为 $10\mu m$，重复定位精度 6～$16\mu m$。

② 高精度加工中心　高精度加工中心的分辨率可达 $0.1\mu m$，最大进给速度可达 100m/min 以上，定位精度 $2\mu m$ 以内，重复定位精度一般为 $5\mu m$ 以内。

8.1.3 加工中心编程的特点

加工中心是将数控铣床、数控镗床、数控钻床的功能组合起来,并装有刀库和自动换刀装置的数控机床。在加工中心上加工零件,从加工工序的确定、刀具的选择、加工路线的安排,到数控加工程序的编制,都比其他数控机床要复杂一些。加工中心编程具有以下特点。

① 进行合理的工艺分析。由于零件加工的工序集中,使用的刀具种类多,甚至在一次装夹下,要完成粗加工、半精加工与精加工等多个工步,合理安排各工序的加工顺序,有利于提高加工精度和提高生产率。

② 根据加工批量等情况,决定采用自动换刀还是手动换刀。一般,当加工批量在 10 件以上,而刀具更换又比较频繁时,以采用自动换刀为宜;但当加工批量很小而使用的刀具种类又不多时,把自动换刀安排在程序中,反而会增加机床调整时间。

③ 自动换刀要留出足够的换刀空间。有些刀具直径较大或尺寸较长,自动换刀时要注意避免发生撞刀事故。

④ 为提高机床利用率,尽量采用刀具机外预调,并将测量尺寸填写到刀具卡片中,以便于操作者在运行程序前及时修改刀具补偿参数。

⑤ 尽量把不同工艺内容的程序分别安排到不同的子程序中,主程序主要完成换刀及子程序的调用。这种安排便于按每一工步独立地调试程序,也便于因加工顺序不合理而进行重新调整。

8.2 FANUC 系统固定循环功能(G81、G76、G73、G84 等)

8.2.1 固定循环的特点

在数控加工中,某些加工动作已经典型化,例如钻孔、攻螺纹、镗孔的动作顺序是孔位平面定位、快速引进、工作进给、快速退回等,这一系列动作已经预先编好程序,存储在内存中,可用包含 G 代码的一个程序调用,从而简化了编程工作又能提高编程质量。这种包含了典型动作循环的 G 代码称为循环指令。

采用固定循环功能,只用一条指令,便可完成某种孔加工的整个过程,使其他方法需要几个程序段完成的功能在一个程序段内便可完成。且在循环取消之前,每一个 X、Y 方向的运动都会在新位置自动执行一遍该循环指令。孔加工循环指令包括 G73、G74、G76、G80、G81、G82、G84、G85、G86、G87、G89 等,对于"循环次数"指令,常用某一字母 L(或 H)表示,由数控系统设计者自行规定,使用时可以查阅机床数控系统使用说明书。

一般讲,一个孔加工固定循环由以下 6 个基本操作动作完成,如图 8-4 所示。

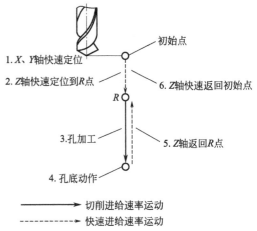

图 8-4 孔加工固定循环

① 在 XY 平面定位；
② 快速移动到 R 平面；
③ 孔的切加工；
④ 孔底动作；
⑤ 返回到 R 平面；
⑥ 返回到起始平面。

对孔加工固定循环指令的执行有影响的指令主要有 G90/G91 及 G98/G99 指令。

① 可以用绝对坐标（G90）或增量坐标（G91）定位 X 或 Y 轴进行固定循环加工（见图 8-5），在固定循环中增量（G91）运动通常用 Ln 代表每一个 X 或 Y 轴增量固定循环次数。

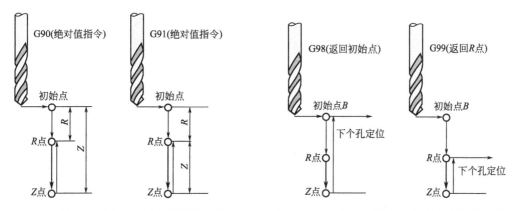

图 8-5　G90/G91 对孔加工固定循环指令的影响　　图 8-6　G98/G99 对孔加工固定循环指令的影响

例如：

G81 G99 Z－10.0 R5.0 F30（在当前位置钻一个孔）

G91 X－20.0 L9（在上一位置的 X 轴负方向钻相距为 20mm 的 9 个孔）

② G98/G99 这两个模态指令决定孔加工循环结束后刀具是返回初始平面还是参考平面（R 平面）；G98 返回初始平面，为缺省方式；G99 返回参考平面（见图 8-6）。

8.2.2　常用孔加工固定循环指令

FANUC 系统共有 13 种孔加工固定循环指令，下面对其中常用的部分指令加以介绍。

(1) 钻孔固定循环指令 G81（图 8-7）

G81 钻孔加工循环指令格式为

G81 G△△ X＿ Y＿ Z＿ R＿ F＿

该指令是最简单的固定循环，没有孔底动作，一般用于加工孔深小于 5 倍直径的孔。其中 X，Y 为孔的位置，Z 为孔的深度，F 为进给速度（mm/min），R 为参考平面的高度。G△△ 可以是 G98 和 G99。

其动作过程如下：

① 钻头快速定位到孔加工循环起始点 B（X，Y）；

② 钻头沿 Z 方向快速运动到参考平面 R；

③ 钻孔加工；

④ 钻头快速退回到参考平面 R 或快速退回到初始平面 B。

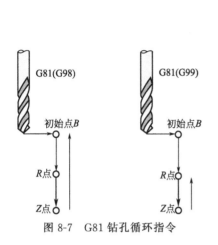

图 8-7　G81 钻孔循环指令

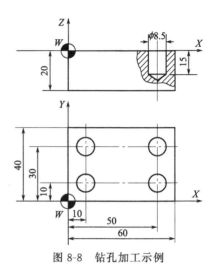

图 8-8　钻孔加工示例

编程实例：如图 8-8 所示零件，要求用 G81 加工所有的孔，其数控加工程序如下。

N02 T01 M06；	调用 T01 号刀具（φ8.5 钻头）
N04 G90 S1000 M03；	绝对值编程，启动主轴正转 1000r/min
N06 G00 X0. Y0. Z100. M08；	刀具快速移动到 X0，Y0 工件上方 100mm 处，开切削液
N08 G81 G99 X10. Y10. Z-15. R5 F20；	在（10,10）位置钻孔，孔的深度为 15mm，参考平面高度为 5mm，钻孔加工循环结束返回参考平面（R 点）
N10 X50.；	在（50,10）位置钻孔（G81 为模态指令，直到 G80 取消为止）
N12 Y30.；	在（50,30）位置钻孔
N14 X10.；	在（10,30）位置钻孔
N16 G8.0；	取消钻孔循环
N18 G00 Z100.；	刀具回工件上方 100mm 的位置
N20 M30	程序结束

（2）钻孔循环指令 G82（图 8-9）

G82 钻孔加工循环指令格式为

G82 G△△ X＿ Y＿ Z＿ R＿ P＿ F＿；

在指令中 P 为钻头在孔底的暂停时间，单位为 ms（毫秒），其余各参数的意义同 G81。该指令在孔底加入进给暂停动作，即当钻头加工到孔底位置时，刀具不做进给运动，并保持旋转状态，使孔底更光滑。G82 一般用于扩孔和沉头孔加工。

其动作过程如下。

① 钻头快速定位到孔加工循环起始点 B（X，Y）；

② 钻头沿 Z 方向快速运动到参考平面 R；

③ 钻孔加工；

④ 钻头在孔底暂停进给；

⑤ 钻头快速退回到参考平面 R 或快速退回到初始平面 B。

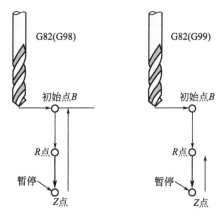

图 8-9 G82 钻孔暂停固定循环指令

(3) 高速深孔钻循环指令（高速啄钻固定循环）G73（图 8-10）

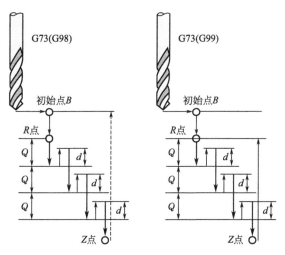

图 8-10 G73 高速钻孔循环指令

G73 高速深孔钻循环指令格式为

G73 G△△ X＿ Y＿ Z＿ R＿ Q＿ F＿；

在高速深孔钻削循环中，从 R 到 Z 点的进给是分段完成的，每段切削进给完成后 Z 轴向上抬起一段距离，然后再进行下一段的切削进给。Z 轴每次向上抬起的距离为 d，由机床参数给定，每次进给的深度由孔加工参数 Q 给定。该固定循环主要用于"深径比"较大孔（如 $\phi 5$，深 70）的加工，每段切削进给完毕后 Z 轴抬起的动作起到了断屑的作用。

其动作过程如下。

① 钻头快速定位到孔加工循环起始点 B $(X，Y)$；

② 钻头沿 Z 方向快速运动到参考平面 R；

③ 钻孔加工，进给深度为 Q；

④ 退刀，退刀量为 d；

⑤ 重复③、④，直至要求的加工深度；

⑥ 钻头快速退回到参考平面 R 或快速退回到初始平面 B。

（4）深孔钻削循环（普通啄钻固定循环）G83（图 8-11）

G83 深孔钻削循环指令格式为

G83 G△△ X_ Y_ Z_R_ Q_F_；

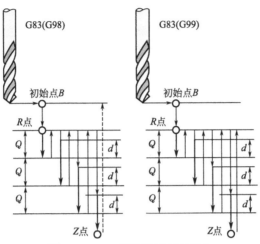

图 8-11 G83 深孔钻削循环指令

该指令和 G73 指令相似，G83 指令下从 R 点到 Z 点的进给也分段完成，和 G73 指令不同的是，每段进给完成后 Z 轴返回的是 R 点，然后以快速进给速率运动到距离下一段进给起点上方 d 的位置开始下一段进给运动。每段进给的距离由孔加工参数 Q 给定，Q 始终为正值，d 的值由机床参数给定。

其动作过程如下。

① 钻头快速定位到孔加工循环起始点 B（X，Y）；
② 钻头沿 Z 方向快速运动到参考平面 R；
③ 钻孔加工，进给深度为 Q；
④ 退刀，快速退刀至 R 平面；
⑤ 快速进给到距离下一段进给起点上方 d 的位置；
⑥ 钻孔加工，进给深度为 Q；
⑦ 重复③～⑤，直至达到要求的加工深度；
⑧ 钻头快速退回到参考平面 R 或快速退回到初始平面 B。

（5）攻螺纹循环指令 G84（图 8-12）

G84 螺纹加工循环指令格式为

G84 G△△ X_ Y_ Z_R_F_；

攻螺纹过程要求主轴转速 S 与进给速度 F 成严格的比例关系。因此，编程时要求根据主轴转速计算进给速度，进给速度 F＝主轴转速×螺纹螺距，其余各参数的意义同 G81。

使用 G84 攻螺纹进给时主轴正转，退出时主轴反转。与钻孔加工不同的是攻螺纹结束后的返回过程不是快速运动，而是以进给速度反转退出（有些系统可以通过参数设置来改变丝锥回退的速度，最高可达 9 倍攻进速度）。

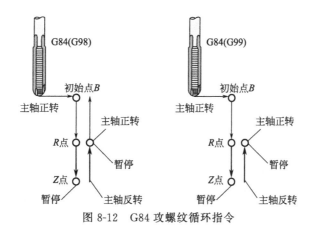

图 8-12　G84 攻螺纹循环指令

该指令执行前，甚至可以不启动主轴，当执行该指令时，数控系统将自动启动主轴正转。

其动作过程如下。

① 主轴正转，丝锥快速定位到螺纹加工循环起始点 B（X，Y）；

② 丝锥沿 Z 方向快速运动到参考平面 R；

③ 攻螺纹加工；

④ 主轴反转，丝锥以进给速度反转退回到参考平面 R；

⑤ 当使用 G98 指令时，丝锥快速退回到初始平面 B。

编程实例：对图 8-8 中的 4 个孔进行攻螺纹（$\phi 8.5$ 螺纹底孔已加工完毕），攻螺纹深度 10mm，其数控加工程序如下：

N02 T02 M06；	调用 T02 号刀具（M10 丝锥，螺距为 1.5mm）
N04 G90 S100 M03；	启动主轴正转 100r/min
N06 G00 X0. Y0. Z30. M08；	
N08 G84 G99 X10. Y10. Z-10. R5 F150；	在（10，10）位置攻螺纹，螺纹的深度为 10mm，参考平面高度为 5mm，螺纹加工循环结束返回参考平面，进给速度 F=100（主轴转速）×1.5（螺纹螺距）=150
N10 X50.；	在（50，10）位置攻螺纹（G84 为模态指令，直到 G80 取消为止）
N12 Y30.；	在（50，30）位置攻螺纹
N14 X10.；	在（10，30）位置攻螺纹
N16 G80.；	取消攻螺纹循环
N18 G00 Z100.	
N20 M30	

（6）左旋攻螺纹循环指令 G74

G74 螺纹加工循环指令格式为

G74 G△△ X__ Y__ Z__R__F__；

在使用左旋攻螺纹循环时，循环开始以前必须给 M04 指令使主轴反转，且使 F 与 S 的比值等于螺距，退出时主轴自动改为正转退回到 R 平面高度。另外，在 G74 或 G84 循环进行中，进给倍率修调和主轴倍率修调的作用将被忽略，即进给及主轴倍率被保持在 100%，而且在一个固定循环执行完毕之前不能中途停止。

(7) 镗孔加工循环指令 G85（图 8-13）

G85 镗孔加工循环指令指令格式为

G85 G∆∆ X＿ Y＿ Z＿R＿F＿;

各参数的意义同 G81。

其动作过程如下。

① 镗刀快速定位到镗孔加工循环起始点 B（X，Y）；

② 镗刀沿 Z 方向快速运动到参考平面 R；

③ 镗孔加工；

④ 镗刀以进给速度退回到参考平面 R（如果在 G98 模态下，再快速返回初始平面 B）。

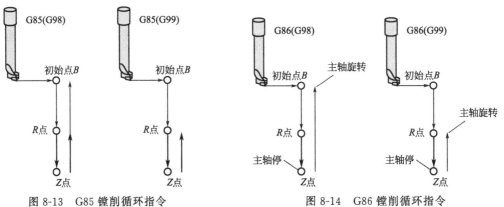

图 8-13　G85 镗削循环指令　　　图 8-14　G86 镗削循环指令

(8) 镗孔加工循环指令 G86（图 8-14）

G86 钻孔加工循环指令格式为

G86 G∆∆ X＿ Y＿ Z＿R＿F＿;

该指令与 G85 的区别是：在到达孔底位置后，主轴停止，并快速退出。各参数的意义同 G85。

其动作过程如下。

① 镗刀快速定位到镗孔加工循环起始点 B（X，Y）；

② 镗刀沿 Z 方向快速运动到参考平面 R；

③ 镗孔加工；

④ 主轴停，镗刀快速退回到参考平面 R 或初始平面 B。

(9) 镗孔加工循环指令 G89（图 8-15）

G89 镗孔加工循环指令格式为

G89 G∆∆ X＿ Y＿ Z＿R＿P＿F＿;

与 G85 的区别是：在到达孔底位置后，进给暂停。P 为暂停时间（ms），其余参数的意义同 G85。

其动作过程如下。

① 镗刀快速定位到镗孔加工循环起始点 B（X，Y）；

② 镗刀沿 Z 方向快速运动到参考平面 R；

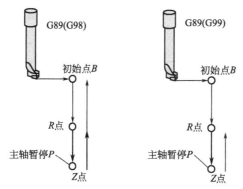

图 8-15 G89 镗削循环指令

③ 镗孔加工；

④ 进给暂停；

⑤ 镗刀以进给速度退回到参考平面 R（如果在 G98 模态下，再快速返回初始平面 B）。

(10) 精镗循环指令 G76（图 8-16）

G76 镗孔加工循环指令格式为

G76 G△△ X__ Y__ Z__ R__ P__ Q__ F__；

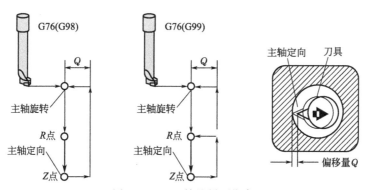

图 8-16 G76 精镗循环指令

该指令与 G85 的区别是：G76 在孔底有三个动作，进给暂停、主轴准停（定向停止）、刀具沿刀尖的反向偏移 Q 值，然后快速退出，这样保证刀具不划伤孔的表面。P 为暂停时间（ms），Q 为偏移值，其余各参数的意义同 G85。

其动作过程如下。

① 镗刀快速定位到镗孔加工循环起始点 B（X，Y）；

② 镗刀沿 Z 方向快速运动到参考平面 R；

③ 镗孔加工；

④ 进给暂停、主轴准停、刀具沿刀尖的反向偏移；

⑤ 镗刀快速退出到参考平面 R 或初始平面 B。

(11) 背镗循环指令 G87（图 8-17）

G87 背镗加工循环指令格式为

G87 X__ Y__ Z__ R__ Q__ F__；

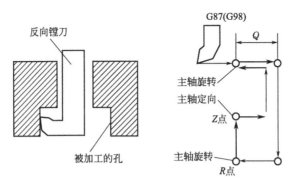

图 8-17 G87 背镗循环指令

在使用该固定循环时,应注意孔底移动的方向是使主轴定向后,刀尖离开工件表面的方向,这样退刀时便不会划伤已加工好的工件表面,可以得到较好的精度和较低的粗糙度。孔底的移动距离由孔加工参数 Q 给定,Q 始终应为正值,移动的方向由机床参数给定。

注意:该指令不能使用 G99。

其动作过程如下。

① 镗刀快速定位到镗孔加工循环起始点 B(X,Y);

② 主轴准停、刀具沿刀尖的反方向偏移;

③ 快速运动到孔底位置(参考平面 R);

④ 刀尖正方向偏移回加工位置,主轴正转;

⑤ 刀具向上进给,到 Z 平面;

⑥ 主轴准停,刀具沿刀尖的反方向偏移 Q 值;

⑦ 镗刀快速退出到初始平面 B;

⑧ 沿刀尖正方向偏移。

(12)取消孔加工循环指令 G80

G80 指令被执行以后,固定循环(G73、G74、G76、G81~G89)被该指令取消,R 点和 Z 点的参数以及除 F 外的所有孔加工参数均被取消。另外 01 组的 G 代码(G00、G01、G02、G03)也会起到同样的作用。

8.2.3 使用孔加工固定循环的注意事项

① 指定固定循环之前,必须先使用 S 和 M 代码指令主轴旋转,当使用了主轴停止转动指令 M05 之后,一定要重新使主轴旋转后,再指定固定循环。

② 指定固定循环状态时,必须给出 X、Y、Z、R 中的每一个数据,固定循环才能执行,如果一个程序段不包含上列的任何一个地址,则在该程序段中将不执行固定循环。

③ 操作时,若利用复位或急停按钮使数控装置停止,固定循环加工和加工数据仍然存在,所以再次加工时,应该使固定循环剩余动作进行到结束。

④ 孔加工参数 Q、P 必须在固定循环被执行的程序段中被指定,否则指令的 Q、P 值无效。

⑤ 在执行含有主轴控制的固定循环(如 G74、G76、G84 等)过程中,刀具开始切削进给时,主轴有可能还没有达到指令转速。这种情况下,需要在孔加工操作之间加入 G04 暂

停指令。

⑥ 由于 01 组的 G 代码也起到取消固定循环的作用，所以不能将固定循环指令和 01 组的 G 代码写在同一程序段中。

⑦ 当执行单程序段运行时，固定循环执行完 X、Y 轴定位、快速进给到 R 点及从孔底返回（到 R 点或到初始点）后，都会停止。也就是说需要按循环启动按钮 3 次才能完成一个孔的加工。3 次停止中，前面的两次是处于进给保持状态，后面的一次是处于停止状态。

⑧ 执行 G74 和 G84 循环时，Z 轴从 R 点到 Z 点和 Z 点到 R 点两步操作之间如果按进给保持按钮的话，进给保持指示灯立即会亮，但机床的动作却不会立即停止，直到 Z 轴返回 R 点后才进入进给保持状态。

8.2.4 固定孔循环应用实例

【例 8-1】 加工如图 8-18 所示工件，方板上有 13 个直径不同、深度不同的孔。编程坐标系原点 X0、Y0 设在工件左上角，Z0 设在工件上表面最高点。

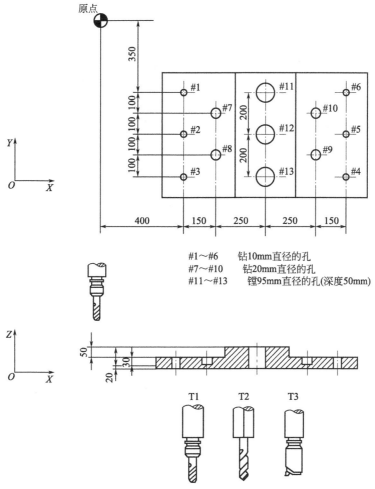

图 8-18 固定循环加工工件及加工刀具简图

所用刀具及加工程序如下。

T1号刀具,φ10钻头;T2号刀具,φ20钻头;T3号刀具,单刃镗孔刀(φ95)。

加工程序:

```
%
O1234;
N01 T1 M06;                                          (调用1号刀具,φ10钻头)
N02 G90 G54 G00 X0 Y0;                               (刀具快速移动到G54坐标系X0,Y0处)
N03 G43 Z100. H1 M08;                                (加入1号刀具长度补偿后移动到初始平面Z100.处)
N04 S2000 M03;                                       (主轴正转2000r/min)
N05 G99 G81 X400.0 Y-350.0 Z-105.0 R-45.0 F120;      (钻#1孔,返回到R平面)
N06 Y-550.0;                                         (钻#2孔,返回到R平面)
N07 G98 Y-750.0;                                     (钻#3孔,返回到初始平面)
N08 G99 X1200.0;                                     (钻#4孔,返回到R平面)
N09 Y-150.0;                                         (钻#5孔,返回到R平面)
N10 G98 Y-350.0;                                     (钻#6孔,返回到初始平面)
N11 G00 X0 Y0 M05 M09;                               (回原点,主轴停止,切削液停)
N12 T2 M06;                                          (调用2号刀具,φ20钻头)
N13 G43 Z100. H2;                                    (加入2号刀具长度补偿后移动到初始平面Z100.处)
N14 S1000 M03;                                       (主轴正转)
N15 G99 G82 X550.0 Y-450.0 Z-80.0 R-45.0 P300 F70;   (钻#7孔,返回到R平面)
N16 G98 Y-650.0;                                     (钻#8孔,返回到初始平面)
N17 G99 X1050.0;                                     (钻#9孔,返回到R平面)
N18 G98 Y-450.0;                                     (钻#10孔,返回到初始平面)
N19 G00 X0 Y0 M05;                                   (回原点,主轴停止,切削液停)
N20 T3 M06;                                          (调用2号刀具,单刃镗孔刀)
N21 G43 Z100. H3;                                    (加入3号刀具长度补偿后移动到初始平面Z100.处)
N22 S100 M03;                                        (主轴正转)
N23 G85 G99 X800.0 Y-350.0 Z-102.0 R5.0 F50;         (镗#11孔,返回到R平面)
N24 G91 Y-200.0 L2;                                  (镗#12、镗#13孔,返回到R平面)
N25 G00 X0 Y0 M05;                                   (回原点,主轴停止,切削液停)
N26 G91 G28 Z0;                                      (Z轴回原点)
N27 M30;                                             (程序结束)
%
```

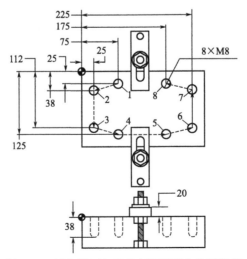

图 8-19 固定循环与子程序调用配合使用举例

【例 8-2】 利用固定循环与子程序调用配合使用，加工如图 8-19 所示工件，方板上 1~8 号孔（M8×1.25）需要刚性攻螺纹加工。编程坐标系原点 X0、Y0 设在工件左上角，Z0 设在工件上表面。

所用刀具及加工程序如下。

T1 号刀具，φ5 中心钻；T2 号刀具，φ6.8 钻头；T3 号刀具，M8×1.25 机用丝锥。

主程序：

%	
O0100；	（主程序名）
N02 T1 M06；	（调用 1 号刀具，φ5 中心钻）
N04 G90 G54 G00 X75.Y−25.；	（刀具快速移动到 G54 坐标系 X75.Y−25. 处）
N06 S3000 M03；	（主轴正转 3000r/min）
N08 G43 H01 Z100.M08；	（加入 1 号刀具长度补偿后移动到初始平面 Z100. 处，切削液开）
N10 G81 G99 Z−5.R3.0 F150.；	（在 X75.Y−25. 处钻 1# 定位孔，返回到 R 平面）
N12 M98 P105；	（调用子程序 O0105，加工 2#~8# 定位孔）
N14 T2 M06；	（调用 2 号刀具，φ6.8 钻头）
N16 G90 G54 G00 X75.Y−25.；	（刀具快速移动到 G54 坐标系 X75.Y−25. 处）
N18 S1500 M03；	（主轴正转 1500r/min）
N20 G43 H02 Z100.M08；	（加入 2 号刀具长度补偿后移动到初始平面 Z100. 处，切削液开）
N22 G83 G99 Z−38.Q5 R3.F300.；	（在 X75.Y−25. 处钻 1# 螺纹底孔，返回到 R 平面）
N24 M98 P105；	（调用子程序 O0105，加工 2#~8# 螺纹定位孔）
N26 T3 M06；	（调用 3 号刀具，M8×1.25 机用丝锥）
N28 G90 G54 G00 X75.Y−25.；	（刀具快速移动到 G54 坐标系 X75.Y−25. 处）
N30 M03 S100；	（主轴正转 100r/min）
N32 G43 H03 Z100.M08；	（加入 3 号刀具长度补偿后移动到初始平面 Z100. 处，切削液开）
N34 G84 G99 Z−30.R3.F125；	（在 X75.Y−25. 处攻 1# 螺纹，返回到 R 平面）
N36 M98 P105；	（调用子程序 O0105，加工 2#~8# 螺纹）
N38 G91 G28 Z0；	（Z 轴回机床参考点）
N40 M30；	（程序结束）
%	

子程序：

%	
O0105；	（子程序名）
N02 X25.Y−38.；	（2# 位置，续效 G99）
N04 Y−112.；	（3# 位置，续效 G99）
N06 G98 X75.Y−125.；	（4# 位置，采用 G99 刀具回初始平面 Z100. 处避让压板）
N08 G99 X175.；	（5# 位置，采用 G99）
N10 X225.Y−112.；	（6# 位置，续效 G99）
N12 Y−38.；	（7# 位置，续效 G99）
N14 X175.Y−25.；	（8# 位置，续效 G99）
N16 G80 G00 Z100.0 M09；	（取消固定循环，刀具回工件上方 100mm 处）
N18 M99；	（子程序结束，返回主程序）
%	

9 综合实训

9.1 中级数控车床编程实例

9.1.1 阶梯轴类工件加工

通过对阶梯轴类工件加工,掌握工件加工工艺的合理安排和加工工艺卡的正确设置,刀具的合理选用,工件加工前的准备操作和数控车床自动加工操作以及对工件加工误差和质量分析与调整等实训内容。

9.1.1.1 实训目的

1) 熟练掌握数控车床上阶梯轴类工件的基本加工方法。
2) 熟练掌握工件在卡盘上、刀具在刀架上的安装调校方法和对刀操作方法及设置过程。
3) 提高数控车床的操控能力,掌握工件加工误差的分析和补偿方法、保证掉头装夹工件形位精度的操作方法。
4) 通过对零件工艺分析和程序编制,掌握粗、精车削工件的加工工艺路线、刀具选用和切削用量确定。

9.1.1.2 实训内容

在数控车床上加工如图9-1所示工件,按照数控车床的加工步骤及有关安全操作规程,逐步完成整个操作,实训时间为8~10h。

9.1.1.3 实训项目

(1) 零件图的分析

该零件图包括以 $\phi27$ 圆柱面为分界,左右两边为阶梯轴轮廓的加工件。零件的材质为45钢,两边阶梯轴表面粗糙度要求 $Ra1.6\mu m$,其余均为 $Ra3.2\mu m$。左右两边 $\phi20$ 处圆柱要求保证 ◎ $\phi0.03$ A 同轴度要求,精度要求较高。轴 $\phi16$ 与螺纹轴连接处呈30°斜边角连接,Z向移动坐标通过计算求得。图中要求锐边倒钝 $C0.3mm$,需通过刀尖圆弧半径补偿操作方式来实现加工。另外,各轴表面加工精度和尺寸精度要求很高,编程时要设计好半精加工的余量,加工时做好磨耗补偿操作,保证各位置加工精度。无热处理和硬度要求。

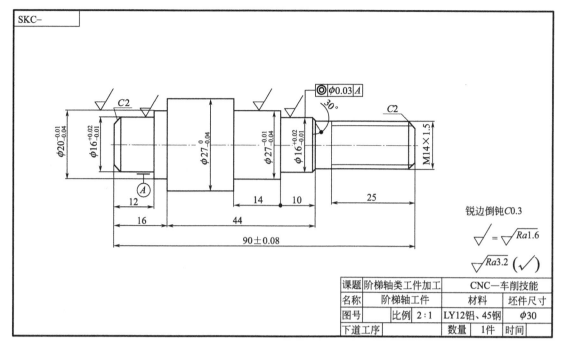

图 9-1 加工操作实训零件图

（2）工件加工工艺分析

根据零件图分析的相关内容，要求能够熟练掌握加工方案的制订，刀具、切削用量的选择，操作工序的安排及各节点坐标分析与计算等工艺分析内容。

① 确定工件装夹方案。

零件原料为毛坯棒料，可采用三爪自定心卡盘装夹定位。图左边阶梯轴工件轮廓加工坯件伸出卡盘端面55mm；图右边阶梯轴工件轮廓加工坯件伸出卡盘端面60mm。

② 设定程序原点。

以工件右端面与轴线交点处建立工件坐标系（采用试切对刀法建立）。

③ 设置换刀点。

工件坐标系（$X200.0$，$Z100.0$）处设置为换刀点。

④ 设置加工起点。

左右阶梯轴，表面粗、精加工起点均设定在（$X32.0$，$Z2.0$）处；螺纹加工起点设定在（$X16.0$，$Z5.0$）处。

⑤ 数值计算。

a. 计算基点位置坐标值。

图 9-1 中，轴 $\phi16$ 与螺纹轴连接处呈 30°斜边角连接，Z 向移动坐标通过计算求得。

如图 9-2 斜角坐标值计算示意图所示。

根据三角形正切计算公式 $\tan A = \dfrac{对边}{邻边} = \dfrac{BC}{AC}$

$BC = \tan A \times AC = 0.58 \times 1 = 0.58$

A 基点值：（$X16.0$，$Z-30.58$）

b. 其他各基点值可通过图标注尺寸识读或换算出来（略）。

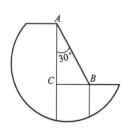

图 9-2 斜角坐标值计算示意图

c. 螺纹的计算。

根据公式 $d=D-1.3P=14-1.3\times 1.5=12.05(\mathrm{mm})$

轴螺纹底径坐标尺寸（螺纹加工最后一刀尺寸）为 $X12.05$，$Z-25.0$。

⑥ 加工工艺路线确定。

a. 用 G71 复合固定循环指令粗车图左边阶梯轴工件外圆表面（精加工余量 0.5mm）。

b. 用 G70 精加工循环指令精车图左边阶梯轴工件外圆表面。精车轨迹为：G00 移刀至 $(X0, Z2.0)\to$G01 工进移刀至 $(X0, Z0)\to$工进车削轴端面并倒角至 $(X16.0, Z0, C2.0)\to$工进切削圆柱表面至 $(X16.0, Z-12.0)\to$工进切削端面台并锐边倒角至 $(X20.0, Z-12.0, C0.3)\to$工进切削小圆柱表面至 $(X20.0, Z-16.0)\to$工进切削端面台并锐边倒角至 $(X27.0, Z-16.0, C0.3)\to$工进切削圆柱表面至 $(X27.0, Z-50.0)$。

c. 手动切断工件。下料长度为 $L=92$mm。

d. 用 G71 复合固定循环指令精车图右边阶梯轴工件外圆表面（精加工余量 0.5mm）。

e. 用 G70 精加工循环指令精车图右边阶梯轴工件外圆表面。精车轨迹为：G00 移刀至 $(X0, Z2.0)\to$G01 工进移刀至 $(X0, Z0)\to$工进车削轴端面并倒角至 $(X13.8, Z0, C2.0)\to$工进切削圆柱表面至 $(X13.8, Z-30.0)\to$工进切削轴边角至 $(X16.0, Z-30.58)\to$工进切削圆柱表面至 $(X16.0, Z-40.0)\to$工进切削端面台并锐边倒角至 $(X20.0, Z-40.0, C0.3)\to$工进切削圆柱表面至 $(X20.0, Z-54.0)\to$工进切削端面台至 $(X26.4, Z-54.0)\to$工进切削锐边倒角至 $(X28.0, Z-54.8)$。

f. 用 G92 螺纹切削循环指令切削 M14×1.5 外螺纹。加工终点坐标值：$X13.3$，$Z-25.0$。螺距：F1.5。加工分六次循环进刀，坐标值为：$X13.3$；$X12.9$；$X12.5$；$X12.2$；$X12.1$；$X12.05$。

(3) 刀具选择

见表 9-1。

表 9-1 刀具选择

实训课题	阶梯轴类工件加工	零件名称	阶梯轴件		零件图号	图 9-1
序号	刀具号	刀具名称	规格/mm	R	T	加工表面	备注
1	T0101	90°外圆车刀	20×20	0.2	3	端面、外圆	粗车
2	T0202	93°外圆车刀	20×20	0.4	3	端面、外圆	精车
3	T0303	60°外螺纹车刀	20×20	—	—	外螺纹	粗、精车
4	T0404	切断车刀(刀宽 4mm)	20×20			切断棒材	手动

(4) 加工方案制订和切削用量确定

见表 9-2。

表 9-2 加工方案制订和切削用量

材料	45 钢	零件图号	图 9-1	系统	FANUC	工序号	
操作序号	工步内容(走刀路线)	G 功能	T 刀具	切削用量			
				主轴转速 S/(r/min)	进给速度 F/(mm/r)	切削深度/mm	
主程序	工件采用两头加工,掉头时夹持 φ27 圆柱表面,坯件伸出卡盘端面 60mm,在外圆面已加工面处用百分表调校找正						
(1)	粗车图左外圆表面	G71	T0101	600	0.15	1.5	
(2)	精车图左外圆表面	G70	T0202	1000	0.08	0.25	
(3)	切断(掉头装夹)	—	T0404	450	手控	手控	
(4)	粗车图右外圆表面	G71	T0101	600	0.15	1.5	
(5)	精车图右外圆表面	G70	T0202	1000	0.05	0.25	
(6)	外螺纹加工	G92	T0303	500	螺距:1.5	逐渐递减	

(5) 编程

程序内容	说　明
O0001;	输入程序号(图左加工程序)
N1;	粗加工图左阶梯轴外圆表面程序
G99 G97 S600 M03;	转进给方式加工,主轴正转
T0101;	调用1号刀,建立工件坐标系
G00 X200.0 Z100.0;	换刀点
X32.0 Z2.0;	循环点(加工起刀点)
M08;	冷却液开
G71 U1.5 R0.5;	用G71复合固定循环指令粗车图左阶梯轴外圆表面
G71 P10 Q11 U0.5 W0.05 F0.15;	
N10 G42 G00 X0;	加入刀尖圆弧半径补偿
G01 Z0;	
X16.0 C2.0;	
Z-12.0;	
X20.0 C0.3;	
Z-16.0;	
X27.0 C0.3;	
N11 Z-50.0;	
M09;	冷却液关
G00 X200.0 Z100.0;	返回换刀点,并取消刀尖半径补偿
M05;	主轴停
M00;	进给停,检测
N2;	精加工图左阶梯轴外圆表面程序
G99 G97 S1000 M03;	转进给方式加工,主轴正转
T0202;	调2号刀,建立工件坐标系
G00 X32.0 Z2.0;	循环点(加工起刀点)
M08;	冷却液开
G70 P10 Q11 F0.08;	用G70复合固定循环指令精车图左阶梯轴外圆表面
M09;	冷却液关
G40 G00 X200.0 Z100.0;	返回换刀点,并取消刀尖半径补偿
M05;	主轴停
M30;	程序停止,返回程序头
O0002;	输入程序号(图右加工程序)
N1;	粗加工图右阶梯轴外圆表面程序
G99 G97 S600 M03;	转进给方式加工,主轴正转
T0101;	调用1号刀,建立工件坐标系
G00 X200.0 Z100.0;	换刀点
X32.0 Z2.0;	循环点(加工起刀点)
M08;	冷却液开
G71 U1.5 R0.5;	用G71复合固定循环指令粗车图右阶梯轴外圆表面
G71 P10 Q11 U0.5 W0.05 F0.15;	
N10 G42 G00 X0;	加入刀尖圆弧半径补偿
G01 Z0;	
X13.8 C2.0;	
Z-30.0;	
X16.0 Z-30.58;	
Z-40.0;	
X20.0 C0.3;	
Z-54.0;	
X26.4;	
N11 X28.0 Z-54.8;	
M09;	冷却液关
G40 G00 X200.0 Z100.0;	返回换刀点,并取消刀尖半径补偿
M05;	主轴停
M00;	进给停,检测
N2;	精加工图右外圆阶梯轴表面程序

续表

程序内容	说　　明
G99 G97 S1000 M03;	转进给方式加工,主轴正转
T0202;	调2号刀,建立工件坐标系
G00 X32.0 Z2.0;	循环点(加工起刀点)
M08;	冷却液开
G70 P10 Q11 F0.08;	用G70复合固定循环指令精车图右阶梯轴外圆表面
M09;	冷却液关
G40 G00 X200.0 Z100.0;	返回换刀点,并取消刀尖半径补偿
M05;	主轴停
M00;	进给停,检测
N3;	车外螺纹加工程序
G99 G97 S550 M03;	转进给方式加工,主轴正转
T0303;	调用3号刀,建立工件坐标系
G00 X16.0 Z5.0;	循环点(加工起刀点)
M08	冷却液开
G92 X13.3 Z−25.0 F1.5;	用G92螺纹切削循环指令切削外螺纹
X12.9;	
X12.5;	
X12.2;	
X12.1;	
X12.05;	
M09;	冷却液关
G00 X200.0 Z100.0;	返回换刀点
M05;	主轴停
M30;	程序停止,返回程序头

(6) 程序输入和程序校验 (现场操作)

细读给定加工程序,输入程序并通过图形模拟功能或空运行加工进行程序试运行校验及修整,要求熟练掌握MDI操作面板如机床操作面板的操控。

(7) 数控车床的对刀及参数设定 (现场操作)

将坯件装夹在三爪卡盘上,图左边阶梯轴工件轮廓加工坯件伸出卡盘端面55mm;图右边阶梯轴工件轮廓加工坯件伸出卡盘端面60mm。以工件右端面与轴线交点处,采用试切对刀法对刀确认每把刀的刀长补和建立工件坐标系。

(8) 数控车床的自动加工 (现场操作)

熟练掌握数控车床控制面板的操作,自动加工中,对加工路线轨迹和切削用量做到及时监控并有效调整。

说明:

① 自动加工首件试切时,可采用单段加工方法,并通过调整倍率,修正程序中给定的进给速度和主轴转速设定值,达到加工最佳效果。

② 自动加工时,冷却液供给应充足,位置准确。观察切削颜色和倾听切削声音是否正常,防止切削过热影响加工质量和刀具过剧磨损。

③ 在掉头装夹工件时,应采用在已加工表面垫铜皮或等径夹套的方法,防止工件表面夹伤;用百分表压触图左工件已加工表面,测量并找正工件圆跳动量,保证工件同轴度形位公差要求。

(9) 对工件进行误差与质量分析 (现场操作)

按图纸和技术要求分析规定项目要求,对工件进行测量和对比校验,如有尺寸和形位误差或表面加工质量误差,应及时调整并修复。

9.1.1.4 安全操作和注意事项

1) 安全第一,学生的实训必须在教师的指导下,严格按照数控车床的安全操作规程,有步骤地进行。
2) 工件装夹可靠。
3) 刀具装夹可靠。
4) 机床在试运行前必须进行图形模拟加工,避免程序错误、刀具碰撞工件或卡盘。车床在空载运行时,注意检察车床各部分运行状况。
5) 工件加工过程中,要注意中间检验工件质量,如出现加工质量异常,应停止加工,以便采取相应措施。

9.1.2 螺纹类工件加工

通过螺纹类工件加工,掌握工件加工工艺的合理安排,螺纹刀位点的正确计算和加工工艺卡项目内容的正确设置,刀具的合理选用与安装,工件加工前的准备操作和数控车床自动加工操作以及工件加工误差和质量分析与调整等。

9.1.2.1 实训目的

1) 熟练掌握数控车床上螺纹类工件的基本加工方法。
2) 熟练掌握工件在卡盘上、刀具在刀架上的安装调校方法和对刀操作过程。
3) 提高数控车床的操控能力,掌握零件加工误差和螺纹精度检测的分析和补偿方法。
4) 通过零件工艺分析和程序编制,掌握粗、精车削工件的加工工艺路线、刀具选用和切削用量确定。

9.1.2.2 实训内容

在数控车床上加工如图9-3所示工件,按照数控车床的加工步骤及有关安全操作规程,逐步完成整个操作,实训时间为8~10h。

9.1.2.3 实训项目

(1) 零件图的分析

零件是由端面球形、两处60°螺纹加工、锥面加工、宽槽加工及槽内侧倒角等加工轮廓组成的综合性加工零件。零件的材质为LY12硬铝合金材料。工件表面粗糙度要求$Ra3.2\mu m$。工件采用一次装夹完成加工,端面球形终点X轴坐标和锥体小端X轴坐标值,通过计算求得。编程时要设计好半精加工和精加工的余量,锐边倒钝C0.3mm的加工要求,需通过刀尖圆弧半径补偿操作方式来保证加工,加工时做好磨耗补偿操作,保证螺纹及工件各位置加工精度。无热处理和硬度要求。

(2) 工件加工工艺分析

根据零件图分析的相关内容,要求能够熟练掌握加工方案的制订,刀具、切削用量的选择,操作工序的安排及各节点坐标的分析与计算等工艺分析内容。

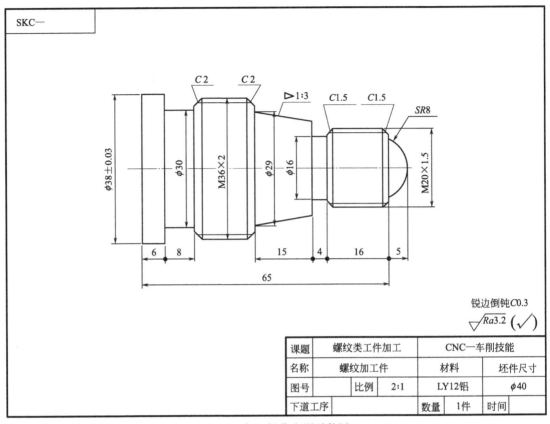

图 9-3 加工操作实训零件图

① 确定工件装夹方案。

零件原料为毛坯棒料,可采用三爪自定心卡盘装夹定位。加工坯件伸出卡盘端面 80mm,粗找正后夹紧棒料。

② 设定程序原点。

以工件右端面与轴线交点处建立工件坐标系(采用试切对刀法建立)。

③ 设置换刀点。

工件坐标系($X200.0$,$Z100.0$)处设置为换刀点。

④ 设置加工起点。

螺纹加工件外形加工,表面粗、精加工起点均设定在($X41.4$,$Z2.0$)处;槽加工起点设定在($X29.0$,$Z-25.0$);螺纹加工起点设定在($X38.0$,$Z-35.0$)处。

⑤ 数值计算。

a. 计算基点位置坐标值。

图 9-3 中,端面球形终点 X 轴坐标值,可通过计算求得。
端面球弧 A 点处 X 轴节点计算示意图如图 9-4 所示。
$OA=8$mm,$OB=8-5=3$(mm),根据三角形勾股定理

$$AB=\sqrt{OA^2-OB^2}=\sqrt{8^2-3^2}=7.42(\text{mm})$$

端面球弧 A 点坐标值($X14.84$,$Z-5.0$)。

b. 图 9-3 中,圆锥体小端 X 轴坐标值计算。

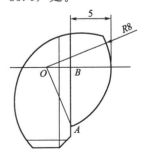

图 9-4 端面球弧 X 轴节点计算示意图

已知锥体大端直径 $\phi 29\text{mm}$；锥度 1∶3。

根据圆锥计算公式 $$C=\frac{D-d}{L}$$

求得 $$d=D-CL=29-\frac{1}{3}\times 15=24(\text{mm})$$

其他各基点值可通过图标注尺寸识读或换算出来（略）。

c. 螺纹的计算。

M20×1.5 螺纹的计算：$d=D-1.3P=20-1.3\times 1.5=18.05(\text{mm})$。

M20×1.5 螺纹底径坐标尺寸（螺纹加工最后一刀尺寸）为 $X18.05$，$Z-22.0$。

M36×2 螺纹的计算：$d=D-1.3P=36-1.3\times 2=33.4(\text{mm})$。

M36×2 螺纹底径坐标尺寸（螺纹加工最后一刀尺寸）为 $X33.4$，$Z-58.0$。

⑥ 确定加工工艺路线。

a. 用 G71 复合固定循环指令粗车工件外圆表面（精加工余量 U0.2 W0.05mm）。

b. 用 G70 精加工循环指令精车工件外圆表面。精车轨迹为：G00 移刀至 ($X0$，$Z2.0$) → G01 工进移刀至 ($X0$ $Z0$) → 工进逆时针圆弧车削端面球弧至 ($X14.84$，$Z-5.0$，$R8.0$) → 工进切削端面台并倒角至 ($X19.9$，$C1.5$) → 工进切削圆柱表面至 ($Z-25.0$) → 工进切削端面台至 ($X24.0$) → 工进切削圆锥表面至 ($X29.0$，$Z-40.0$) → 工进切削端面台并倒角至 ($X35.9$，$C2.0$) → 工进切削圆柱表面至 ($Z-64.0$) → 工进切削端面台并锐边倒钝至 ($X38.0$，$C0.3$) → 工进切削圆柱表面至 ($Z-70.5$)。

c. 切退屑槽和 8mm 宽槽。轨迹为：快速移刀至 ($X29.0$，$Z-25.0$) → 工进移刀至 ($X20.0$，$F0.3$) → 工进切削至 ($X16.0$，$F0.05$) → 刀具在槽底停 2 转 ($G04$，$U2.0$) → 工进返回至 ($X20.0$，$F0.1$) → 工进增量移刀 ($W1.5$) → 工进倒内角切削至 ($X17.0$，$W-1.5$，$F0.05$) → 工进返回至 ($X40.0$，$F0.3$) → 工进移刀至 ($Z-64.0$) 工进移刀至 ($X36.0$，$F0.1$) → 工进切削至 ($X30.0$，$F0.05$) → 刀具在槽底停 2 转 ($G04$，$U2.0$) → 工进返回至 ($X36.0$，$F0.2$) → 工进增量移刀 ($W2.0$) → 工进切削至 ($X30.0$，$F0.05$) → 刀具在槽底停 2 转 ($G04$，$U2.0$) → 工进返回至 ($X36.0$，$F0.2$) → 工进增量移刀 ($W2.0$) → 工进切削至 ($X30.0$，$F0.05$) → 刀具在槽底停 2 转 ($G04$，$U2.0$) → 工进返回至 ($X36.0$，$F0.2$) → 工进增量移刀 ($W2.0$) → 工进倒内角切削至 ($X32.0$，$W-2.0$，$F0.05$) → 工进返回至 ($X40.0$，$F0.2$)。

d. 用 G76 复合螺纹切削循环指令切削 M36×2 螺纹。螺纹加工终点坐标值：($X33.4$，$Z-58.0$)。

精加工重复次数 (m：2 次)；刀尖角度 (a：60°)；最小切削深度 ($\Delta d_{\min}$：0.1mm)；精加工余量 (d：0.05mm)；锥螺纹的半径差 (i：0)；螺纹的牙高 (k：1.3mm)；第一次车削深度 (Δd：0.5mm)。

e. 用 G92 螺纹切削循环指令切削 20×1.5 外螺纹。加工终点坐标值：($X18.05$，$Z-22.0$)。螺距：F1.5。加工分六次循环逐渐递减进刀，坐标值为：$X19.4$；$X19.0$；$X18.6$；$X18.3$；$X18.1$；$X18.05$。

f. 手动切断工件。

(3) 刀具选择

见表 9-3。

表 9-3 刀具选择

实训课题		阶梯轴类工件加工		零件名称	阶梯轴件		零件图号	图 9-3
序号	刀具号	刀具名称	规格/mm	R	T		加工表面	备注
1	T0101	90°外圆车刀	20×20	0.2	3		端面、外圆	粗车
2	T0202	93°外圆车刀	20×20	0.4	3		端面、外圆	精车
3	T0303	60°外螺纹车刀	20×20	—	—		外螺纹	粗、精车
4	T0404	切槽车刀(刀宽 4mm)	20×20	—	—		退屑槽、宽槽	精车
5	T0404	切断车刀(刀宽 4mm)	20×20	—	—		切断棒材	手动

（4）加工方案制订和切削用量确定

见表 9-4。

表 9-4 加工方案制订和切削用量

材料	LY12 铝	零件图号		图 9-3	系统	FANUC	工序号	
操作序号	工步内容（走刀路线）		G 功能	T 刀具	切削用量			
					主轴转速 S/(r/min)	进给速度 F/(mm/r)		切削深度/mm
主程序	工件采用夹住棒料一端,伸出卡盘端面长度约 80mm(手动操作),调用主程序 O0003 加工							
(1)	粗车外圆表面		G71	T0101	600	0.15		1.5
(2)	精车外圆表面		G70	T0202	1000	0.08		0.25
(3)	退屑槽和 8mm 宽槽		G01	T0404	450	0.05		2、4
(4)	加工 M36×2 螺纹		G76	T0303	450	螺距:2.0		自动递减
(5)	加工 M20×1.5 螺纹加工		G92	T0303	450	螺距:1.5		逐渐递减
(6)	切断		—	T0404	450	手控		手控

（5）编程

程序内容	说　明
O0003	输入程序名
N1	粗加工外圆表面程序
G99 G97 S600 M03	转进给方式加工,主轴正转
T0101	调用 1 号刀,建立工件坐标系
G00 X200.0 Z100.0	换刀点
X41.4 Z2.0	循环点（加工起刀点）
G71 U1.5 R0.5	用 G71 复合固定循环指令粗车外圆表面
G71 P10 Q11 U0.2 W0.05 F0.2	
N10 G42 G00 X0	加入刀尖圆弧半径补偿
G01 Z0	
G03 X14.84 Z−5.0 R8.0	
G01 X19.9 C1.5	
Z−25.0	
X24.0	
X29.0 Z−40.0	
X35.9 C2.0	
Z−64.0	
X38.0 C0.3	
N11 Z−70.5	
G40 G00 X200.0 Z100.0	返回换刀点,并取消刀尖半径补偿
M05	主轴停
M00	进给停,检测
N2	精加工外圆表面程序
G99 G97 S1000 M03	转进给方式加工,主轴正转
T0202	调 2 号刀,建立工件坐标系
G00 X41.4 Z2.0	循环点（加工起刀点）

续表

程序内容	说 明
G70 P10 Q11 F0.08	用 G70 复合固定循环指令精车外圆表面
G40 G00 X200.0 Z100.0	快速返回换刀点,取消刀尖圆弧半径补偿
M05	主轴停
M00	进给停,检测
N3	退屑槽和宽槽加工程序
G99 G97 S450 M03	转进给方式加工,主轴正转
T0404	调 4 号刀,建立工件坐标系
G00 X29.0 Z−25.0	加工起刀点
G01 X20.0 F0.3	X 向工进移刀
X16.0 F0.05	X 向工进切削
G04 U2.0	槽底暂停 2 转
G01 X20.0 F0.1	X 向工进退刀
W1.5	Z 向工进增量移刀
X17.0 W−1.5 F0.05	工进倒内角切削
G01 X40.0 F0.3	X 向工进退刀
Z−64.0	Z 向工进移刀
X36.0 F0.1	X 向工进移刀
X30.0 F0.05	X 向工进切削
G04 U2.0	槽底暂停 2 转
G01 X36.0 F0.2	X 向工进退刀
W2.0	Z 向工进增量移刀
X30.0 F0.05	X 向工进切削
G04 U2.0	槽底暂停 2 转
G01 X36.0 F0.2	X 向工进退刀
W2.0	Z 向工进增量移刀
X30.0 F0.05	X 向工进切削
G04 U2.0	槽底暂停 2 转
G01 X36.0 F0.2	X 向工进退刀
W2.0	Z 向工进增量移刀
X32.0 W−2.0 F0.05	工进倒内角切削
X40.0 F0.2	X 向工进退刀
G00 X200.0 Z100.0	快速返回换刀点
M05	主轴停
M00	进给停,检测
N4	车外螺纹加工程序
G99 G97 S450 M03	转进给方式加工,主轴正转
T0303	调用 3 号刀,建立工件坐标系
G00 X38.0 Z−35.0	循环点(加工起刀点)
G76 P020060 Q100 R0.05	用 G76 复合螺纹切削循环指令切削外螺纹
G76 X33.4 Z−58.0 R0 P1300 Q500 F2.0	
G00 Z0	快速移动刀确定循环点
X22.0	
G92 X19.4 Z−22.0 F1.5	用 G92 螺纹切削循环指令切削外螺纹
X19.0	
X18.6	
X18.3	
X18.1	
X18.05	
G00 X200.0 Z100.0	返回换刀点
M05	主轴停
M30	程序停止,返回程序头

(6) 程序输入和程序校验（现场操作）

细读给定加工程序，输入程序并通过图形模拟功能或空运行加工进行程序试运行校验及修整，要求熟练掌握 MDI 操作面板如机床操作面板的操控。

(7) 数控车床的对刀及参数设定（现场操作）

将坯件装夹在三爪卡盘上，伸出卡盘端面 80mm，粗找正后夹紧。以工件右端面与轴线交点处，采用试切对刀法对刀确认每把刀的刀长补和建立工件坐标系。

说明：

① 装夹螺纹车刀时，刀尖位置一般应与车床主轴轴线等高，以免出现"扎刀"、"阻刀"、"让刀"及螺纹面不光等现象。

② 刀头一般不要伸出过长，约为刀杆厚度的 1~1.5 倍。

(8) 数控车床的自动加工（现场操作）

熟练掌握数控车床控制面板的操作，自动加工中，对加工路线轨迹和切削用量做到及时监控并有效调整。

说明：

① 自动加工首件试切时，可采用单段加工方法，并通过调整倍率，修正程序中给定的进给速度和主轴转速设定值，达到加工最佳效果。

② 螺纹加工操作过程中，不能停止进给，一旦停止，切深会急剧增加，非常危险。

③ 螺纹车削加工为成形车削，且切削进给量大，刀具强度较差，一般要求分数次进给加工，每次进给的背吃刀量用螺纹深度减精加工背吃刀量所得的差按递减规律分配。

(9) 对工件进行误差与质量分析（现场操作）

按图纸和技术要求分析规定项目要求，采用量规检测方法和螺纹千分尺测量方法对工件进行测量和对比校验，如有尺寸和形位误差或表面加工质量误差，应及时调整并修复。

9.1.2.4 安全操作和注意事项

1) 安全第一，学生的实训必须在教师的指导下，严格按照数控车床的安全操作规程，有步骤地进行。

2) 自动加工操作前，要检查工件装夹和刀具装夹的正确性和可靠性。

3) 当高速车削螺纹时，为防止振动和"扎刀"，硬质合金车刀的刀尖应高于车床主轴轴线 0.1~0.3mm。

4) 螺纹车刀两侧刀刃相对于牙型对称中心线的牙型半角应各等于牙型角的一半，在对刀时，是以牙型对称中心线尖点为 Z 向值可控点，所以有一半牙型是不可控的。因此，须防止不可控的一半牙型与工件或夹具碰撞。

5) 工件加工过程中，要注意中间检验工件质量，如出现加工质量异常，应停止加工，以便采取相应措施。

9.2 高级数控车床编程实例

9.2.1 配合件加工

9.2.1.1 实训目的

1)能够正确地对配合零件进行数控加工工艺分析,正确掌握单件加工的加工工艺、刀具选用及切削用量的确定和配合加工的基准定位选择、配合精度尺寸的控制及配合件检验及修配的加工方法。

2)熟练掌握在数控车床上进行各配合件单件加工和精度控制的操作,强化操作训练,进一步提高数控机床的操作熟练程度及操作技巧。

3)熟练掌握工件安装调校,刀具的正确安装方法和顶尖、夹套等辅助用具的正确使用。

4)强化编程训练并熟练掌握复杂工件的节点计算方法。

5)进一步理解和掌握正确选择工件定位方法,确保配合工件加工时能达到规定的垂直度、同轴度等位置精度要求;正确选择加工方法,保证配合件或单件工件的尺寸精度和表面粗糙度等技术要求。

9.2.1.2 实训内容

在数控车床上加工如图 9-5、图 9-6 所示工件,按照数控车床的加工步骤及有关安全操作规程,逐步完成整个操作,实训时间为 8~10h。

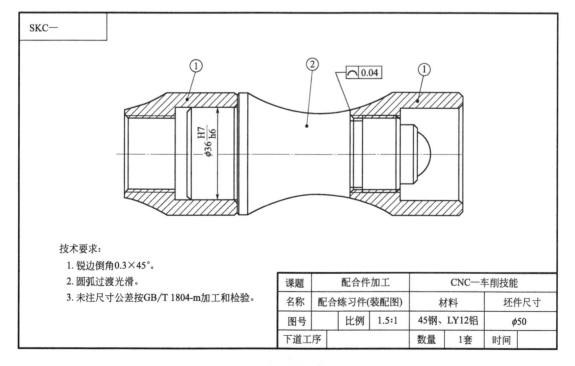

图 9-5 加工操作实训装配图

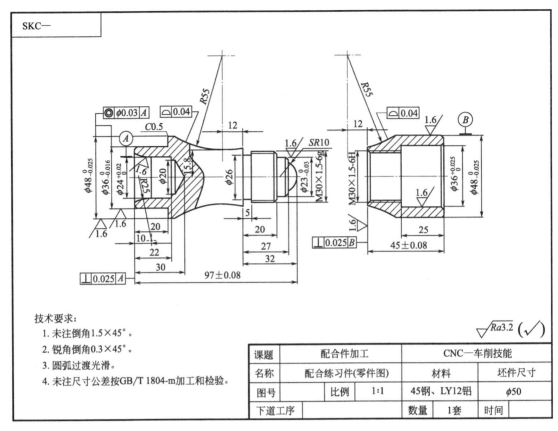

图 9-6 加工操作实训零件图

9.2.1.3 实训项目

(1) 零件图的分析

此配合练习件为两件三位配合加工件。零件的材质为 45 钢。如装配图所示,图中轴零件 $\phi36\times20$ 圆柱与套零件 $\phi36\times25$ 孔配合,采用基轴制配合加工方案,配合等级为 $\phi36H7/h6$。图右为内、外螺纹配合加工,公称直径为 30mm,螺距为 1.5mm,内螺纹中径和顶径公差带为 6H,外螺纹中径和顶径公差带为 6g,均为中等旋合精度和中等公差精度。螺纹配合后,两工件外形加工有光滑过渡的圆弧配合面,并有 ⌒0.04 线轮廓度 0.04mm 的形位精度要求。

轴零件各位置精度要求较高,有 ⊚ϕ0.03 A 同轴度要求,⊥0.025 A 垂直度要求和圆弧面的 ⌒0.04 面轮廓度要求,加工过程中要安排好加工工艺,确保各形位公差要求。轴件外表面与盲孔内表面粗糙度要求较高为 $Ra1.6um$,设置好切削用量,确保工件表面粗糙度值的精度。

套类件为修配件,在加工过程中除了保证自身较高的加工精度外,还要控制好整体配合件的加工精度和形位精度。套类零件加工要求有 ⊥0.025 B 和圆弧面的 ⌒0.04 面轮廓度要求,加工过程中要安排好加工工艺,确保各形位公差要求。内、外表面粗糙度要求为 $Ra1.6um$,设置好切削用量,确保工件表面粗糙度值的精度。

另外,图中未注倒角 $C1.5mm$,锐边倒钝 $C0.3mm$,未注尺寸公差按 GB/T 1804-m 加工和检验,其中 m 表示为中等公差等级。无热处理和硬度要求。

(2) 工件加工工艺分析

根据零件图和装配图分析的相关内容,要求能够熟练掌握加工方案的制订,刀具、切削用量的选择,操作工序的安排与各节点坐标的分析和计算等工艺分析内容。

① 确定工件装夹方案。

零件原料为毛坯棒料,可采用三爪自定心卡盘装夹定位。

轴件左,阶梯轴和盲孔工件轮廓加工,坯件伸出卡盘端面 70mm,低速粗找正后夹紧;轴件右,球端面接短圆柱轴和退屑槽及螺纹加工,坯件伸出卡盘端面 45mm,用 $\phi 48$mm 开口弹簧轴套或垫铜皮,夹持 $\phi 48$mm 外圆轴精加工表面,用已加工表面为基准,低速粗找正和百分表精找正后夹紧。

套件左,外轮廓加工,为确保端面与外圆 ⊥ 0.025 B 垂直度形位精度,同轴加工,坯件伸出卡盘端面 55mm,低速粗找正后夹紧;套件右,内表面加工,用 $\phi 48$mm 开口弹簧轴套或垫铜皮,夹持 $\phi 48$mm 外圆轴精加工表面,用已加工表面为基准,低速粗找正和百分表精找正后夹紧。钻通孔后,与轴件配镗内孔加工;套件左内螺纹加工,用 $\phi 48$mm 开口弹簧轴套或垫铜皮,夹持 $\phi 48$mm 外圆轴精加工表面,以已加工表面为基准,低速粗找正和百分表精找正后夹紧。与轴件外螺纹配车内螺纹加工。

配合件组合加工 $R55$mm 圆弧,将轴件和套件螺纹手动旋紧,用 $\phi 36$mm 开口弹簧轴套或垫铜皮,夹持 $\phi 36$mm×20mm 外圆轴精加工表面,尾座装锥形回转顶尖,顶持套件 $\phi 36$mm 孔口处,低速粗找正和百分表精找正后夹紧、顶紧工件。

② 设定程序原点。

以工件右端面与轴线交点处建立工件坐标系(采用试切对刀法建立)。

③ 设置换刀点。

工件坐标系($X200.0$,$Z100.0$)处设置为换刀点。

④ 加工起点设置。

轴件左,阶梯轴工件轮廓加工起点设定在($X52.6$,$Z2.0$)处;盲孔工件轮廓加工起点设定在($X20.0$,$Z2.0$)处。

轴件右,外轮廓加工起点设定在($X51.6$,$Z2.0$)处;退屑槽起点设定在($X50.0$,$Z-31.95$)处;螺纹加工起点设定在($X32.0$,$Z-5.0$)处。

套件左外轮廓加工起点设定在($X52.0$,$Z2.0$)处。

套件右内表面加工起点设定在($X24.4$,$Z2.0$)处。

套件左内螺纹加工起点设定在($X27.0$,$Z5.0$)处。

配合件组合加工 $R55$mm,圆弧起点设定在($X50.0$,$Z-28.11$)处。

⑤ 数值计算。

a. 计算节点位置坐标值。

a) 轴类件图 9-6 中,图左盲孔处,内圆弧起点 X 轴向坐标值计算。

内圆弧起点 A 处 X 轴节点计算示意图如图 9-7(a) 所示。

$OA=OD=25$mm　$OB=10$mm　根据三角形勾股定理:

$$OB=\sqrt{OA^2-AB^2}=\sqrt{25^2-10^2}\approx 22.91 \text{ (mm)}$$

$$DB = OD - OB = 2.09 \text{ (mm)}$$

内圆弧起点 A 坐标值：$(X28.18,Z0)$。

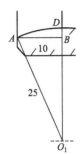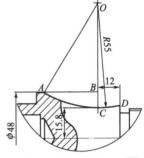

(a) 内圆弧起点 A 处 X 轴节点计算　(b) 端面球形终点 X 轴坐标值节点计算　(c) 配合件组合加工 $R55$mm 圆弧起、终点 Z 轴坐标值节点计算

图 9-7　节点位置坐标值计算示意图

b) 轴类件图 9-6 中，图左端面球形终点 X 轴坐标值，可通过计算求得。

如图 9-7(b) 端面球弧 A 点处 X 轴节点计算示意图所示。

$OA = 10$mm，$OB = 10 - 5 = 5$mm，根据三角形勾股定理：

$$AB = \sqrt{OA^2 - OB^2} = \sqrt{10^2 - 5^2} = 8.66 \text{ (mm)}$$

端面球弧 A 点坐标值：$(X17.32,Z-5.0)$。

c) 配合件组合加工 $R55$mm 圆弧起、终点 Z 轴坐标值，可通过计算求得。

如图 9-7(c) 配合件组合加工 $R55$mm 圆弧起、终点 Z 轴坐标值节点计算。

$OA = OC = 55$mm，$OB = (OC + 15.8) - 48 \div 2 = 46.8 \text{ (mm)}$

根据三角形勾股定理：$AB = \sqrt{OA^2 - OB^2} = \sqrt{55^2 - 46.8^2} \approx 28.89 \text{ (mm)}$

$$AD = AB + CD = 28.89 + 12 = 40.89 \text{ (mm)}$$

配合件组合加工 $R55$mm 圆弧终点坐标值：$(X48.0,Z-85.89)$。

圆弧是以 OC 垂直轴线中分，左右相等。

套件边圆弧起点坐标值：$(X48.0,Z-28.11)$。

b. 其他各基点值可通过图标注尺寸识读或换算出来（略）。

c. 螺纹的计算。

外螺纹底径尺寸：根据公式 $d = D - 1.3P = 30 - 1.3 \times 1.5 = 28.05 \text{ (mm)}$

轴螺纹底径坐标尺寸（螺纹加工最后一刀尺寸）：$X28.05$，$Z-28.0$。

内螺纹孔径尺寸：根据公式 $d = D - P = 30 - 1.5 = 28.5 \text{ (mm)}$

内螺纹孔径尺寸 $X28.5$。

⑥ 确定加工工艺路线。

轴件加工：

a. 坯件伸出卡盘端面 70mm，低速粗找正后夹紧。对刀后，端面钻 $\phi2.5$mm 中心孔→钻 $\phi10 \times 30$mm 盲孔→扩 $\phi20 \times 30$mm 盲孔。

b. 用 G71 复合固定循环指令粗车图左阶梯轴外圆表面（精加工余量 0.8mm，

$W0.1\text{mm}$)。

c. 用G71复合固定循环指令粗车图左盲孔工件内圆表面（精加工余量0.8mm，$W0.08\text{mm}$）。

d. 用G70精加工循环指令精车图左盲孔工件内圆表面。精车轨迹为：G00移刀至($X28.18$，$Z2.0$)→G01工进移刀至($Z0$)→G02顺时针圆弧插补车削圆弧至($X24.01$，$Z-10.0$，$R25.0$)→工进切削内孔表面至($Z-22.0$)→工进切削底面台至($X20.0$)。

e. 用G70精加工循环指令精车图左阶梯轴外圆表面。精车轨迹为：G00移刀至($X20.0$，$Z2.0$)→G01工进移刀至($Z0$)→车削端面并倒角至($X35.992$，$C1.5$)→工进切削短圆柱表面至($Z-20.0$)→工进切削端面台并倒角至($X47.988$，$C0.5$)→工进切削圆柱表面至($Z-65.5$)。

f. 切断工件（$L=98\text{mm}$），掉头装夹工件，对刀并车削端面保证工件轴长度（97 ± 0.08）mm。

g. 用G71复合固定循环指令粗车图右外圆轮廓表面。（精加工余量0.8mm，$W0.1\text{mm}$）。

h. 用G70精加工循环指令精车图右外圆轮廓表面。精车轨迹为：G00移刀至($X0$，$Z2.0$)→G01工进移刀至($Z0$)→G03逆时针圆弧插补车削圆弧至($X17.32$，$Z-5.0$，$R10.0$)→工进切削端面台并倒角至($X22.985$，$C1.5$)→工进切削短圆柱表面至($Z-12.0$)→工进切削端面台并倒角至($X29.9$，$C1.5$)→工进切削圆柱表面至($Z-32.0$)工进切削端面台至($X50.5$)。

i. 切削5mm退屑槽。轨迹为：快速移刀至($X50.0$，$Z-31.95$)→工进移刀至($X30.0$，$F0.3$)→工进切削至($X26.0$，$F0.08$)→刀具在槽底停2转（G04，$U2.0$）→工进返回至($X32.0$，$F0.3$)。

j. 用G92螺纹切削循环指令切削$30\times1.5\text{-}6g$外螺纹。加工终点坐标值：($X28.05$，$Z-28.0$)，螺距：$F1.5$。加工分七次循环逐渐递减进刀，坐标值为：$X29.4$；$X29.0$；$X28.7$；$X28.4$；$X28.2$；$X28.1$；$X28.05$。

套件加工：

a. 用G90单一固定循环指令粗车图左端面与外圆表面（精加工余量0.8mm）。

b. 用基础指令精车图左端面与外圆表面。精车轨迹为：G00移刀至（$X0\ Z2.0$）→G01工进移刀至（$Z-0.1$）→工进切削端面至（$X47.988$）→工进切削圆柱表面至（$Z-46.0$）。

c. 切断工件（$L=46\text{mm}$），掉头装夹工件。对刀并车削端面保证工件轴长度（45 ± 0.08）mm。端面钻$\phi2.5\text{mm}$中心孔→钻$\phi10\text{mm}$通孔→扩$\phi25\text{mm}$通孔。

d. 倒角。用基础指令车削图右端面与$\phi48$外圆相交处未注倒角$1.5\times45°$。

e. 用G71复合固定循环指令粗车图右工件内圆表面（精加工余量0.8mm，$W0.08\text{mm}$）。

f. 用G70精加工循环指令精配车图右工件内圆表面。精车轨迹为：G00移刀至($X48.0$，$Z2.0$)→G01工进移刀至($Z0$)→车削端面并倒角至($X36.013$，$C1.5$)→工进切削内孔表面至($Z-25.0$)→工进切削孔端面台至($X28.5$)→工进切削内孔表面至($Z-46.0$)。

g. 倒角。用基础指令车削图左端面与内圆相交处未注倒角$1.5\times45°$。

h. 用 G92 螺纹切削循环指令切削 30×1.5-6H 内螺纹。加工终点坐标值：($X30.0$，$Z-22.0$），螺距：$F1.5$。加工分六次循环逐渐递减进刀，坐标值为：$X29.0$；$X29.4$；$X29.7$；$X29.85$；$X29.95$；$X30.0$。

配合件组合加工 $R55$mm 圆弧：

a. 用 G73 封闭轮廓复合循环指令粗车配合组件轴外圆弧表面（精加工余量 0.8mm）。

b. 用 G70 精加工循环指令精车配合组件轴外圆弧表面。精车轨迹为：G01 移刀至（$X48.0$，$Z-28.11$）→G02 顺时针圆弧插补车削圆弧至（$X48.0$，$Z-85.89$，$R55.0$）→工进退刀至（$X49.0$）。

（3）刀具选择。

见表 9-5。

表 9-5 刀具选择

(a)

实训课题	配合件加工	零件名称	配合件（轴）		零件图号	图 9-6
序号	刀具号	刀具名称	规格/mm	R	T	加工表面	备注
1	T0101	90°外圆车刀	20×20	0.4	3	端面、外圆	粗、精车
2	T0202	内孔镗刀	12×15×150	0.4	2	外孔圆	精车
3	T0303	60°外螺纹车刀	20×20	—	—	外螺纹	粗、精车
4	T0404	切槽车刀（刀宽5mm）	20×20	—	—	退屑槽、宽槽	精车
5	T0404	切断车刀（刀宽5mm）	20×20	—	—	切断棒材	手动

(b)

实训课题	配合件加工	零件名称	配合件（套）		零件图号	图 9-6
序号	刀具号	刀具名称	规格/mm	R	T	加工表面	备注
1	T0101	90°外圆车刀	20×20	0.4	3	端面、外圆	粗、精车
2	T0202	内孔镗刀	20×23×190	0.4	2	外孔圆	精车
3	T0303	60°内螺纹车刀	$\phi25×40×150$	—	—	内螺纹	粗、精车
4	T0404	切断车刀（刀宽4mm）	20×20	—	—	切断棒材	手动

(c)

实训课题	配合件加工	零件名称	配合组件圆弧		零件图号	图 9-6
序号	刀具号	刀具名称	规格/mm	R	T	加工表面	备注
1	T0202	93°外圆车刀	20×20	0.4	8	外圆弧面	粗、精车
2							

（4）加工方案制订和切削用量确定

见表 9-6。

表 9-6 加工方案制订和切削用量

(a)

材料	45 钢	零件图号	图 9-6	系统	FANUC	工序号	01 轴件加工
操作序号	工步内容（走刀路线）	G 功能	T 刀具	切削用量			
				主轴转速 S/(r/min)	进给速度 F/(mm/r)	切削深度/mm	
主程序	端面钻 $\phi2.5$mm 中心孔→钻 $\phi10\times30$mm 盲孔→扩 $\phi20\times30$mm 盲孔 切断工件($L=98$mm)，掉头装夹工件，对刀并车削端面保证工件轴长度(97 ± 0.08)mm						
(1)	粗车图左外圆表面	G71	T0101	600	0.15	1.5	
(2)	粗车图左盲孔表面	G71	T0202	600	0.15	1.5	
(3)	精车图左盲孔表面	G70	T0202	1800	0.05	0.4	
(4)	精车图左外圆表面	G70	T0101	160(m/min)	20mm/min	0.4	
(5)	切断	—	T0404	450	手控	手控	
(6)	粗车图右外圆表面	G71	T0101	600	0.15	1.5	
(7)	精车图右外圆表面	G70	T0101	1850	0.05	0.4	
(8)	切退屑槽	G01	T0404	450	0.05	2	
(9)	车 M30×1.5 外螺纹	G92	T0303	600	螺距:1.5	逐渐递减	

(b)

材料	45 钢	零件图号	图 9-6	系统	FANUC	工序号	02 套件加工
操作序号	工步内容（走刀路线）	G 功能	T 刀具	切削用量			
				主轴转速 S/(r/min)	进给速度 F/(mm/r)	切削深度/mm	
主程序	切断工件($L=46$mm)，掉头装夹工件。对刀并车削端面保证工件轴长度(45 ± 0.08)mm 端面钻 $\phi2.5$mm 中心孔→钻 $\phi10$mm 通孔→扩 $\phi25$mm 通孔						
(1)	粗车套件外圆表面	G90	T0101	600	0.15	0.6	
(2)	精车套件外圆、端面	G01	T0101	1500	0.05	0.4	
(3)	切断	—	T0404	450	手控	手控	
(4)	套右外圆锐边倒角	G01	T0101	800	0.05	1.5	
(5)	粗镗套件右内孔面	G71	T0202	600	0.1	1.0	
(6)	精镗套件右内孔面	G70	T0202	1500	0.05	0.4	
(7)	套左内圆锐边倒角	G01	T0101	800	0.05	1.5	
(8)	车 M30×1.5 内螺纹	G92	T0303	600	螺距:1.5	逐渐递减	

(c)

材料	45 钢	零件图号	图 9-6	系统	FANUC	工序号	03 组配圆弧
操作序号	工步内容（走刀路线）	G 功能	T 刀具	切削用量			
				主轴转速 S/(r/min)	进给速度 F/(mm/r)	切削深度/mm	
主程序	将轴件和套件螺纹手动旋紧，尾座装锥形回转顶尖，顶持套件 $\phi36$mm 孔口处，低速粗找正和百分表精找正后夹紧、顶紧工件						
(1)	粗车组配轴圆弧面	G73	T0202	600	0.1	循环 9 次	
(2)	精车组配轴圆弧面	G70	T0202	160(m/min)	20mm/min	0.4	
(3)							

(5) 编程

程序内容	说　　明
O0001;	输入程序号(轴件图加工程序)
N1;	粗加工图左阶梯轴外圆表面程序
G99 G97 S600 M03;	转进给方式加工,主轴正转
T0101;	调用1号刀,建立工件坐标系
G00 X200.0 Z100.0;	换刀点
X52.6 Z2.0;	循环点(加工起刀点)
M08;	冷却液开
G71 U1.5 R0.5;	用G71复合固定循环指令粗车图左阶梯轴外圆表面
G71 P10 Q11 U0.8 W0.1 F0.15;	
N10 G42 G00 X20.0;	加刀尖半径补偿
G01 Z0;	
X35.992 C1.5;	
Z−20.0;	
X47.988 C0.5;	
N11 Z−65.5;	
M09;	冷却液关
G40 G00 X200.0 Z100.0;	返回换刀点,取消刀尖半径补偿
M05;	主轴停
M00;	进给停,检测
N2;	粗加工图左盲孔内圆表面程序
G99 G97 S600 M03;	转进给方式加工,主轴正转
T0202;	调用2号刀,建立工件坐标系
G00 X200.0 Z100.0;	换刀点
X20.0 Z2.0;	循环点(加工起刀点)
M08;	冷却液开
G71 U1.0 R0.5;	用G71复合固定循环指令粗车图左盲孔内圆表面
G71 P20 Q21 U−0.8 W0.08 F0.1;	
N20 G41 G00 X28.18;	加刀尖半径补偿
G01 Z0;	
G02 X24.01 Z−10.0 R25.0;	
G01 Z−22.0;	
N21 X20.0;	
M09;	冷却液关
G40 G00 Z100.0;	返回换刀点,取消刀尖半径补偿
M05;	主轴停
M00;	进给停,检测
N3;	精加工图左盲孔内圆表面程序
G99 G97 S1800 M03;	转进给方式加工,主轴正转
T0202;	调2号刀,建立工件坐标系
G00 X20.0 Z2.0;	循环点(加工起刀点)
M08;	冷却液开
G70 P20 Q21 F0.05;	用G70精加工循环指令精车图左盲孔内圆表面
M09;	冷却液关
G40 G00 X200.0 Z100.0;	返回换刀点,取消刀尖半径补偿
M05;	主轴停
M00;	进给停,检测
N4;	精加工图左阶梯轴外圆表面程序
G50 S2000;	设定主轴最高转速
G98 G96 S160 M03;	转进给方式加工,切削速度恒定,主轴正转
T0101;	调1号刀,建立工件坐标系
G00 X52.6 Z2.0;	循环点(加工起刀点)
M08;	冷却液开
G70 P10 Q11 F20;	用G70精加工循环指令精车图左阶梯轴外圆表面
M09;	冷却液关
G40 G00 X200.0 Z100.0;	返回换刀点,取消刀尖半径补偿

续表

程序内容	说　　明
M05；	主轴停
M30；	程序停止,返回程序头
O0002；	输入程序号(轴件图右加工程序)
N1；	粗加工图右外圆轮廓表面程序
G99 G97 S600 M03；	转进给方式加工,主轴正转
T0101；	调用1号刀,建立工件坐标系
G00 X200.0 Z100.0；	换刀点
X51.6 Z2.0；	循环点(加工起刀点)
M08；	冷却液开
G71 U1.5 R0.5；	用G71复合固定循环指令粗车图右外圆轮廓表面
G71 P10 Q11 U0.8 W0.1 F0.15；	
N10 G42 G00 X0；	加刀尖半径补偿
G01 Z0；	
G03 X17.32 Z−5.0 R10.0；	
G01 X22.985 C1.5；	
Z−12.0；	
X29.9 C1.5；	
Z−32.0；	
N11 X50.0；	
M09；	冷却液关
G40 G00 X200.0 Z100.0；	返回换刀点,取消刀尖半径补偿
M05；	主轴停
M00；	进给停,检测
N2；	精加工图右图右外圆轮廓表面程序
G99 G97 S1850 M03；	转进给方式加工,主轴正转
T0101；	调1号刀,建立工件坐标系
G00 X51.6 Z2.0；	循环点(加工起刀点)
M08；	冷却液开
G70 P10 Q11 F0.05；	用G70精加工循环指令精车图右外圆轮廓表面
M09；	冷却液关
G40 G00 X200.0 Z100.0；	返回换刀点,取消刀尖半径补偿
M05；	主轴停
M00；	进给停,检测
N3；	切削退屑槽
G99 G97 S450 M03；	转进给方式加工,主轴正转
T0404；	调4号刀,建立工件坐标系
G00 X50.0 Z−31.95；	循环点(加工起刀点)
G01 X30.0 F0.4；	
M08；	冷却液开
X26.0 F0.05；	切至槽底
G04 U2.0；	暂停2转
G01 X32.0 F0.4；	
M09；	冷却液关
G00 X200.0 Z100.0；	返回换刀点
M05；	主轴停
M00；	进给停,检测
N4；	车外螺纹加工程序
G99 G97 S600 M03；	转进给方式加工,主轴正转
T0303；	调用3号刀,建立工件坐标系
G00 X32.0 Z−5.0；	循环点(加工起刀点)
M08；	冷却液开
G92 X29.4 Z−28.0 F1.5；	用G92螺纹切削循环指令切削外螺纹
/ X29.0；	
/ X28.7；	
/ X28.4；	
/ X28.2；	

续表

程序内容	说　　明
/ X28.1;	
X28.05;	
M09;	冷却液关
G00 X200.0 Z100.0;	返回换刀点
M05;	主轴停
M30;	程序停止,返回程序头
O0003;	输入程序号(套件外圆轮廓加工程序)
N1;	粗加工套件外圆轮廓表面程序
G99 G97 S600 M03;	转进方式加工,主轴正转
T0101;	调用1号刀,建立工件坐标系
G00 X200.0 Z100.0;	换刀点
X52.0 Z2.0;	循环点(加工起刀点)
M08;	冷却液开
G90 X48.8 Z−46.0 F0.15;	用G90单一固定循环指令粗车外圆轮廓表面
M09;	冷却液关
G00 X200.0 Z100.0;	返回换刀点
M05;	主轴停
M00;	进给停,检测
N2;	精加工套件外圆轮廓表面程序
G99 G97 S1500 M03;	转进方式加工,主轴正转
T0101;	调用1号刀,建立工件坐标系
G00 X52.0 Z2.0;	循环点(加工起刀点)
X0;	
M08;	冷却液开
G01 Z−0.1 F0.05;	
X47.988;	
Z−46.0;	
M09;	冷却液关
G00 X200.0 Z100.0;	返回换刀点
M05;	主轴停
M30;	程序停止,返回程序头
O0004;	输入程序号(套件图右内孔轮廓加工程序)
N1;	套件图右外圆锐边倒角加工
G99 G97 S800 M03;	转进给方式加工,主轴正转
T0101;	调用1号刀,建立工件坐标系
G00 X200.0 Z100.0;	换刀点
X45.0 Z2.0;	循环点(加工起刀点)
M08;	冷却液开
G01 Z0 F0.05;	倒角,用G01指令车削图右端面与φ48外圆相交处未注倒角1.5×45°
X49.0 Z−2.0;	
M09;	冷却液关
G00 X200.0 Z100.0;	返回换刀点
M05;	主轴停
M00;	进给停,检测
N2;	粗车套件图右工件内圆表面
G99 G97 S600 M03;	转进给方式加工,主轴正转
T0202;	调用2号刀,建立工件坐标系
G00 X200.0 Z100.0;	换刀点
X24.4 Z2.0;	循环点(加工起刀点)
M08;	冷却液开
G71 U1.0 R0.5;	用G71复合固定循环指令粗车套件图右内圆孔表面
G71 P10 Q11 U−0.8 W0.08 F0.1;	
N10 G41 G00 X48.0;	加刀尖半径补偿
G01 Z0;	
X36.013 C1.5;	

程序内容	说　　明
Z－25.0；	
X28.5；	
N11 Z－46.0；	
M09；	冷却液关
G40 G00 Z100.0；	返回换刀点,取消刀尖半径补偿
M05；	主轴停
M00；	进给停,检测
N3；	精配车图右工件内圆表面
G99 G97 S1500 M03；	转进给方式加工,主轴正转
T0202；	调用2号刀,建立工件坐标系
G00 X24.4 Z2.0；	循环点(加工起刀点)
M08；	冷却液开
G70 P10 Q11 F0.05；	用G70精加工循环指令精配车图右工件内圆表面
M09；	冷却液关
G40 G00 X200.0 Z100.0；	返回换刀点,取消刀尖半径补偿
M05；	主轴停
M30；	程序停止,返回程序头
O0005；	输入程序号(套件图左内螺纹加工程序)
N1；	套件图左内孔锐边倒角加工
G99 G97 S800 M03；	转进给方式加工,主轴正转
T0202；	调用2号刀,建立工件坐标系
G00 X200.0 Z100.0；	换刀点
X28.0 Z2.0；	循环点(加工起刀点)
X31.5；	
M08；	冷却液开
G01 Z0 F0.05；	倒角,用G01指令车削图左端面与内圆相交处未注倒角1.5×45°
X27.5 Z－2.0；	
Z2.0 F0.3；	
M09；	冷却液关
G00 X200.0 Z100.0；	返回换刀点
M05；	主轴停
M00；	进给停,检测
N2；	车削内螺纹加工程序
G99 G97 S600 M03；	转进给方式加工,主轴正转
T0303；	调用3号刀,建立工件坐标系
G00 X200.0 Z100.0；	
X27.0 Z5.0；	循环点(加工起刀点)
M08；	冷却液开
G92 X29.0 Z－22.0 F1.5；	用G92螺纹切削循环指令切削内螺纹
/ X29.4；	
/ X29.7；	
/ X29.85；	
/ X29.95；	
X30.0；	
M09；	冷却液关
G00 Z100.0；	返回Z向换刀点
M05；	主轴停
M30；	程序停止,返回程序头
O0006；	输入程序号(配合组件圆弧加工程序)
N1；	粗车组配轴圆弧面加工
G99 G97 S600 M03；	转进给方式加工,主轴正转
T0202；	调用2号刀,建立工件坐标系
G00 X200.0；	X向换刀点
Z－28.11；	循环点(加工起刀点)
G01 X50.0 F0.2；	

续表

程序内容	说　　明
M08;	冷却液开
G73 U7.0 R8;	用 G73 封闭轮廓复合循环指令粗车组配轴圆弧表面
G73 P10 Q11 U0.8 F0.1;	
N10 G42 G01 X48.0;	加刀尖半径补偿
G02 Z−85.89 R55.0;	
N11 G01 X49.0;	
M09;	冷却液关
G40 G00 X200.0;	返回换刀点,取消刀尖半径补偿
M05;	主轴停
M00;	进给停,检测
N2;	精车组配轴圆弧面加工
G50 S2000;	设定主轴最高转速
G98 G96 S160 M03;	分进给方式加工,切削速度恒定,主轴正转
T0202;	调 2 号刀,建立工件坐标系
G01 X50.0 F120;	循环点(加工起刀点)
Z−28.11;	
M08;	冷却液开
G70 P10 Q11 F20;	用 G70 精加工循环指令精车组配轴圆弧表面
M09;	冷却液关
G40 G00 X200.0;	返回 X 向换刀点,取消刀尖半径补偿
M05;	主轴停
M30;	程序停止,返回程序头

（6）程序输入和程序校验（现场操作）

分析零件加工程序，输入程序并通过图形模拟功能或空运行加工进行程序试运行校验及修整，要求熟练掌握 MDI 操作面板如机床操作面板的操控。

（7）数控车床的对刀及参数设定（现场操作）

根据加工工艺分析中工件装夹方案确定的内容，正确完成工件的装夹和校正，正确完成各工件的试切对刀操作，准确测量、输入每把刀的刀补长和建立工件坐标系。

（8）数控车床的自动加工（现场操作）

熟练掌握数控车床控制面板的操作，自动加工中，对加工路线轨迹和切削用量做到及时监控并有效调整。

说明：

① 自动加工首件试切时，可采用单段加工方法，并通过调整倍率，修正程序中给定的进给速度和主轴转速设定值，达到加工最佳效果。

② 熟练掌握工件安装调校，刀具的正确安装方法和顶尖、夹套等辅助用具的正确使用。并能预测分析刀具移动轨迹，防止出现刀具与工件、夹具和辅助用具发生干涉。

③ 自动加工时，做好配合件加工时的精度检测和修配操作。编写或修改配作件的精加工语句，以适应配作件局部尺寸的加工，达到配合精度要求。

（9）对工件进行误差与质量分析（现场操作）

按图纸和技术要求分析规定项目要求，对工件进行测量和对比校验，如有尺寸和形位误差或表面加工质量误差，应及时调整并修复。

9.2.1.4 安全操作和注意事项

1）注意安全，学生的实训必须在教师的指导下，严格按照安全操作规程，有步骤地进行。

2) 根据工件的配件加工特点，确定基准件的加工，力争加工精度到达较佳的技术要求。为后期保证配合零件加工的整体尺寸和形位精度奠定基础。

3) 注意检查工件装夹的可靠性和刀具装夹的可靠性。

4) 机床在试运行前必须进行图形模拟加工，避免程序错误、刀具碰撞工件或卡盘。车床空载运行时，注意检察车床各部分运行状况。

5) 工件加工过程中，要注重中间检验工件质量过程，综合两配件配合精度，修配加工工件。

9.2.2 车非圆曲线类件加工

9.2.2.1 实训目的

熟悉非圆曲线的参数方程，掌握数控车非圆曲线成型面的基本方法。培养学生综合应用能力。

9.2.2.2 实训内容

在数控车床上加工如图9-8所示工件，毛坯为 $\phi80$mm 的棒料。按照数控车床的加工步骤及有关安全操作规程，逐步完成整个操作，实训时间为8h。

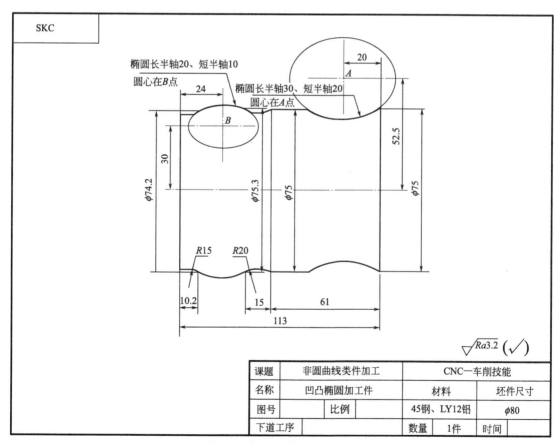

图 9-8 加工操作实训零件图

9.2.2.3 实训步骤

1) 分析工件图样,选择定位基准和加工方法,确定走刀路线,选择刀具和装夹方法,确定各切削用量参数,填写数控车床加工工艺卡。
2) 根据零件的加工工艺分析和使用数控车床的编程指令说明,编写加工程序。
3) 根据零件图要求,选择合适的量具对工件进行检测,并对零件进行质量分析。

9.2.2.4 实训技术指导

(1) 宏程序编制的方法

在一般的程序编制中程序字为一常量,一个程序只能描述一个几何形状,缺乏灵活性与适用性,针对这种情况,数控机床提供了另一种编程方式,即宏编程。

在程序中使用变量,通过对变量进行赋值及处理的方法达到程序功能,这种有变量的程序叫宏程序。

① 宏程序使用格式

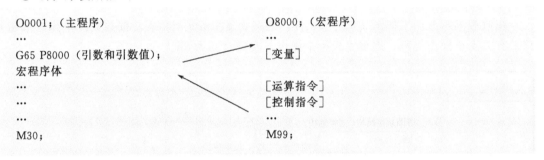

② 宏程序调用方法

a. 非模态调用(单纯调用)。非模态调用指一次性调用宏主体,即宏程序只在一个程序段内有效。其格式为:

G65 P_____ (宏程序号) L 重复次数 <指定引数值>

一个引数是一个字母,对应于宏程序中变量的地址,引数后边的数值赋给宏程序中对应的变量,同一语句可以有多个引数。

```
O0001;(主程序)                    O7000;(子程序)
...                              G91 G00 X#24 Y#25 Z#18;
G65 P7000 L2 X100.0 Y100.0 Z-12.0 R-7.0 F80.0;   G01 Z#26 F#9;
G00 X-200.0 Y100.0;              #100=#18+#26;
...                              G00 Z-#100;
M30;                             M99;
```

b. 模态调用。模态调用功能近似固定循环的续效作用,在调用宏程序的语句后,机床在指定的多个位置循环执行宏程序。宏程序的模态调用 G67 指令取消,其使用格式为:

G66 P_____ (宏程序) L 重复次数 <指定引数>;此时机床不动
X_ Y_;机床在这些点开始加工
X_ Y_;
G67;(停止宏程序调用)

【例 9-1】 宏程序模态调用(图 9-9)。

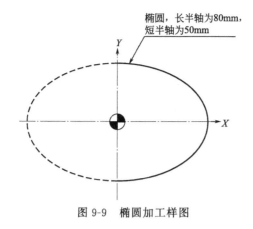

图 9-9　椭圆加工样图

O0001；（主程序）
…
G66 P8000 Z-12.0 R-2.0 F100.0；（机床不动）
X100.0 Y-50.0；（机床开始动作）
X100.0 Y-80.0；
G67；
M30；

O8000；（宏程序）
…
G91 G00Z#18；
G01 Z#26 F#9；
#100=#18+#26；
G00 Z-#100；
M99；

c. 子程序调用。子程序调用的格式如下：

M98 P（宏程序号）；

(2) 变量

① 变量的表示。一个变量由符号"#"和变量号组成，如#1、#2、#3等；也可用表达式来表示变量，如#[<表达式>]，例如#[#50]、#[2001-1]、#[#4/2]。

② 变量的使用。在地址号后可使用变量，如：

F#9　　若#9=100.0→F100
Z-#26　若#26=10.0→Z-10.0

③ 变量的赋值。

a. 直接赋值。变量可在操作面板MACRO内容处直接输入，也可在程序内用以下方式赋值，但等号左边不能用表达式：

#i=数值（或表达式）

例如：#1=100、#1=#2。

b. 引数赋值。宏程序体以子程序方式出现，所用变量可在宏程序调用时赋值。

例如，"G65 P9120 X100.0 Y20.0 F20.0；"其中，X、Y、F对应于宏程序中的变量号，变量的具体数值由引数后数值决定。引数与宏程序体中变量的对应关系如表9-7所示。

表9-7　变量赋值方法

引数(自变量)	变量	引数(自变量)	变量	引数(自变量)	变量	引数(自变量)	变量
A	#1	H	#11	R	#18	X	#24
B	#2	I	#4	S	#19	Y	#25
C	#3	J	#5	T	#20	Z	#26
D	#7	K	#6	U	#21		
E	#8	M	#13	V	#22		
F	#9	Q	#17	W	#23		

c. 间接赋值。例如，#1=50，#2=30，#3=#1+#2。

（3）运算指令

宏程序具有赋值、算术运算、逻辑运算、函数运算等功能，如表9-8所示。

（4）控制指令

① 分支语句（GOTO）。该语句格式为：

IF [<条件表达式>] GOTO n

若条件表达式为成立，则程序转向程序号为 n 的程序段，若条件不满足就继续执行下一句程序。条件表达式种类如表9-9所示。

表9-8 变量的各种运算

NO	名称	形式	意义	具体示例
1	定义转换	#i=#j	定义、转换	#102=#10 #20=500
2	加法形演算	#i=#j+#k #i=#j-#k #i=#j OR #k #i=#j XOR #k	和 差 逻辑和 异或	#5=#10+#102 #8=#3+100 20=#3-#8 #12=#5-25
3	乘法形演算	#i=#j*#k #i=#j/#k #i=#j AND #k #i=#j MOD #k	积 商 逻辑乘 取余	#120=#1*#24 #20=#7*360 #104=#8/#7 #110=#21/12 #116=#10 AND #11 #20=#8 MOD #2
4	函数运算	#i=SIN[#j] #i=COS[#j] #i=TAN[#j] #i=ATAN[#j] #i=SQRT[#j] #i=ABS[#j] #i=ROUND[#j] #i=FIX[#j] #i=FUP[#j] #i=ACOS[#j] #i=LN[#j] #i=EXP[#j]	正弦(度) 余弦(度) 正切 反正切 平方根 绝对值 四舍五入整数化 小数点以下舍去 小数点以下进位 反余弦(度) 自然对数 e^x	#10=SIN[#5] #133=COS[#20] #30=TAN[#21] #148=ATAN[#1][#2] #131=SQRT[#10] #5=ABS[#102] #112=ROUND[#23] #115=FIX[#109] #14=FUP[#33] #10=ACOS[#16] #3=LN[#100] #7=EXP[#9]

表9-9 条件式种类

条件式	意义	条件式	意义
#i EQ #k	#i=#k	#i LT #k	#i<#k
#i NE #k	#i≠#k	#i GE #k	#i≥#k
#i GT #k	#i>#k	#i LE #k	#i≤#k

【例9-2】用分支语句（GOTO）编写如图9-9所示椭圆 $A \to B$ 的精加工程序。

直角坐标参数方程

$$X=80\cos\theta$$
$$Y=50\sin\theta$$

机床坐标加工方程

$$Z=80\cos\theta$$
$$X=2\times50\sin\theta$$

```
O0001；(主程序)
...
G65 P0002 A50.0 B80.0 C0 D0.1 F0.15；
M30；
O0002；(宏程序)
N5 IF［#3 GT 90.0］GOTO 10；
#5=#2*COS［#3］
#6=2*［#1］*SIN［#3］
G01 X［#6］Z［#5］F［#9］；
#3=#3+#7；
GOTO 5；
N10 M99；
```

② 循环指令。其指令格式为：

WHILE［<条件式>］DO m（m=1、2、3…）
...
END m；

【例 9-3】 用循环指令（WHILE）编写如图 9-9 所示椭圆 A→B 的精加工程序。

```
O0001；(主程序)
...
G65 P0002 A50.0 B80.0 C0 D0.1 F0.15；
...
M30；
O0002；(宏程序)
WHILE［#3 LE 90.0］DO 2；
N2 #5=#2*COS［#3］
#6=2*［#1］*SIN［#3］
G01 X［#6］Z［#5］F［#9］；
#3=#3+#7
END 2；
M99；
```

9.2.2.5 编程实例

加工图 9-8 所示零件。毛坯为 $\phi 80$mm 的棒料，工件程序原点均在工件右端面中心处，下面是零件的加工方案。

工艺分析：对于这类非圆曲线工件的加工，需使用宏程序，为简化编程，可以只编写工件的精加工程序，用工件坐标系偏移或刀具磨耗补偿进行工件加工，把程序原点设定在工件右端面中心，通过计算得出：

右边凹椭圆曲线的加工坐标公式为

$Z = 30 \times \cos\theta - 20$

$X = 105 - 40 \times \sin\theta$ $\qquad \theta \in (48.59°, 131.41°)$

左边凹椭圆曲线的加工坐标公式为

$Z = 20 \times \cos\theta - 89$

$X = 60 + 20 \times \sin\theta$ $\qquad \theta \in (49.907°, 134.765°)$

精加工程序如下。

```
O1203;
G00 G40 G97 G99 S400 T0101 M03 F0.1;
M08;
X82.0 Z2.0;
G00 G42 X75.0;
G01 Z0;
#1=48.59;
#2=131.41;
WHILE [#1 LE #2] DO 1;
N1 #3=30.0*COS [#1] -20.0;
#4=105.0-40*SIN [#1];
G01X [#4] Z [#3];
#1=#1+0.5;
END1;
G01 Z-61.0;
G02 X75.3 W-15.0 R20.0;
#5=49.907;
#6=134.765;
WHILE [#5 LE #6] DO2;
N2 #7=20.0*COS [#5] -89.0;
#8=60.0+20.0*SIN [#5];
G01X [#8] Z [#7];
#5=#5+0.5;
END2;
G02 X72.0 Z-113.0 R15.0;
G01 X82.0;
M09;
G28 U0 W0 M05;
M30;
```

9.2.2.6 注意事项

1) 安全第一，学生的实训必须在教师的指导下，严格按照数控车床的安全操作规程，有步骤地进行。

2) 注意非圆曲线方程在实际编程中的应用。

3) 合理给定相关参数编程的数值，提高非圆曲线的加工精度。

4) 确定编程零点后，注意非圆曲线相关点的坐标计算。

5) 机床在试运行前必须进行图形模拟加工，避免程序错误、刀具碰撞工件或卡盘。

9.3 加工中心编程实例

9.3.1 加工中心中级编程实例

通过对二维方台-圆弧件类工件的加工，掌握通过改变刀具直径（或半径）补偿去除多余毛坯并控制加工精度的方法，掌握工件加工工艺的合理安排和加工工艺卡的正确设置，刀具的合理选用，工件加工前的准备操作和加工中心自动加工操作以及对工件加工误差和质量分析与调整等实训内容。

9.3.1.1 加工图样及要求

如图 9-10 所示工件，加工完成后应达到下列技术指标要求：

① 三个直径为 8mm 的孔，其加工精度均为 H7。

② 外轮廓的加工精度均为 ±0.02mm。

③ 内圆槽及长槽的加工精度均为 ±0.02mm。

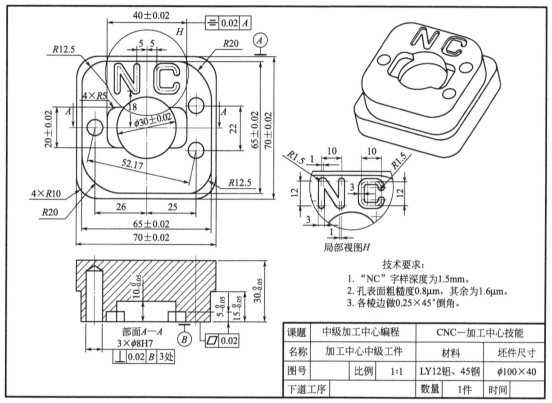

图 9-10 加工中心中级操作工件

9.3.1.2 加工所需材料及工装准备

工件材料：LY12，坯件尺寸：$\phi 100\times 45$（直径×高，单位 mm）。

夹具：液压虎钳、V 形铁、通用压板、垫铁、螺栓及各种扳手。

刀具：$\phi 16$mm 端铣刀（2 刃）、$\phi 10$mm 端铣刀（4 刃）、$\phi 3$mm 中心钻、$\phi 7.8$mm 麻花钻、$\phi 8$mm 铰刀（6 刃）。

量具、量仪：对刀仪，标准验棒，Z 轴设定器（或量块），百分表，游标卡尺，高度游标尺，内、外径千分尺，R 规。

9.3.1.3 零件加工工艺

(1) 加工工艺分析

拿到要加工的零件图纸后，首先根据技术要求进行如下分析。

① 读懂图中零件的形状、尺寸及加工部位（上表面可在确定工件坐标系前用端面铣刀手工加工完成）。

② 工件坐标系的确立：根据基准统一的原则将 X0，Y0 确定为工件中心，Z0 确定为工件上表面。

③ 该零件主要是平面、小型腔和孔，需经铣削平面、铣削外形、铣削圆槽、铣削长槽、铣削字体、钻孔、铰孔等工步才能完成。

④ 由于材料为铝合金 LY12，所以可加工性好。

(2) 选择加工中心

完成所有加工刀具数量不超过 10 把，且工件外形较小。因此，一般的刀库容量在 10 把刀以上的加工中心均能满足加工要求。

(3) 加工工艺设计

通过阅读和分析图纸后，制订出合理的加工工艺。

① 选择加工方法并确定加工顺序

a. 手动铣削上表面（工件坐标系 Z0 面）。

b. 粗铣削工件外框轮廓（65×65）。

c. 粗铣削工件外框轮廓（70×70）。

d. 粗铣削工件内圆槽。

e. 粗铣削工件内长槽。

f. 按照 b～e 的工步顺序做半精加工。

g. 按照 b～e 的工步顺序做精加工。

h. 铣削字体（字体较浅且无特殊要求，一次铣削完成）。

i. 3×φ8mm 孔的加工（钻中心孔→钻 φ7.8 孔→铰 φ8.0 孔）。

说明：

a. 整个零件的粗糙度要求均为 $Ra1.6\mu m$，因此必须先粗加工，后半精加工，最后为精加工三步方能保证加工要求。

b. 设计基准与加工基准应尽量统一。

c. 因孔精度要求较高，故先加工平面和槽，最后加工孔，可提高孔的加工精度。

d. 工件上表面加工方法的选择可根据工件的批量确定，单件小批量可以手动完成，若批量较大可以将其编入加工程序。

② 确定装夹方案并选择夹具　由于毛坯是 φ100 棒料，应在正式加工前用液压虎钳 V 形铁夹持铣削反面定位槽（槽深 8～10mm），见图 9-11。定位槽加工完毕用液压虎钳装夹定位槽两边，加工上表面。

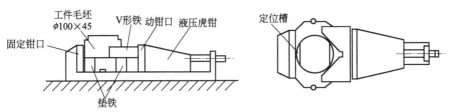

图 9-11　定位槽加工示意

③ 选择刀具及切削用量　根据加工内容确定所需刀具，有铣刀、铰刀、中心钻、麻花钻等。其具体加工部位、刀具规格及切削用量根据加工条件选择并查阅有关切削手册。确定各刀具切削参数见表 9-10。

表 9-10 工序卡片

数控加工工序卡片		产品名称或代号		零件名称		材料		零件图号	
						LY12			
工序号	程序号	夹具名称	夹具编号	使用设备				车间	
	O0001	液压虎钳		HASS-VF-2					
工步号	工步内容		加工面	刀具号	刀具规格 /mm	主轴转速 /(r/min)	进给速度 /(mm/min)	背吃刀量 /mm	备注
1	手动铣削上表面			手动	$\phi80$ 盘铣刀	796 $v=200\text{m/min}$	597	0.15mm/z	
2	粗铣削工件外框轮廓 (65×65)			T1	$\phi20$ 2刃	1592 $v=100\text{m/min}$	318	0.1mm/z	
3	粗铣削工件外框轮廓 (70×70)			T1	$\phi20$ 2刃	1592 $v=100\text{m/min}$	318	0.1mm/z	
4	粗铣削工件内圆槽			T1	$\phi20$ 2刃	1592 $v=100\text{m/min}$	318	0.1mm/z	
5	粗铣削工件内长槽			T2	$\phi8$ 2刃	3980 $v=100\text{m/min}$	796	0.1mm/z	
6	半精铣削工件外框轮廓 (65×65)			T3	$\phi16$ 4刃	2985 $v=150\text{m/min}$	597	0.05mm/z	
7	半精铣削工件外框轮廓 (70×70)			T3	$\phi16$ 4刃	2985 $v=150\text{m/min}$	597	0.05mm/z	
8	半精铣削工件内圆槽			T3	$\phi16$ 4刃	2985 $v=150\text{m/min}$	597	0.03mm/z	
9	精铣削工件外框轮廓 (65×65)			T3	$\phi16$ 4刃	2985 $v=150\text{m/min}$	358	0.03mm/z	
10	精铣削工件外框轮廓 (70×70)			T3	$\phi16$ 4刃	2985 $v=150\text{m/min}$	358	0.03mm/z	
11	精铣削工件内圆槽			T3	$\phi16$ 4刃	2985 $v=150\text{m/min}$	358	0.03mm/z	
12	半精铣削工件内长槽			T4	$\phi8$ 4刃	5971 $v=150\text{m/min}$	716	0.03mm/z	
13	精铣削工件内长槽			T4	$\phi8$ 4刃	5971 $v=150\text{m/min}$	477	0.02mm/z	
14	铣削工件上表面"NC"字样			T5	$\phi3$ 2刃	5307 $v=50\text{m/min}$	212	0.02mm/z	
15	钻中心孔			T6	$\phi4$ 2刃	3980 $v=50\text{m/min}$	318	0.08mm/r	
16	钻$\phi7.8$孔			T7	$\phi7.8$ 2刃	2040 $v=50\text{m/min}$	408	0.2mm/r	
17	铰$\phi8H7$孔			T8	$\phi8$ 6刃	199 $v=5\text{m/min}$	40	0.2mm/r	

说明:

一定要根据工件材料及刀具材料正确选择切削用量。由于是实习加工,从提高刀具的耐用度和安全性出发,取切削用量的下限值。

9.3.1.4 工件的定位与装夹

1) 在安装工件之前,用百分表找正液压平口钳的平行度,找正误差应小于 0.01mm。

2) 装夹工件,如图 9-12 所示。

3) 用寻边器测量工件左右两侧,测出工件 X 方向中心坐标。然后再测量工件前后两侧,测出 Y 方向中心坐标。如图 9-13 所示。

4) 将机床 X、Y 轴分别移动到中心位置,按下 OFFSET 键,出现 Work Zero Offsets(工件零点偏置)偏置画面,将光标移动到"G54"处按下 Part Zero Set(工件零点设置)两次即可完成 X 轴和 Y 轴的零点设置。例如当前的机床坐标系 X、Y 值(如:$X=-325.613$,$Y=-228.122$),即被输入到 G54 工作坐标系中。

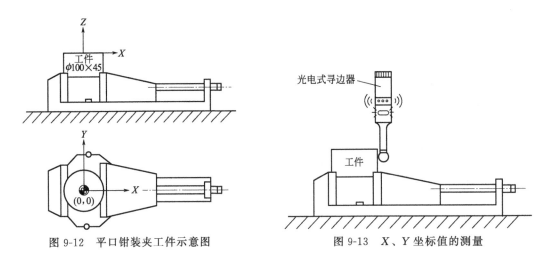

图 9-12 平口钳装夹工件示意图　　图 9-13 X、Y 坐标值的测量

说明：

① 应将工件装夹在钳口中部，且液压虎钳不能摇得过紧以免顶坏油缸。

② 安装工件时，应用铜棒轻轻敲击工件，以避免工件上浮。

③ 工件安装完毕一定立即将虎钳手柄取下，以免在加工中发生干涉或手柄脱落后产生卡阻事故。

9.3.1.5 刀具的安装及刀具长度补偿的输入

1) 分别将每把刀具装入相应的刀柄。

粗加工刀具可选用强力弹簧夹头（如：BT40 ASC25-100）；

精加工刀具可选用 ER 弹簧夹头刀柄（如：BT40 ER25-100）；

钻孔类刀具可选用一体式钻夹头刀柄（如：BT40 APU13-110）。

2) 将安装好的刀具分别放在光学对刀仪上，准确测定刀具长度及直径（或半径）值，并把数据填写到数控刀具明细表中。数控刀具明细表见表 9-11。

表 9-11 数控刀具明细表

产品名称或代号		零件名称	零件图号	程序号码		
序号	刀具号	刀具名称	刀柄型号	刀具尺寸(实测)/mm		补偿值/mm	备注
				直径	长度		
1	T1	2 刃立铣刀 φ20	BT40 ASC25-100			D1＝φ35 D2＝φ21	SC25-20
2	T2	2 刃立铣刀 φ8	BT40 ASC25-100			D3＝φ9	SC25-8
3	T3	4 刃立铣刀 φ16	BT40 ER35-100			D4＝φ16.4 D5＝φ 实测	ER35-16
4	T4	4 刃立铣刀 φ8	BT40 ER20-100			D6＝φ8.4 D7＝φ 实测	ER20-8
5	T5	2 刃立铣刀 φ3	BT40 ER11-70				ER11-3
6	T6	中心孔 φ4	BT40 APU13-110				
7	T7	钻头 φ7.8	BT40 APU13-110				
8	T8	铰刀 φ8H7	BT40 ER20-100				ER20-8

3) 依据数控刀具明细表的刀具顺序将这些刀具依次装入刀库对应的刀座中。

刀具装夹完毕后，可以利用量块或 Z 轴设定器设定 G54 Z0 的位置（见图 9-14）。摇动手摇轮使主轴端面与主轴设定器接触并使表头指针达到"0"的位置。

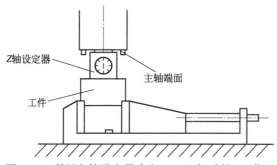

图 9-14　利用主轴设定器确定 G54 坐标系的 Z0 位置

4) 按下 OFFSET 键，出现 Work Zero Offsets（工件零点偏置）偏置画面，将光标移动到"G54"处，右移光标至"Z"按下 Part Zero Set（工件零点设置）即可完成 Z 轴的零点设置。例如当前的机床坐标系 Z 值（Z=-325.610），该值被输入到 G54 工作坐标系中。

5) 将主轴设定器的高度（-50.0mm）与 G54 中的 Z 坐标进行累加，即为真正的 G54 Z0（Z-375.610）。

说明：

① 使用前一定要准确校定 Z 轴设定器的高度。

② 向下摇动主轴接近工件时，注意进给的倍率切勿摇动过快，以免挤坏设定器或主轴。

③ 刀具号与刀座号应一一对应，且与其刀长值相一致。

④ 用量块确定 G54 Z0 的方法与使用 Z 轴设定器的原理相同。但一定要注意，先摇动主轴再推入量块到主轴端面于工件之间，尺寸不合适时先撤出量块再向下摇动主轴。如此反复，直至量块刚刚能够插入主轴端面与工件的空隙。

9.3.1.6　编制加工程序

(1) 主程序

程序内容	说　　明
% O0001	主程序
G91 G28 Z0	
T1 M06	φ20 立铣刀(2 齿)
G90 G54 G00 X0 Y0 M03 S1592	
G43 H1 Z100.0	
X65.0 Y0	
Z10.0 M08	
G01 Z-7.0 F200	分层粗铣小方台(第一层)
D1 M98 P100 F318	D1=φ35 通过改变刀具直径的补偿值去除多余毛坯
D2 M98 P100 F318	D2=φ21
G01 Z-14.5 F200	分层粗铣小方台(第二层)
D1 M98 P100 F318	
D2 M98 P100 F318	
G01 Z-23.0 F200	分层粗铣大方台(第一层)
D1 M98 P200 F318//	D1，φ35
D2 M98 P200 F318//	D2，φ21

续表

程序内容	说　　明
G01 Z－29.5 F200	分层粗铣大方台(第二层)
D1 M98 P200 F318	
D2 M98 P200 F318	
G00 Z100.0 M09	
X0 Y0	
Z10.0 M08	
G01 Z－5.0 F80	分层粗铣内圆槽(第一层)
D2 M98 P300 F318	
G01 Z－9.5 F80	分层粗铣内圆槽(第二层)
D2 M98 P300 F318	
G00 Z100.0 M09	
G91 G28 Z0	
T2 M06	ϕ8 立铣刀(2齿)
G90 G54 G00 X0 Y0 M03 S3980	
G43 H2 Z100.0	
Z10.0 M08	
G01 Z－4.5 F200	粗铣长槽
D3 M98 P400 F796	D3＝ϕ9
G00 Z100.0 M09	
G91 G28 Z0	
T3 M06	ϕ16 立铣刀(4齿)
G90 G54 G00 X0 Y0 M03 S2985	
G43 H3 Z100.0	
X65.0 Y0	
Z10.0 M08	
G01 Z－14.9 F200	半精铣小方台
D4 M98 P100 F597	D4＝ϕ16.2
G01 Z－29.9 F200	半精铣大方台
D4 M98 P200 F597	
G00 Z100.0 M09	
X0 Y0	
Z10.0 M08	
G01 Z－9.9 F80	半精铣内圆槽
D4 M98 P300 F597	
G00 Z100.0 M09	
G91 G28 Z0	
M05	
G90 G54 G00 X0 Y0 M03 S2985	
G43 H3 Z100.0	
X65.0 Y0	
Z10.0 M08	
G01 Z－15.0 F200	精铣小方台
D5 M98 P100 F597	D5＝(刀具实测尺寸)
G01 Z-30.0 F200	精铣大方台
D5 M98 P200 F597	
G00 Z100.0 M09	
X0 Y0	
Z10.0 M08	
G01 Z－10.0 F80	精铣内圆槽
D5 M98 P300 F597	
G00 Z100.0 M09	
G91 G28 Z0	
T4 M06	ϕ8 立铣刀(4齿)
G90 G54 G00 X0 Y0 M03 S5971	
G43 H4 Z100.0	
Z10.0 M08	
G01 Z－4.9 F80	半精铣长槽
D6 M98 P400 F477	D6＝ϕ8.2
G01 Z－5.0 F80	精铣长槽
D7 M98 P400 F477	D7＝(刀具实测尺寸)

续表

程序内容	说　明
G00 Z100.0 M09 G91 G28 Z0 T5 M06 G90 G54 G00 X0 Y0 M03 S5307 G43 H5 Z100.0 Z10.0 M08 X−15.0 Y18.0 M98 P500 F212	ϕ3 立铣刀(2 齿) 铣削"NC"字样
G00 Z100.0 M09 G91 G28 Z0 T6 M06 G90 G54 G00 X0 Y0 M03 S3980 G43 H6 Z100.0 M08 G98 G81 X25.0 Y11.0 Z−5.0 R5.0 F318 Y−11.0 X−26.0 Y0.0 G80	ϕ3 中心钻 钻孔固定循环
G91 G28 Z0 T7 M06 G90 G54 G00 X0 Y0 M03 S2040 G43 H7 Z100.0 M08 G98 G83 X25.0 Y11.0 Z−25.0 Q3.0 R5.0 F408 Y−11.0 X−26.0 Y0.0 G80	ϕ7.8 钻头 普通啄钻固定循环(有利于排屑)
G91 G28 Z0 T8 M06 G90 G54 G00 X0 Y0 M03 S199 G43 H8 Z100.0 M08 G98 G83 X25.0 Y11.0 Z−25.0 Q3.0 R5.0 F40 Y−11.0 X−26.0 Y0.0 G80 G91 G28 Z0 M30 %	ϕ8 铰刀 普通啄钻固定循环(若为通孔可采用 G81 循环)

(2) 子程序

程序内容	说　明
% O100 G01 X65.0 Y0 G01 G41 Y32.5 G03 X32.5 Y0 R32.5 G01 Y−20.0 G02 X20.0 Y−32.5 R12.5 G01 X−12.5 G02 X−32.5 Y−12.5 R20.0 G01 Y20.0 G02 X−20.0 Y32.5 R12.5 G01 X12.5 G02 X32.5 Y12.5 R20.0 G01 Y0 G03 X65.0 Y−32.5 R32.5 G01 G40 Y0 M99 %	小方台进退刀路线

续表

程序内容	说 明
% O200 G01 X65.0 Y0 G01 G41 Y30.0 G03 X35.0 Y0 R30.0 G01 Y−25.0 G02 X25.0 Y−35.0 R10.0 G01 X−25.0 G02 X−35.0 Y−25.0 R10.0 G01 Y25.0 G02 X−25.0 Y35.0 R10.0 G01 X25.0 G02 X35.0 Y25.0 R10.0 G01 Y0 G03 X65.0 Y−30.0 R30.0 G01 G40 Y0 M99 %	
% O300 X0 Y0 G01 G41 X2.0 Y−13.0 G03 X15.0 Y0 R13.0 G03 I−15.0 G03 X2.0 Y13.0 R13.0 G01 G40 X0 Y0 M99 %	
% O400 X0 Y0 G01 G41 Y10.0 X−15.0 G03 X−20.0 Y5.0 R5.0 G01 Y−5.0 G03 X−15.0 Y−10.0 R5.0 G01 X15.0 G03 X20.0 Y−5.0 R5.0 G01 Y5.0 G03 X15.0 Y10.0 R5.0 G01 X0 G01 G40 X0 Y0 M99 %	

续表

程序内容	说　　明
% O500 G01 Z-1.5 F30 Y30.0 F200 X-14.0 X-6.0 Y18.0 X-5.0 Y30.0 Z5.0 G00 X15.0 Y28.5 G01 Z-1.5 F30 G03 X13.5 Y30.0 R1.5 F200 G01 X6.5 G03 X5.0 Y28.5 R1.5 G01 Y19.5 G03 X6.5 Y18.0 R1.5 G01 X13.5 G03 X15.0 Y19.5 R1.5 G01 Z5.0 M99 %	（图：NC字样加工轨迹，标注点 X-5.0 Y30.0、X15.0 Y28.5、X15.0 Y19.5、X-15.0 Y18.0）

9.3.1.7　加工程序输入

加工程序可以利用操作面板上的按键手工输入，也可以通过 RS-232 进行通信传输程序。

在编辑 EDIT 状态下，进入程序输入模式。

1) 通过按 INSERT 键（输入程序）、ALTER 键（替换）、DELETE 键（删除）和 UNDO 键（恢复删除，最高一般不超过九次），对程序进行手工输入和编辑。

2) 通过按 RECV RS232（从 RS-232 串口接收程序）、SEND RS232（将程序从 RS-232 串口传送出），便可以实现在计算机上对程序进行编辑并自动输入。

说明：程序传输的设定详见加工中心高级工样例。

9.3.1.8　加工程序调试运行

加工之前应将程序反复校对无误后，方可按下 MEM（AUTO）键运行程序。

1) 对程序进行图形模拟，检查模拟图形与加工图纸是否相符，程序有无非法字符、过切报警等。

2) 将工件坐标系 G54 提高 100mm 试运行程序，检查加工轨迹与图形轨迹是否一致。目测每把刀的刀长补是否正确及刀具交换和快速移动中是否会与工件发生干涉现象。

3) 按下 SINGLE BLOCK 键（单段运行）并将快速移动倍率放在最低挡，按下 CYCLE START 键（循环开始）进行加工。

注意：

① 运行程序时分别将双手放在 CYCLE START 键（循环开始）和 FEED HOLE 键（进给保持）上，以便于随时对加工中的状况进行处理。

② 加工中通过调节"快速移动倍率"及"切削进给倍率"随时控制加工速度，确保加工顺利安全进行。

③ 真实切削加工中一定要关闭 DRY RUN 功能（空运行），否则切削速度过快可能会损坏刀具或机床。

9.3.1.9 尺寸检测及精度调整

1）工件加工完毕后，用游标卡尺及内、外径千分尺测量工件的各处精度尺寸。

2）在精加工过程中，刀具直径（半径）补偿值为刀具在光学对刀仪上的实测值。此时理论上的工件尺寸应为图纸的标注尺寸，但实际上由于存在机床误差、刀具磨损及让刀现象，所以余量可能大于理论尺寸或小于理论尺寸。例如大外框的测量尺寸为（70＋0.08）mm，则此时应将刀具直径补偿减掉 0.08mm，若系统采用半径补偿值则减掉 0.04 后再次对该部位进行精加工。

3）若为单件产品，为了防止精加工后工件尺寸变小，应将刀具直径补偿值设定为刀具在光学对刀仪上的实测值＋0.1mm（例如 $\phi 12$ 的铣刀实测为 $\phi 11.96$，则刀具直径补偿输入 12.06），通过实测结果再重新调整刀具补偿值并再次进行精加工。

4）清理工件表面并去除毛刺。

9.3.1.10 清扫机床、关闭电源

1）仔细清理机床及周围环境，做到工完场净。

2）用切削液冲刷机床内部时不要将切削液喷入主轴锥孔及刀库。

3）关闭操作面板电源、关闭机床电源、关闭压缩空气，并检查按键及手柄的状态。

9.3.2 加工中心高级编程实例

通过对二维十字形配合件的加工，掌握配合件的加工技巧，并进一步熟练掌握通过改变刀具直径（或半径）补偿来控制加工精度的方法。合理安排工件的加工工艺，正确填写各种工艺文件，并对工件的加工误差和质量进行分析和调整。

9.3.2.1 加工图样及要求

如图 9-15(a)、(b) 所示工件，加工完成后应达到下列技术指标要求。

① 图 9-15(a) 中，十字形凸台的加工精度为 $_{-0.03}^{-0.01}$。

② 图 9-15(b) 中，十字形凹槽的加工精度为 $_{+0.01}^{+0.03}$。

③ 两图中方形外框轮廓的加工精度均为 ±0.02。

④ 两工件所有表面粗糙度均要求达到 $Ra1.6\mu m$。

9.3.2.2 加工所需材料及工装准备

① 工件材料：LY12，坯件尺寸：60×60×35（2 块）。

② 夹具：液压虎钳、通用压板、垫铁、螺栓及各种扳手。

③ 刀具：$\phi 12mm$ 端铣刀（2 刃）、$\phi 10mm$ 端铣刀（2 刃）、$\phi 6mm$ 端铣刀（2 刃）。

④ 量具、量仪：对刀仪，标准验棒，Z 轴设定器（或量块），百分表，游标卡尺，高度游标尺，内、外径千分尺，角度尺，R 规。

9.3.2.3 零件加工工艺

(1) 加工工艺分析

拿到要加工的零件图纸后,首先根据技术要求进行如下分析。

① 读懂图中零件的形状、尺寸及加工部位(上表面可在确定工件坐标系前用端面铣刀手工加工完成)。

② 工件坐标系的确立:根据基准统一的原则将 $X0$,$Y0$ 设为工件中心,$Z0$ 为工件上表面。

③ 该零件为凹凸配合件,必须严格保证各处角度及尺寸公差才能保证配合精度。

④ 由于材料为铝合金 LY12,所以可加工性好。

说明:

必须分别按照凹凸件尺寸公差的中间值计算各自的节点坐标后进行编程(节点计算过程略)。

(2) 选择加工中心

完成所有加工刀具数量不超过 10 把,且工件外形较小。因此,一般的刀库容量在 10 把刀以上的加工中心均能满足加工要求。

(3) 加工工艺设计

通过阅读和分析图纸后,制订出合理的加工工艺。

① 据图 9-15(a),选择加工方法并确定加工顺序:

a. 手动铣削上表面(工件坐标系 $Z0$ 面);

b. 粗加工方形外框轮廓、十字形凸台;

c. 半精加工方形外框轮廓、十字形凸台;

d. 精加工方形外框轮廓、十字形凸台。

② 据图 9-15(b),选择加工方法并确定加工顺序:

a. 手动铣削上表面(工件坐标系 $Z0$ 面);

b. 粗加工方形外框轮廓、十字形凹槽;

c. 半精加工方形外框轮廓、十字形凹槽;

d. 精加工方形外框轮廓、十字形凹槽。

(4) 节点计算

说明:

① 由于两个零件的粗糙度要求均为 $Ra1.6\mu m$,因此必须先粗加工、后半精加工、最后精加工三步方能保证加工要求。

② 加工基准与设计基准应尽量统一,编程坐标系原点设在零件的对称中心。

③ 先加工凸台件,然后加工凹槽件。加工凹槽件时可通过凸台件与其配合来修正凹槽精加工的刀具直径(半径)补偿值,来实现两件的准确配合。

④ 工件上表面加工方法的选择可根据工件的批量确定,单件小批量可以手动完成,若批量较大可以将其编入加工程序。

⑤ 选择刀具及切削用量

根据加工内容,确定所需刀具。其具体加工部位、刀具规格及切削用量根据加工条件选择并查阅有关切削手册。确定各刀具切削参数见表 9-12、表 9-13。

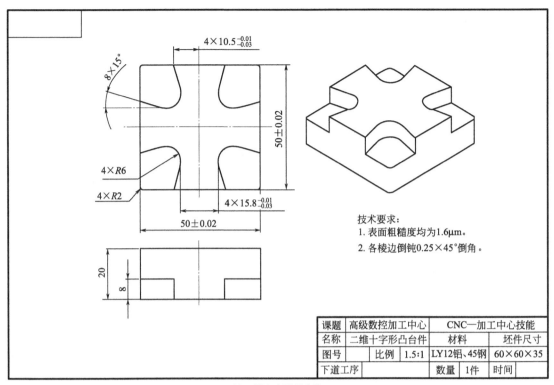

(a) 二维十字形凸台件

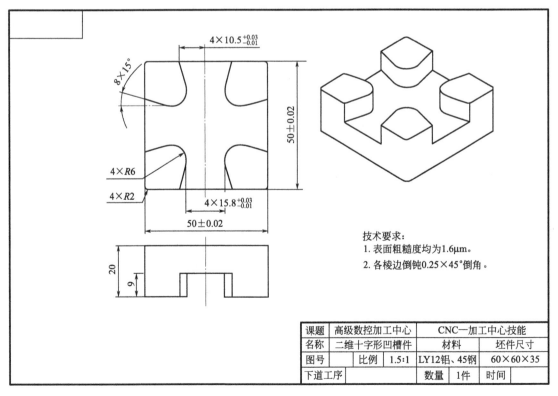

(b) 二维十字形凹槽件

图 9-15 二维十字形配合件

表 9-12　工序卡（一）

数控加工工序卡片		产品名称或代号	零件名称		材料		零件图号	
		配合件 1	十字凸台		LY12			
工序号	程序号	夹具名称	夹具编号		使用设备		车间	
1	O0002	液压虎钳			HASS-VF-2			
工步号	工步内容		加工面	刀具号	刀具规格/mm	主轴转速/(r/min)	进给速度/(mm/min)	背吃刀量/mm	备注
1	手动铣削上表面			手动	ϕ80 盘铣刀	796 v=200m/min	597 0.15mm/z		
2	粗铣削工件外框轮廓 (50×50)			T1	ϕ12 2刃	2654 v=100m/min	530 0.1mm/z		
3	粗铣削十字凸台			T2	ϕ10 2刃	3185 v=100m/min	319 0.05mm/z		
4	半精铣工件外框轮廓 (50×50)			T3	ϕ10 3刃	4777 v=150m/min	716 0.05mm/z		
5	半精铣十字凸台			T3	ϕ10 3刃	4777 v=150m/min	716 0.05mm/z		
6	精铣工件外框轮廓 (50×50)			T3	ϕ10 3刃	4777 v=150m/min	430 0.03mm/z		
7	精铣十字凸台			T3	ϕ10 3刃	4777 v=150m/min	430 0.03mm/z		

表 9-13　工序卡（二）

数控加工工序卡片		产品名称或代号	零件名称		材料		零件图号	
		配合件 2	十字凹槽		LY12			
工序号	程序号	夹具名称	夹具编号		使用设备		车间	
1	O0003	液压虎钳			HASS-VF-2			
工步号	工步内容		加工面	刀具号	刀具规格/mm	主轴转速/(r/min)	进给速度/(mm/min)	背吃刀量/mm	备注
1	手动铣削上表面			手动	ϕ80 盘铣刀	796 v=200m/min	597 0.15mm/z		
2	粗铣削工件外框轮廓 (50×50)			T1	ϕ12 2刃	2654 v=100m/min	530 0.1mm/z		
3	粗铣削十字凹槽			T1	ϕ12 2刃	2654 v=100m/min	265 0.05mm/z		
4	半精铣工件外框轮廓 (50×50)			T4	ϕ12 3刃	3980 v=150m/min	597 0.05mm/z		
5	半精铣十字凹槽			T4	ϕ12 3刃	3980 v=150m/min	597 0.05mm/z		
6	精铣工件外框轮廓 (50×50)			T4	ϕ12 3刃	3980 v=150m/min	358 0.03mm/z		
7	精铣十字凹槽			T4	ϕ12 3刃	3980 v=150m/min	358 0.03mm/z		

说明：一定要根据工件材料及刀具材料正确选择切削用量，由于是实习加工，从提高刀具的耐用度和安全性出发，取切削用量的下限值。正式产品的加工中，切削用量将直接关系到产品质量、生产效率、刀具寿命等诸多问题，因此必须对工艺参数反复修调试验才能达到理想的加工效果。

9.3.2.4 工件的定位与装夹

1) 在安装工件之前,用百分表找正液压平口钳的平行度,找正误差应小于 0.01mm。

2) 装夹工件。如图 9-16 所示。

3) 用寻边器测量工件左右两侧,测出工件 X 方向中心坐标。然后再测量工件前后两侧,测出 Y 方向中心坐标。

4) 将机床 X、Y 轴分别移动到对称中心位置,按下 OFFSET 键,出现 Work Zero Offsets(工件零点偏置)偏置画面,将光标移动到"G54"处按下 Part Zero Set(工件零点设置)两次即可完成 X 轴和 Y 轴的零点设置。

图 9-16 四方毛坯装夹示意图

说明:

① 应将工件装夹在钳口中部,且被加工部分要高出钳口,避免刀具与钳口发生干涉。

② 安装工件时,应用铜棒轻轻敲击工件,以避免工件上浮。

③ 液压虎钳不能摇得过紧以免顶坏油缸。

工件安装完毕一定立即将虎钳手柄取下,以免在加工中发生干涉或手柄脱落后产生卡阻事故。

9.3.2.5 刀具的安装及刀具长度补偿的输入

1) 分别将每把刀具装入相应的刀柄。

粗加工刀具可选用强力弹簧夹头(如 BT40 ASC25-100)。

精加工刀具可选用 ER 弹簧夹头刀柄(如 BT40 ER25-100)。

2) 将安装好的刀具分别放在光学对刀仪上,准确测定其刀具长度及直径(或半径)值,并把数据填写到数控刀具明细表中(见表 9-14)。

表 9-14 数控刀具明细表

产品名称或代号			零件名称		零件图号		程序号码	
序号	刀具号	刀具名称	刀柄型号	刀具尺寸/mm(实测)		补偿值/mm		备注
				直径	长度			
1	T1	2 刃立铣刀 φ12	BT40 ASC25-100			D1=φ13		SC25-12
2	T2	2 刃立铣刀 φ10	BT40 ASC25-100			D2=φ11		SC25-10
3	T3	3 刃立铣刀 φ10	BT40 ER20-100			D3=φ10.2 D4=实测		ER20-10
4	T4	3 刃立铣刀 φ12	BT40 ER25-100			D5=φ12.2 D6=实测		ER25-12

3) 依据数控刀具明细表的刀具顺序将这些刀具依次装入刀库对应的刀座中。

4) 刀具装夹完毕后,可以利用量块或 Z 轴设定器设定 G54 Z0 的位置。

5) 按下 OFFSET 键，出现 Work Zero Offsets（工件零点偏置）偏置画面，将光标移动到"G54"处，右移光标至"Z"按下 Part Zero Set（工件零点设置）即可完成 Z 轴的零点设置。

说明：

① 使用前一定要准确校定 Z 轴设定器的高度。

② 向下摇动主轴接近工件时，注意进给的倍率切勿摇动过快，以免挤坏设定器或主轴。

③ 刀具号与刀座号应一一对应，且与其刀长值相一致。

④ 用量块确定 G54 Z0 的方法与使用 Z 轴设定器的原理相同。但一定要注意，先摇动主轴再推入量块到主轴端面于工件之间，尺寸不合适时先撤出量块再向下摇动主轴。如此反复，直至量块刚刚能够插入主轴端面与工件的空隙。

9.3.2.6 编制加工程序

(1) 编制二维十字形凸台件加工程序

① 主程序

程序内容	说　明
% O0002	主程序
G91 G28 Z0	
T1 M06	ϕ12 立铣刀(2 齿)
G90 G54 G00 X0 Y0 M03 S2654	
G43 H1 Z100.0	
X50.0 Y0	
Z10.0 M08	
G01 Z−5.0 F200	分层粗铣外框轮廓(第一层)
D1 M98 P100 F530	D1=ϕ13
G01 Z−10.0 F200	分层粗铣外框轮廓(第二层)
D1 M98 P100 F530	
G01 Z−15.0 F200	分层粗铣外框轮廓(第三层)
D1 M98 P100 F530	
G01 Z−19.5 F200	分层粗铣外框轮廓(第四层)
D1 M98 P100 F530	
G00 Z100.0 M09	
M05	
G91 G28 Z0	
T2 M06	ϕ10 立铣刀(2 齿)
G90 G54 G00 X0 Y0 M03 S3185	
G43 H2 Z100.0	
X35.0 Y35.0	
Z10.0 M08	
G01 Z−4.0 F200	分层去除十字形凸台内凹部分多余的毛坯料(第一层)
M98 P200 F319	
G01 Z−7.9 F200	分层粗铣内圆槽(第二层)
M98 P200 F319	
G00 Z100.0 M09	
X35.0 Y0	
Z10.0 M08	分层粗铣十字形凸台轮廓(第一层)
G01 Z−4.0	D2=ϕ11
D2 M98 P300 F319	分层粗铣十字形凸台轮廓(第二层)
G01 Z−7.5	
D2 M98 P300 F319	
G00 Z100.0 M09	
G91 G28 Z0	

续表

程序内容	说　　明
T3 M06	φ10 立铣刀(3 齿)
G90 G54 G00 X0 Y0 M03 S4777	
G43 H3 Z100.0	
X50.0 Y0	
Z10.0 M08	
G01 Z－5.0 F200	分层半精铣削外框轮廓(第一层)
D3 M98 P100 F716	D3=φ10.2
G01 Z－10.0 F200	分层半精铣削外框轮廓(第二层)
D3 M98 P100 F716	
G01 Z－15.0 F200	分层半精铣削外框轮廓(第三层)
D3 M98 P100 F716	
G01 Z－19.9F200	分层半精铣削外框轮廓(第四层)
D3 M98 P100 F716	
G00 Z100.0 M09	
X35.0 Y0	
Z10.0 M08	分层半精铣十字形凸台轮廓(第一层)
G01 Z－4.0 F200	D3=φ10.2
D3 M98 P300 F716	分层半精铣十字形凸台轮廓(第二层)
G01 Z－7.9	
D3 M98 P300 F716	
G00 Z100.0 M09	
M05	
G91 G28 Z0	
G90 G54 G00 X0 Y0 M03 S4777	
G43 H3 Z100.0	
X50.0 Y0	
Z10.0 M08	
G01 Z－5.0 F200	分层精铣削外框轮廓(第一层)
D4 M98 P100 F430	D4=10.0
G01 Z－10.0 F200	分层精铣削外框轮廓(第二层)
D4 M98 P100 F430	
G01 Z－15.0 F200	分层精铣削外框轮廓(第三层)
D4 M98 P100 F430	
G01 Z－20.0 F200	分层精铣削外框轮廓(第四层)
D4 M98 P100 F430	
G00 Z100.0 M09	
M05	
G91 G28 Z0	
G90 G54 G00 X0 Y0 M03 S4777	
G43 H3 Z100.0	
X35.0 Y35.0	
Z10.0 M08	
G01 Z－8.0 F200	
M98 P200 F430	精铣十字形凸台内凹部分底面
G00 Z100.0 M09	
M05	
G91 G28 Z0	
G90 G54 G00 X0 Y0 M03 S4777	
G43 H3 Z100.0	
X35.0 Y0	
Z10.0 M08	
G01 Z－4.0	
D4 M98 P300 F319	分层精铣十字形凸台轮廓(第一层)
G01 Z－8.0	D4=φ10.0
D4 M98 P300 F319	分层精铣十字形凸台轮廓(第二层)
G00 Z100.0 M09	
M05	
G91 G28 Z0	
M30	

② 子程序

程序内容	说 明
% O100 X50.0 Y0 G01 G41 Y25.0 G03 X25.0 Y0 R25.0 G01 Y-23.0 G02 X23.0 Y-25.0 R2.0 G01 X-23.0 G02 X-25.0 Y-23.0 R2.0 G01 Y23.0 G02 X-23.0 Y25.0 R2.0 G01 X23.0 G02 X25.0 Y23.0 R2.0 G01 Y0 G03 X50.0 Y-25.0 R25.0 G01 G40 Y0 M99 %	外形轮廓进退刀路线
% O200 X35.0 Y35.0 G90 G01 X14.0 Y14.0 G91 Z20.0 G90 G00 X35.0 Y-35.0 G91 G01 Z-20.0 G90 G01 X14.0 Y-14.0 G91 Z20.0 G90 G00 X-35.0 Y-35.0 G91 G01 Z-20.0 G90 G01 X-14.0 Y-14.0 G91 Z20.0 G90 G00 X-35.0 Y35.0 G91 G01 Z-20.0 G90 G01 X-14.0 Y14.0 G91 Z20.0 G90 G00 X35.0 Y35.0 M99 %	⊗下刀点　⊙抬刀点 铣削十字形凸台内凹部分多于毛坯料的刀具路线
% O300 X35.0 Y0 G01 G41 X35.0 Y-10.49 X25.0 X15.217 Y-7.869 G03 X7.869 Y-15.217 R6.0 G01 X10.49 Y-25.0 Y-30.0 X-10.49 Y-25.0 X-7.869 Y-15.217 G03 X-15.217 Y-7.869 R6.0 G01 X-25.0 Y-10.49 X-30.0 Y10.49 X-25.0 X-15.217 Y7.869 G03 X-7.869 Y15.217 R6.0 G01 X-10.49 Y25.0 Y30.0 X10.49 Y25.0 X7.869 Y15.21 G03 X15.217 Y7.869 R6.0 G01 X25.0 Y10.49 X35.0 G01 G40 Y0 M99	⊗为下刀点 铣削十字形凸台刀具路线

（2）编制二维十字形凹槽件加工程序

① 主程序

程序内容	说　　明
% O0003	主程序
G91 G28 Z0	
T1 M06	ϕ12 立铣刀（2 齿）
G90 G54 G00 X0 Y0 M03 S2654	
G43 H1 Z100.0	
X50.0 Y0	
Z10.0 M08	
G01 Z-5.0 F200	分层粗铣外框轮廓（第一层）
D1 M98 P100 F530	D1＝ϕ13
G01 Z-10.0 F200	分层粗铣外框轮廓（第二层）
D1 M98 P100 F530	
G01 Z-15.0 F200	分层粗铣外框轮廓（第三层）
D1 M98 P100 F530	
G01 Z-19.5 F200	分层粗铣外框轮廓（第四层）
D1 M98 P100 F530	
G00 Z100.0 M09	
M05	
G91 G28 Z0	
G90 G54 G00 X0 Y0 M03 S2654	
G43 H1 Z100.0	
X35.0 Y0	
Z10.0 M08	
G01 Z-4.0 F200	分层去除十字形凹槽部分多余的毛坯料（第一层）
M98 P400 F265	
G01 Z-7.9 F200	分层去除十字形凹槽部分多余的毛坯料（第二层）
M98 P400 F265	
G00 Z100.0 M09	
X35.0 Y0	
Z10.0 M08	
G01 Z-4.0	分层粗铣十字形凹槽轮廓（第一层）
D1 M98 P500 F265	D1＝ϕ13
G01 Z-7.5	分层粗铣十字形凸台轮廓（第二层）
D1 M98 P500 F265	
G00 Z100.0 M09	
G91 G28 Z0	
T4 M06	ϕ12 立铣刀（3 齿）
G90 G54 G00 X0 Y0 M03 S3980	
G43 H4 Z100.0	
X50.0 Y0	
Z10.0 M08	
G01 Z-5.0 F200	分层半精铣削外框轮廓（第一层）
D5 M98 P100 F597	D5＝ϕ12.2
G01 Z-10.0 F200	分层半精铣削外框轮廓（第二层）
D5 M98 P100 F597	
G01 Z-15.0 F200	分层半精铣削外框轮廓（第三层）
D5 M98 P100 F597	分层半精铣削外框轮廓（第四层）

续表

程序内容	说 明
G01 Z-19.9 F200	
D5 M98 P100 F597	
G00 Z100.0 M09	
X35.0 Y0	
Z10.0 M08	
G01 Z-4.0 F200	分层半精铣十字形凸台轮廓(第一层)
D5 M98 P500 F597	D5=φ12.2
G01 Z-7.9	分层半精铣十字形凸台轮廓(第二层)
D5 M98 P500 F597	
G00 Z100.0 M09	
M05	
G91 G28 Z0	
G90 G54 G00 X0 Y0 M03 S3980	
G43 H4 Z100.0	
X50.0 Y0	
Z10.0 M08	
G01 Z-5.0 F200	分层精铣削外框轮廓(第一层)
D6 M98 P100 F358	D6=φ12.0
G01 Z-10.0 F200	分层精铣削外框轮廓(第二层)
D6 M98 P100 F358	
G01 Z-15.0 F200	分层精铣削外框轮廓(第三层)
D6 M98 P100 F358	
G01 Z-20.0 F200	分层精铣削外框轮廓(第四层)
D6 M98 P100 F358	
G00 Z100.0 M09	
M05	
G91 G28 Z0	
G90 G54 G00 X0 Y0 M03 S3980	
G43 H4 Z100.0	
X35.0 Y0	
Z10.0 M08	
G01 Z-8.0 F200	精铣十字形凹槽底面
M98 P400 F358	
G00 Z100.0 M09	
M05	
G91 G28 Z0	
G90 G54 G00 X0 Y0 M03 S3980	
G43 H4 Z100.0	
X35.0 Y0	
Z10.0 M08	
G01 Z-4.0	分层精铣十字形凹槽轮廓(第一层)
D6 M98 P500 F358	D6=φ12.0
G01 Z-8.0	分层精铣十字形凹槽轮廓(第二层)
D4 M98 P500 F358	
G00 Z100.0 M09	
M05	
G91 G28 Z0	
M30	

② 子程序

程序内容	说　　明
% O100 X50.0 Y0 G01 G41 Y25.0 G03 X25.0 Y0 R25.0 G01 Y−23.0 G02 X23.0 Y−25.0 R2.0 G01 X−23.0 G02 X−25.0 Y−23.0 R2.0 G01 Y23.0 G02 X−23.0 Y25.0 R2.0 G01 X23.0 G02 X25.0 Y23.0 R2.0 G01 Y0 G03 X50.0 Y−25.0 R25.0 G01 G40 Y0 M99%	外形轮廓进退刀路线
% O400 X35.0 Y0 G90 G01 X−35.0 G91 Z20.0 G90 G00 X0 Y35.0 G91 G01 Z−20.0 G90 G01 Y−35.0 G91 Z20.0 G90 G00 X35.0 Y0 M99 %	⊗下刀点　　⊙抬刀点 铣削十字形凹槽部分多余的毛坯料的刀具路线
% O500 X35.0 Y0 G01 G41 X35.0 Y10.51 X25.0 X15.244 Y7.896 G02 X7.896 Y15.244 R6.0 G01 X10.51 Y25.0 Y30.0 X−10.51 Y25.0 X−7.896 Y15.244 G02 X−15.244 Y7.896 R6.0 G01 X−25.0 Y10.51 X−30.0 Y−10.51 X−25.0 X−15.244 Y−7.896 G02 X−7.896 Y−15.244 R6.0 G01 X−10.51 Y−25.0 Y−30.0 X10.51 Y−25.0 X7.896 Y−15.244 G02 X15.244 Y−7.896 R6.0 G01 X25.0 Y−10.51 X35.0 G01 G40 Y0 M99	⊗为下刀点 铣削十字形凹槽轮廓

9.3.2.7 加工程序输入

加工程序可以利用操作面板上的按键手工输入,也可以通过 RS-232 进行通信传输程序。

在编辑 EDIT 状态下,进入程序输入模式。

1) 通过按 INSERT 键(输入程序)、ALTER 键(替换)、DELETE 键(删除)和 UNDO 键(恢复删除,最高一般不超过九次),对程序进行手工输入和编辑。

2) 通过按 RECV RS232(从 RS-232 串口接收程序)、SEND RS232(将程序从 RS-232 串口传送出),便可以实现在计算机上对程序进行编辑并自动输入。

3) 传输电缆线长度。电缆线波特率(baud rate)和它的最大电缆长度的关系如下。见图 9-17。

9600 baud rate:100 feet(30m)RS-232
38400 baud rate:25 feet(8m)RS-232
115200 baud rate:6 feet(2m)RS-232

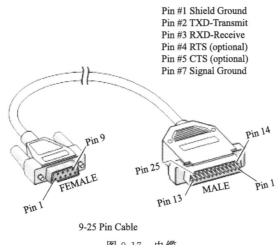

图 9-17 电缆

4) CNC 端口的推荐设置。波特率 Baud Rate(9600),奇偶校验 Parity(Even),停止位数 Stop Bits(1),数据位数 Number Data Bits(7),同步 Synchronization Xon/Xoff。

说明:若要实现程序及参数的传输功能,必须将机床参数和计算机的通信协议调整一致后,方可进行正常的传输。

9.3.2.8 加工程序调试运行

同 9.3.1.8。

9.3.2.9 尺寸检测及精度调整

1) 十字形凸台工件加工完毕后,用外径千分尺测量工件的各处精度尺寸,确保无误后方可拆卸工件。此件即可作为十字形凹槽工件的配合检测基准。

2) 十字形凹槽工件加工完毕后要通过精度检测使其在公差范围之内,并使十字形凸台工件能够与其准确进行配合。如不能准确配合，可以通过测量分析各部位尺寸精度和观测配合状态，对精加工刀具的直径（半径）补偿值或凹槽加工程序的节点数据进行适当修调后再次进行精加工。

3) 若为单件产品，为了防止精加工后工件尺寸变小，应将刀具直径补偿值设定为刀具在光学对刀仪上的实测值+0.1mm（例如 $\phi 12$ 的铣刀实测为 $\phi 11.96$，则刀具直径补偿输入 12.06），通过实测结果再重新调整刀具补偿值并再次进行精加工。

4) 清理工件表面并去除毛刺。

9.3.2.10 清扫机床、关闭电源

1) 仔细清理机床及周围环境，做到工完场净。
2) 用切削液冲刷机床内部时不要将切削液喷入主轴锥孔及刀库。
3) 关闭操作面板电源、关闭机床电源、关闭压缩空气，并检查按键及手柄的状态。

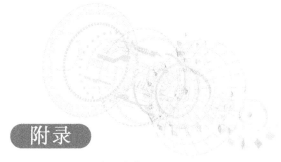

附录

数控加工模拟试卷

数控车床操作工高级试卷（A）

考核项目	判断题 （分值 30 分）	单项选择题 （分值 30 分）	工艺分析题 （分值 40 分）	总成绩
实际得分				

一、判断题

1. 用组合铣刀进行铣削加工，选择铣削用量时，应以直径最大的铣刀来考虑。（　）
2. 工件的加工部位分散，要多次安装、多次设置原点时，最宜采用数控加工。（　）
3. 工件以圆内孔表面作为定位基面时，常用圆柱定位销、圆锥定位销、定位芯轴等定位元件。（　）
4. 由于铣削加工中切削力和振动较大，故铣床夹具定位装置的布置，应尽可能主要支撑和导向支撑的面积大些。当工件加工部位为悬臂状态时，必须设置辅助支承，以加强工件的安装刚性，防止振动。（　）
5. 游标卡尺、千分尺、百分表都是长度测量器具。（　）
6. 高速钢刀具的韧性虽然比硬质合金刀具好，但也不能用于高速切削。（　）
7. 车刀的前角永远为正值，通常取 6°～12°。（　）
8. 当使用半径补偿时，编程按工件实际尺寸加上刀具半径来计算。（　）
9. 刀具半径补偿功能主要是针对刀位点在圆心位置上的刀具而设定的，它根据实际尺寸进行自动补偿。（　）
10. 任何数字、符号、字母、汉字在计算机内都是以二进制代码形式存储和处理。（　）
11. 固定循环指令以及 Z、R、Q、P 指令是模态的，直到用 G90 撤销指令为止。（　）
12. 在执行主程序的过程中，有调用子程序的指令时，就执行子程序的指令，执行子程序后，加工就结束了。（　）
13. 精加工时，使用切削液的目的是降低切削温度，起冷却作用。（　）
14. 进入自动加工状态，屏幕上显示的是加工刀尖在编程坐标系中的绝对值坐标。（　）
15. 数控机床既可以自动加工，也可以手动加工。（　）
16. 数控加工中确定了加工零点坐标后，就不能对其再做修改。（　）
17. 建立工件坐标系，关键在于选择机床坐标系原点。（　）
18. NC 程序由一系列程序组成，通常每一程序包含了加工操作的一个单步命令。（　）
19. 在编程时，要尽量避免法向切入和进给中途停顿，以防止在零件表面留下划痕。（　）
20. 装夹精密工件或较薄较软工件时，装夹方式要适当，用力要适当，不准猛力敲打，可以用木锤或加垫轻轻敲打。（　）
21. 变压器在改变电压的同时，也改变了电流和频率。（　）

301

22. 铣削过程中，切削厚度是变化的。（ ）
23. 加工方法的选取主要根据加工精度与工件形状来选取。（ ）
24. 按工艺规定进行加工，不准任意加大进刀量、磨削量和切削速度。不准超规范、超负荷、超重量使用机床也不准精机粗用和大机小用。（ ）
25. 在数控系统中，坐标轴向工件靠近的方向为正方向，离开工件方向是负方向。（ ）
26. NC程序由一系列程序组成，通常每一程序段包含了加工操作的一个单步命令。（ ）
27. 对刀元件用于确定夹具与工件之间所应具有的相互位置。（ ）
28. 铣削紫铜材料工件时，选用铣刀材料应以YT硬质合金钢为主。（ ）
29. 为了保证铣床主轴的传动精度，支持轴承的径向和轴向间隙调整得越小越好。（ ）
30. 机床电器或线路着火，可用泡沫灭火器扑救。（ ）

二、单项选择题

1. 带传动是利用带作为中间矫形件，依靠带与带之间的（ ）或啮合来传递运动和动力。
   A. 结合　　　　　B. 摩擦力　　　　C. 压力　　　　　D. 相互作用
2. 当零件表面大部分粗糙度相同时，可将相同的粗糙度代号标注在图样右上角，并在前面加注（ ）。
   A. 全部　　　　　B. 其余　　　　　C. 部分　　　　　D. 相同
3. 只将零件的某一部分向基本投影面投影所得的视图称为（ ）。
   A. 基本视图　　　B. 局部视图　　　C. 斜视图　　　　D. 旋转视图
4. 形位公差的基准代号不管处于什么方向，圆圈内的字母应（ ）书写。
   A. 水平　　　　　B. 垂直　　　　　C. 45°倾斜　　　　D. 任意
5. 一般情况下多以（ ）强度作为判别金属强度高低的指标。
   A. 抗拉　　　　　B. 抗压　　　　　C. 抗弯　　　　　D. 抗剪
6. 用（ ）方法制成齿轮较为理想。
   A. 由厚钢板切除圆饼再加工成齿轮　　　　B. 由粗钢棒切下圆饼加工成齿轮
   C. 由圆棒锻成圆饼再加工成齿轮　　　　　D. 先砂型铸出毛坯再加工成齿轮
7. 数控机床的诞生是在（ ）年代。
   A. 20世纪50年代　B. 20世纪60年代　C. 20世纪70年代　D. 20世纪80年代
8. 手用铰刀的柄部为（ ）。
   A. 圆柱形　　　　B. 圆锥形　　　　C. 方棒形　　　　D. 三角形
9. 车削时切削热大部分是由（ ）传散出去。
   A. 刀具　　　　　B. 工件　　　　　C. 切屑　　　　　D. 空气
10. 数控机床适用于生产（ ）和形状复杂的零件。
    A. 单件小批量　　B. 单品种大批量　C. 多品种小批量　D. 多品种大批量
11. 三个支撑点对工件是平面定位，能限制（ ）个自由度。
    A. 2　　　　　　　B. 3　　　　　　　C. 4　　　　　　　D. 5
12. 装夹工件时应考虑（ ）。
    A. 专用夹具　　　B. 组合夹具　　　C. 夹紧力靠近支撑点　D. 夹紧力不变
13. 机床上的卡盘、中心架属于（ ）夹具。
    A. 通用　　　　　B. 专用　　　　　C. 组合
14. 加工时用来确定工件在机床上或夹具中正确位置所使用的基准为（ ）。
    A. 定位基准　　　B. 测量基准　　　C. 装配基准　　　D. 工艺基准
15. 刀具直径可用（ ）直接测出，刀具伸出长度可用刀具直接对刀法求出。
    A. 百分表　　　　B. 千分表　　　　C. 千分尺　　　　D. 游标卡尺
16. YG8硬质合金，牌号中的数字8表示（ ）含量的百分数。
    A. 碳化钨　　　　B. 钴　　　　　　C. 碳化钛　　　　D. 碳化钽

17. 刀具的耐用度是指刀具在两次重磨之间（　　）的总和。
    A. 切削次数　　　　B. 切削时间　　　　C. 磨损度　　　　D. 装拆次数
18. 刀具长度补偿使用地址（　　）。
    A. H　　　　　　　B. T　　　　　　　C. R　　　　　　　D. D
19. 当实际刀具与编程刀具长度不符时，用（　　）来进行修正，可不必改变所编程序。
    A. 左补偿　　　　　B. 调用子程序　　　C. 半径补偿　　　　D. 长度补偿
20. 铣床 CNC 中，刀具长度补偿指令是（　　）。
    A. G40，G41，G42　B. G43，G44，G49　C. G98，G99　　　　D. G96，G97
21. 刀具长度补偿指令 G43 是将（　　）代码指定的已存入偏置器中的偏置值加到运动指令终点坐标去。
    A. K　　　　　　　B. J　　　　　　　C. I　　　　　　　D. H
22. 在数控铣床上，铣刀中心的轨迹与工件的实际尺寸之间的距离多用（　　）的方式来设定。
    A. 直径补偿　　　　B. 半径补偿　　　　C. 相对补偿　　　　D. 圆弧补偿
23. 刀具右补偿指令是（　　）。
    A. G40　　　　　　B. G41　　　　　　C. G42　　　　　　D. G39
24. 通常微机数控系统的系统控制软件存放在（　　）。
    A. ROM　　　　　　B. RAM　　　　　　C. 动态 RAM　　　　D. 静态 RAM
25. 如果孔加工固定循环中间出现了任何 01 组的 G 代码，则孔加工方式及孔加工数据也会全部自动（　　）。
    A. 运行　　　　　　B. 编程　　　　　　C. 保存　　　　　　D. 取消
26. 孔加工循环加工通孔时一般刀具还要伸长超过（　　）一般距离，主要是保证全部孔深都加工到尺寸，钻削时还应该考虑钻头钻尖对孔深的影响。
    A. 初始平面　　　　B. R 平面　　　　　C. 零件表面　　　　D. 工件底表面
27. 在程序中同样轨迹的加工部分，只需制作一段程序，把它称为（　　）；其余相同的加工部分通过调用该程序即可。
    A. 调用程序　　　　B. 固化程序　　　　C. 循环指令　　　　D. 子程序
28. 子程序调用和子程序返回是用哪一组指令实现（　　）。
    A. G98 G99　　　　B. M98 M99　　　　C. M98 M02　　　　D. M99 M98
29. 数控铣床编程时，除了用主轴功能来指定轴转速外，还要用（　　）指定主轴的转向。
    A. G 功能　　　　　B. F 功能　　　　　C. T 功能　　　　　D. M 功能
30. 数控机床有不同的运动形式，需要考虑工件与刀具相对运动关系及坐标系方向，编写程序时采用（　　）的原则编写程序。
    A. 刀具固定不动，工件移动　　　　　　B. 工件固定不动，刀具移动
    C. 分析机床运动关系后再根据实际情况走刀　　D. 由机床说明书说明

三、程序编制及工艺分析

1. 数控车削工序卡片

车削工艺卡片

材料		零件图号		系统		工序号	
操作序号	工步内容(走刀路线)	G 功能	T 刀具	切削用量			
				主轴转速 S/(r/min)	进给速度 F/(mm/r)	背吃刀量/mm	
1							
2							
3							
4							
5							
6							
7							
8							
9							

2. 数控车削刀具卡片

考核课题			零件名称		零件图号	
序号	刀具号	刀具名称	规格	数量	加工表面	备注
1						
2						
3						
4						

3. 程序编制及工艺安排（可另附纸）

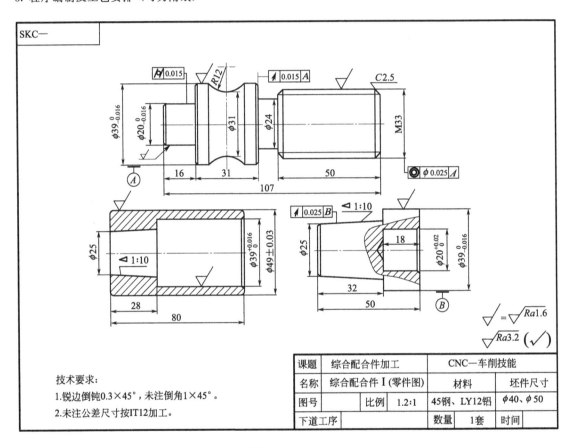

附图 1　零件图

数控车床操作工高级试卷（B）

考核项目	判断题 （分值30分）	单项选择题 （分值30分）	工艺分析题 （分值40分）	总成绩
实际得分				

一、判断题

1. 主视图所在的投影面称为正投影面，简称正面，用字母 V 表示。俯视图所在的投影面称为水平投影面，简称水平面，用字母 H 表示。左视图所在的水平面称为侧投影面，简称侧面，用字母 W 表示。（ ）
2. 配合公差的数值越小，则相互配合的孔、轴的尺寸精度等级越高。（ ）
3. 钢和生铁都是以铁碳为主的合金。（ ）
4. 用分布于铣刀端平面上的刀齿进行的铣削称为周铣，用分布于铣刀圆柱面上的刀齿进行的铣削称为端铣。（ ）
5. 铰孔是用铰刀从工件孔壁上切削较小的余量，以提高孔的尺寸精度和减小表面粗糙度的方法。（ ）
6. 切削用量包括进给量、切削深度和切削速度。（ ）
7. 数控铣可钻孔、镗孔、铰孔、铣平面、铣槽、铣曲面、攻螺纹等。（ ）
8. 在同一尺寸方向上，粗基准通常只用一次。（ ）
9. 若零件上每个表面都要加工，则应选加工余量最大的表面为粗基准。（ ）
10. 组合量块用得越少，累积误差也越小。（ ）
11. 高速钢刀具用于承受冲击力较大的场合，常用于高速切削。（ ）
12. 刀具半径补偿功能主要是针对刀位点在圆心位置上的刀具而设定的，它根据实际尺寸进行自动补偿。（ ）
13. 对于任何曲线，可以按实际轮廓编程，应用刀具补偿加工出所需要的廓形。（ ）
14. 一个主程序中只能有一个子程序。（ ）
15. 精加工时，使用切削液的目的是降低切削温度，起冷却作用。（ ）
16. 为了保证所加工零件尺寸在公差范围内，应按零件的名义尺寸进行程序编制。（ ）
17. CNC 装置的显示主要是为操作者提供方便，通常有：零件程序的显示，参数显示，刀具位置显示，机床状态显示，报警显示等。（ ）
18. 数控装置发出的脉冲指令频率越高，则工作台的位移速度越快。（ ）
19. 数控机床的最高转动速度与精度、定位精度等一系列重要指标主要取决于伺服驱动系统性能的优劣。（ ）
20. 变速后传给丝杠或光杆，以满足车外圆和机动进给的需求。（ ）
21. 编制程序时一般以机床坐标系零点作为坐标原点。（ ）
22. 在自动方式下，CNC 处于空运行状态时，程序中的螺纹切削是有效的。（ ）
23. 对刀元件用于确定夹具与工件之间所应具有的相互位置。（ ）
24. 乳化液是将乳化油用 15～20 倍的水稀释而成。（ ）
25. 变压器在改变电压的同时，也改变了电流和频率。（ ）
26. 润滑剂的作用有润滑作用、冷却作用、防锈作用、密封作用等。（ ）
27. 为了保证机床主轴的传动精度，支持轴承的径向和轴向间隙调整的越小越好。（ ）
28. 造成切削时振动大的主要原因，从铣床的角度来看主要是主轴松动和工作台松动。（ ）
29. 机床电器或线路着火，可用泡沫灭火器扑救。（ ）
30. 数控编辑中，刀具直径不能给错，否则就会出现过切。（ ）

二、单项选择题

1. 六个基本视图中，最常用的是（　　）三个视图。

A. 主、右、仰　　　B. 主、俯、左　　　C. 主、左、右　　　D. 主、俯、后

2. 孔的精度主要有（　　）和同轴度。
   A. 垂直度　　　　B. 圆度　　　　　C. 平行度　　　　D. 圆柱度

3. 下列（　　）性能不属于金属材料的使用性能之一。
   A. 物理　　　　　B. 化学　　　　　C. 力学　　　　　D. 机械

4. 洛氏硬度中（　　）应用最为广泛，测定对象一般为淬火钢件。
   A. HRA　　　　　B. HRB　　　　　C. HRC　　　　　D. HED

5. 梯形螺纹的牙型角为（　　）。
   A. 30°　　　　　B. 40°　　　　　C. 55°　　　　　D. 60°

6. 带传动是利用（　　）作为中间挠性件，依靠带与带之间的摩擦力和啮合来传递运动和动力。
   A. 从动轮　　　　B. 主动轮　　　　C. 带　　　　　　D. 带轮

7. 进给功能用于指定（　　）。
   A. 进刀深度　　　B. 进给速度　　　C. 进给转速　　　D. 进给方向

8. 编排数控机床加工工序时，为提高加工精度，采用（　　）。
   A. 精密专用夹具　B. 一次装夹多工序加工　C. 流水线作业法　D. 工具分散加工法

9. 大批量生产强度较高的形状复杂的轴，其毛坯一般选用（　　）。
   A. 砂型铸造的毛坯　B. 自由锻的毛坯　C. 模锻的毛坯　　D. 轧制棒料

10. 定位基准是指（　　）。
    A. 机床上的某些点、线、面　　　　B. 夹具上的某些点、线、面
    C. 工件上的某些点、线、面　　　　D. 刀具上的某些点、线、面

11. 保证工件在夹具中占有正确位置的是（　　）装置。
    A. 定位　　　　　B. 夹紧　　　　　C. 辅助　　　　　D. 车床

12. 数控自定心中心架的动力为（　　）传动。
    A. 液压　　　　　B. 机械　　　　　C. 手动　　　　　D. 电器

13. 测量零件已加工表面的尺寸和位置所使用的基准为（　　）。
    A. 定位基准　　　B. 测量基准　　　C. 装配基准　　　D. 工艺基准

14. 刀具容易产生积屑瘤的切削速度大致是在（　　）范围内。
    A. 低速　　　　　B. 中速　　　　　C. 减速　　　　　D. 高速

15. 微处理器主要由（　　）组成。
    A. 储存器和运算器　B. 储存器和控制器　C. 运算器和控制器　D. 总线和控制器

16. 计算机应用最早的领域是（　　）。
    A. 辅助设计　　　B. 实施操控　　　C. 信息处理　　　D. 数值计算

17. 在使用 G41 或 G42 指令的程序段中只能用（　　）指令。
    A. G00　G01　　B. G02　G03　　C. G01　G03　　D. G01　G02

18. 取消刀具半径补偿的指令是（　　）。
    A. G39　　　　　B. G40　　　　　C. G41　　　　　D. G42

19. 孔加工循环，使用 G99，道具将返回（　　）的 R 点。
    A. 初始平面　　　B. R 点平面　　　C. 孔底平面　　　D. 零件表面

20. 用户宏程序功能是数控系统具有（　　）功能的基础。
    A. 人机对话编程　B. 自动编程　　　C. 循环编程　　　D. 几何图形坐标变换

21. 在程序中同样轨迹的加工部分，只需制作一段程序，把它称为（　　），其余相同的加工部分通过调用该程序即可。
    A. 调用程序　　　B. 固化程序　　　C. 循环程序　　　D. 子程序

22. 圆弧指令中的 K 表示（　　）。

A. 圆心坐标在 X 轴上的分量　　　　　B. 圆心坐标在 Y 上的分量
C. 圆心坐标在 Z 上的分量

23. 圆弧指令中的 I 表示（　　）。
   A. 圆与起点之间距离在 X 轴上的分量　　B. 圆与起点之间距离在 Y 上的分量
   C. 圆与起点之间距离在 Z 上的分量

24. N10 G01XYF；后面程序段中使用（　　）指令才能取代它。
   A. G92　　　　B. G10　　　　C. G04　　　　D. G03

25. 孔加工时，返回点平面指令为（　　）。
   A. G41　G42　　B. G3　G44　　C. G90　G91　　D. G98　G99

26. 伺服电机是将电脉冲信号转换成（　　）的变换驱动部件。
   A. 直线位移　　B. 数字信号　　C. 角位移　　D. 模拟信号

27. 数控装置中的计算机对输入的指令和数据处理，对驱动轴及各种接口进行控制并发出指令脉冲，（　　）电动机以一定的速度使机床工作台运动到预定的位置。
   A. 交流　　　　B. 直流　　　　C. 驱动伺服　　D. 步进

28. 下列（　　）数控铣床是数控机床中数量最多的一种，应用范围也是最为广泛的。
   A. 立式　　　　B. 卧式　　　　C. 倾斜式　　　D. 立、卧两用式

29. 滚珠丝杠螺母副是由螺母、丝杠、滚珠、（　　）组成的。
   A. 消隙器　　　B. 补偿器　　　C. 反向器　　　D. 插补器

30. 一般升降数控铣床规格（　　），工作台宽度在 400mm 以下。
   A. 较大　　　　B. 较小　　　　C. 齐全　　　　D. 系列化

三、程序编制及工艺分析

1. 数控车削刀具卡片

考核课题			零件名称		零件图号		
序号	刀具号	刀具名称	规格	数量	加工表面		备注
1							
2							
3							
4							
5							

2. 数控车削工序卡片

材料		零件图号		系统		工序号		
操作序号	工步内容(走刀路线)		G 功能	T 刀具	切削用量			
					主轴转速 S/(r/min)	进给速度 F/(mm/r)	背吃刀量/mm	
1								
2								
3								
4								
5								
6								
7								
8								
9								
10								

3. 程序编制及工艺安排（可另附纸）

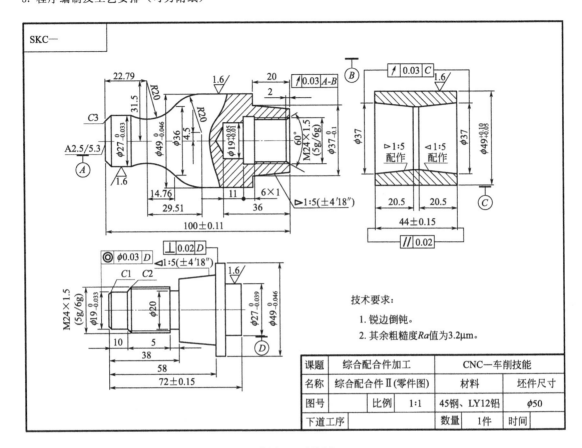

附图 2 零件图

加工中心操作工高级试卷（A）

考核项目	判断题 （分值30分）	单项选择题 （分值30分）	工艺分析题 （分值40分）	总成绩
实际得分				

一、判断题

1. 剖面图用来表达零件的断面形状，剖面可分为移出剖面和旋转剖面两种。（　）
2. 某平面对基准平面的平行度误差为0.05mm，那么该平面的平行度误差一定不大于0.05mm。（　）
3. 不对称逆铣的铣削特点是刀齿以较大的切削厚度切入，又以较小的切削厚度切出。（　）
4. 轴类零件加工顺序安排大体如下：准备毛坯—粗车—半精车—正火—调质—精磨外圆。（　）
5. 用组合铣刀进行铣削加工，选择铣削用量时，应以直径最大的铣刀来考虑。（　）
6. 工件的加工部位分散，要多次安装、多次设置原点时，最宜采用数控加工。（　）
7. 由于铣削加工中切削力和振动较大，故铣床夹具定位装置的布置，应尽可能使主要支承和导向支承的面积大些。当工件加工部位为悬臂状态时，必须设置辅助支承，以增强工件的安装刚性，防止振动。（　）
8. 夹紧力的方向应尽可能和切削力、工件重力平行。（　）
9. 游标卡尺、千分尺、百分表都是长度测量器具。（　）
10. 高速钢刀具的韧性虽然比硬质合金刀好，但也不能用于高速切削。（　）
11. 车刀的后角永远为正值，通常取 $6°\sim 12°$。（　）
12. 刀具半径补偿功能主要是针对刀位点在圆心位置上的刀具而设定的，它根据实际尺寸进行自动补偿。（　）
13. 固定循环指令以及Z、R、Q、P指令是模态的，直到用G90撤销指令为止。（　）
14. 在执行主程序的过程中，有调用子程序的指令时，就执行子程序的指令，执行子程序以后，加工就结束了。（　）
15. 精加工时，使用切削液的目的是降低切削温度，起冷却作用。（　）
16. 准备功能G40、G41、G42都是模态指令。（　）
17. 进入自动加工状态，屏幕上显示的是加工刀尖在编程坐标系中的绝对坐标值。（　）
18. JZK7532-1型数控铣床工作台的X、Y、Z向进给运动是由步进电机直接拖动，结构简单，调整方便。（　）
19. 数控加工中确定了加工零点后，就不能对其再做修改。（　）
20. 建立工件坐标系，关键在于选择机床坐标系原点。（　）
21. NC程序由一系列程序组成，通常每一程序段包含了加工操作的一个单步命令。（　）
22. 在编程时，要尽量避免法向切入和进给中途停顿，以防止在零件表面留下痕迹。（　）
23. 装夹精密工件或较薄较软工件时，装夹方式要适当，用力要适当，不准猛力敲打，可用木锤或加垫轻轻敲打。（　）
24. 变压器在改变电压同时，也改变了电流和频率。（　）
25. 数控铣床使用较长时间后，应定期检查机械间隙。（　）
26. 铣削过程中，切削厚度是变化的。（　）
27. 加工方法的选取主要是根据加工精度与工件形状来选取。（　）
28. 数控机床既可以自动加工，也可以手动加工。（　）

29. 数控编辑中，刀具直径不能给错，不然会出现过切。（ ）
30. 白口铸铁件的硬度适中，易于进行切削加工（ ）

二、单项选择题

1. 零件图中的角度数字一律写成（   ）。
   A. 垂直方向　　　　B. 水平方向　　　　C. 弧线切线方向　　　　D. 斜线方向
2. 当零件表面的大部分粗糙度相同时，可将相同的粗糙度代号标注在图样右上角，并在前面加注（   ）两字。
   A. 全部　　　　　　B. 其余　　　　　　C. 部分　　　　　　　　D. 相同
3. 只将机件的某一部分向基本投影面投影所得的视图称为（   ）。
   A. 基本视图　　　　B. 局部视图　　　　C. 斜视图　　　　　　　D. 旋转视图
4. 公差与配合标准的应用主要解决（   ）。
   A. 基本偏差　　　　B. 加工顺序　　　　C. 公差等级　　　　　　D. 加工方法
5. 形位公差的基准代号不管处于什么方向，圆圈内的字母应（   ）书写。
   A. 水平　　　　　　B. 垂直　　　　　　C. 45°倾斜　　　　　　D. 任意
6. 一般情况下多以（   ）强度作为判别金属强度高低的指标。
   A. 抗拉　　　　　　B. 抗压　　　　　　C. 抗弯　　　　　　　　D. 抗剪
7. 用（   ）方法制成齿轮较为理想。
   A. 由厚钢板切出圆饼再加工成齿轮　　　　B. 由粗钢棒切下圆饼加工成齿轮
   C. 由圆棒锻成圆饼再加工成齿轮　　　　　D. 先砂型铸出毛坯再加工成齿轮
8. 数控机床的诞生是在（   ）年代。
   A. 20世纪50年代　　B. 20世纪60年代　　C. 20世纪70年代　　　D. 20世纪80年代
9. 手用铰刀的柄部为（   ）。
   A. 圆柱形　　　　　B. 圆锥形　　　　　C. 方榫形　　　　　　　D. 三角形
10. 车削时切削热大部分是由（   ）传散出去。
    A. 刀具　　　　　　B. 工件　　　　　　C. 切屑　　　　　　　　D. 空气
11. 数控机床适用于生产（   ）和形状复杂的零件。
    A. 单件小批量　　　B. 单品种大批量　　C. 多品种小批量　　　　D. 多品种大批量
12. 三个支撑点对工件是平面定位，能限制（   ）个自由度。
    A. 2　　　　　　　B. 3　　　　　　　C. 4　　　　　　　　　D. 5
13. 装夹工件时应考虑（   ）。
    A. 专用夹具　　　　B. 组合夹具　　　　C. 夹紧力靠近支承点　　D. 夹紧力不变
14. 机床上的卡盘、中心架等属于（   ）夹具。
    A. 通用　　　　　　B. 专用　　　　　　C. 组合
15. 加工时用来确定工件在机床上或夹具中正确位置所使用的基准为（   ）。
    A. 定位基准　　　　B. 测量基准　　　　C. 装配基准　　　　　　D. 工艺基准
16. 刀具直径可用（   ）直接测出，刀具伸出长度可用刀具直接对刀法求出。
    A. 百分表　　　　　B. 千分表　　　　　C. 千分尺　　　　　　　D. 游标卡尺
17. YG8硬质合金，牌号中的数字8表示（   ）含量的百分数。
    A. 碳化钨　　　　　B. 钴　　　　　　　C. 碳化钛　　　　　　　D. 碳化钽
18. 刀具的耐用度是指刀具在两次重磨之间（   ）的总和。
    A. 切削次数　　　　B. 切削时间　　　　C. 磨损度　　　　　　　D. 装拆次数
19. 刀具长度补偿使用地址（   ）。
    A. H　　　　　　　B. T　　　　　　　C. R　　　　　　　　　D. D
20. 当实际刀具与编程刀具长度不符时，用（   ）来进行修正，可不必改变所编程序。

A. 左补偿　　　　　　B. 调用子程序　　　　C. 半径补偿　　　　　D. 长度补偿
21. 铣床CNC中，刀具长度补偿指令是（　　）。
  A. G40，G41，G42　　B. G43，G44，G49　　C. G98，G99　　　　D. G96，G97
22. 刀具长度补偿指令G43是将（　　）代码指定的已存入偏置器值加到运动指令终点坐标去。
  A. K　　　　　　　　B. J　　　　　　　　C. I　　　　　　　　D. H
23. 在数控铣床上，铣刀中心的轨迹与工件的实际尺寸之间的距离多用（　　）的方式来设定。
  A. 直径补偿　　　　　B. 半径补偿　　　　　C. 相对补偿　　　　　D. 圆弧补偿
24. 刀具半径右补偿指令是（　　）。
  A. G40　　　　　　　B. G41　　　　　　　C. G42　　　　　　　D. G39
25. 通常微机数控系统的系统控制软件存放在（　　）。
  A. ROM　　　　　　　B. RAM　　　　　　　C. 动态RAM　　　　　D. 静态RAM
26. 根据ISO标准，刀具半径补偿有B刀具补偿和（　　）刀具补偿。
  A. A　　　　　　　　B. F　　　　　　　　C. C　　　　　　　　D. D
27. 刀具磨损补偿应输入到系统（　　）中去。
  A. 程序　　　　　　　B. 刀具坐标　　　　　C. 刀具参数　　　　　D. 坐标系
28. 如果孔加工固定循环中间出现了任何01组的G代码，则孔加工方式及孔加工数据也会全部自动（　　）。
  A. 运行　　　　　　　B. 编程　　　　　　　C. 保存　　　　　　　D. 取消
29. 孔加工循环加工通孔时一般刀具还要伸长超过（　　）一段距离，主要是保证全部孔深都加工到尺寸，钻削时还应考虑钻头钻尖对孔深的影响。
  A. 初始平面　　　　　B. R点平面　　　　　C. 零件表面　　　　　D. 工件底平面
30. 在程序中同样轨迹的加工部分，只需制作一段程序，把它称为（　　），其余相同的加工部分通过调用该程序即可。
  A. 调用程序　　　　　B. 固化程序　　　　　C. 循环指令　　　　　D. 子程序

三、程序编制及工艺分析

1. 刀具卡片

工步号	刀具号	刀具名称	刀柄型号	刀片型号	刀具偏置/mm（实测）		补偿值/mm	
					X轴/mm	Z轴/mm	X	Z
1								
2								
3								
4								

2. 工序卡片

序号	工步内容	量具/检具	刀具号	刀具规格	主轴转速	进给速度	背吃刀量	备注
1								
2								
3								
4								
5								

3. 程序编制及工艺安排（可另附纸）

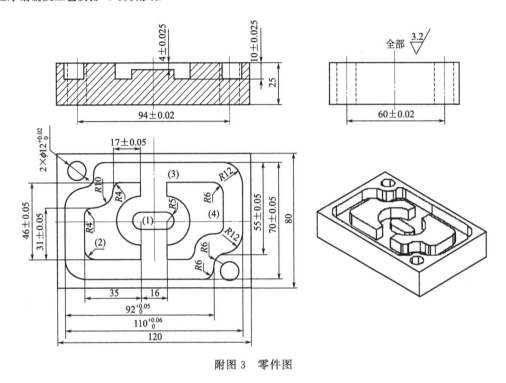

附图 3　零件图

加工中心操作工高级试卷（B）

考核项目	判断题 （分值 30 分）	单项选择题 （分值 30 分）	工艺分析题 （分值 40 分）	总成绩
实际得分				

一、判断题

1. 剖视图的剖切方法可分为单一剖、台阶剖、旋转剖、斜剖四种。（ ）
2. 有一工件标注为 $\phi 10cd7$，其中 cd7 是表示孔公差带代号。（ ）
3. 白口铸铁经过长期退火可获得可锻铸铁。（ ）
4. 铣削时，铣刀的切削速度方向和工件的进给方向相同，这种铣削方式称为逆铣。（ ）
5. 金属切削时，在中等切削速度下易产生积屑瘤。（ ）
6. 圆弧插补与直线插补一样，均可以在空间任意方位实现。（ ）
7. V 形块只能用于完整的圆柱面的定位。（ ）
8. 铣床夹具主要用于加工平面、沟槽、缺口、花键以及成形面等。按铣削时的进给方式，铣床夹具分为螺旋进给式铣床夹具、半圆周进给式铣床夹具和铣削靠模夹具三大类。（ ）
9. 为了防止工件变形，夹紧部位要与支承件对应，尽可能不在工件悬空处夹紧。（ ）
10. 高速钢主要用来制造钻头、成形刀具、拉刀、齿轮刀具等。（ ）
11. 欲得较佳的加工表面时，宜选用刃数多的铣刀。（ ）
12. 数控机床的反向间隙可用补偿来消除，因此对顺铣无明显影响。（ ）
13. 在工件上既有平面需要加工，又有孔需要加工时，可采用先加工孔，后加工平面的加工顺序。（ ）
14. 装夹工件时应考虑夹紧力靠近主要支承点。（ ）
15. 对于特形面只能用特形铣刀加工。（ ）
16. 当使用半径补偿时，编程按工件实际尺寸加上刀具半径来计算。（ ）
17. 使用刀具长度补偿的工作是通过执行含有 G43（G44）和 H 指令来实现的。（ ）
18. 中央处理器通常由运算器和控制器两部分组成，简称 CPU。（ ）
19. 若机床具有刀具半径自动补偿功能，无论是按假想刀尖轨迹编程还是按刀心轨迹编程，当刀具磨损或重磨时，均不需要重新计算编程参数。（ ）
20. 使用子程序的目的和作用是简化编程。（ ）
21. 粗基准因精度要求不高，所以可以重复使用。（ ）
22. S500 指令表示控制主轴转速 500m/r。（ ）
23. 从机床设计角度来说，机床原点的位置是固定的。（ ）
24. G54～G60 代表不同工件的工件原点。（ ）
25. 在数控系统中，坐标轴向工件靠近的方向为正方向，离开工件方向是负方向。（ ）
26. NC 程序由一系列程序组成，通常每一程序段包含了加工操作的一个单步命令。（ ）
27. 对刀元件用于确定夹具与工件之间所具有的相互位置。（ ）
28. 铣削紫铜材料工件时，选用铣刀材料应以 YT 硬质合金钢为主。（ ）
29. 为了保证铣床主轴的传动精度，支持轴承的径向和轴向间隙调整得越小越好。（ ）
30. 机床电器或线路着火，可用泡沫灭火器扑救。（ ）

二、单项选择题

1. 平键连接是靠平键与键槽的（   ）接触传递扭矩。

A. 两端圆弧面　　　　B. 上、下平面　　　　C. 下平面　　　　D. 两侧面

2. 当零件所有表面具有相同特征时，可在图形（　　）统一标注。

　　A. 左上角　　　　B. 右上角　　　　C. 左下角　　　　D. 右下角

3. 配合代号由（　　）组成。

　　A. 基本尺寸与公差带代号　　　　　　B. 孔的公差带代号与轴的公差带代号
　　C. 基本尺寸与孔的公差带代号　　　　D. 基本尺寸与轴的公差带代号

4. 孔的精度主要有（　　）和同轴度。

　　A. 垂直度　　　　B. 圆度　　　　C. 平行度　　　　D. 圆柱度

5. 刀具磨损过程的三个阶段中，作为切削加工应用的是（　　）阶段。

　　A. 初期磨损　　　　B. 正常磨损　　　　C. 急剧磨损

6. 带传动是利用（　　）作为中间挠性件，依靠带与带之间的摩擦力或啮合来传递运动和动力。

　　A. 从动轮　　　　B. 主动轮　　　　C. 带　　　　D. 带轮

7. 车削时切削热大部分是由（　　）传散出去。

　　A. 刀具　　　　B. 工件　　　　C. 切屑　　　　D. 空气

8. 在制订零件的机械加工工艺规程时，对单件生产，大都采用（　　）。

　　A. 工序集中法　　　　B. 工序分散法　　　　C. 流水线作业法　　　　D. 其他

9. 编排数控机床加工工序时，为提高加工精度，采用（　　）。

　　A. 精密专用夹具　　B. 一次装夹多工序集中　　C. 流水线作业法　　D. 工序分散加工法

10. 一面两销定位中所用的定位销为（　　）。

　　A. 圆柱销　　　　B. 圆锥销　　　　C. 菱形销

11. 保证工件在夹具中占有正确的位置的是（　　）装置。

　　A. 定位　　　　B. 夹紧　　　　C. 辅助　　　　D. 车床

12. 台钳、压板等夹具属于（　　）。

　　A. 通用夹具　　　　B. 专用夹具　　　　C. 组合夹具　　　　D. 可调夹具

13. 标准麻花钻的锋角为（　　）。

　　A. 118°　　　　B. 35°~40°　　　　C. 50°~55°　　　　D. 100°

14. 刀具长度补偿使用地址（　　）。

　　A. H　　　　B. T　　　　C. R　　　　D. D

15. 当实际刀具与编程刀具长度不符时，用（　　）来进行修正，可不必改变所编程序。

　　A. 左补偿　　　　B. 调用子程序　　　　C. 半径补偿　　　　D. 长度补偿

16. 铣床CNC中，刀具长度补偿指令是（　　）。

　　A. G40，G41，G42　　B. G43，G44，G49　　C. G98，G99　　D. G96，G97

17. 刀具长度补偿指令G43是将（　　）代码指定的已存入偏置值加到运动指令终点坐标去。

　　A. K　　　　B. J　　　　C. I　　　　D. H

18. 应用刀具半径补偿功能时，如刀补值设置为负值，则刀具轨迹是（　　）。

　　A. 左补　　　　B. 右补　　　　C. 不能补偿　　　　D. 左补变右补，右补变左补

19. 程序中指定了（　　）时，刀具半径补偿被撤销。

　　A. G40　　　　B. G41　　　　C. G42

20. 在使用G41或G42指令的程序段中只能用（　　）指令。

　　A. G00或G01　　　　B. G02或G03　　　　C. G01或G03　　　　D. G01或G02

21. 采用固定循环编程，可以（　　）。

　　A. 加快切削速度，提高加工质量　　　　B. 缩短程序的长度，减少程序所占内存

C. 减少换刀次数，提高切削速度　　　　D. 减少吃刀深度，保证加工质量
22. 循环 G81、G85 的区别是 G81 和 G85 分别以（　　）返回。
   A. F 速度，快速　　B. F 速度，F 速度　　C. 快速，F 速度　　D. 快速，快速
23. 在程序中同样轨迹的加工部分，只需制作一段程序，把它称为（　　），其余相同的加工部分通过调用该程序即可。
   A. 调用程序　　B. 固化程序　　C. 循环指令　　D. 子程序
24. 子程序调用和子程序返回是用哪一组指令实现的（　　）。
   A. G98　G99　　B. M98　M99　　C. M98　M02　　D. M99　M98
25. 选择粗基准时，应当选择（　　）的表面。
   A. 任意　　B. 比较粗糙　　C. 加工余量小或不加工　　D. 比较光洁
26. 型腔类零件的粗加工，刀具通常选用（　　）。
   A. 球头铣刀　　B. 键槽铣刀　　C. 三刃立铣刀
27. 编程中设定定位速度 F1=5000mm/min，切削速度 F2=100mm/min，如果参数中设置进给速度倍率为 80%，则实际速度是（　　）。
   A. F1=4000，F2=80　B. F1=5000，F2=100　C. F1=5000，F2=80　D. 以上都不对
28. 进给功能又称（　　）功能。
   A. F　　B. M　　C. S　　D. T
29. 增量值编程是根据前一个位置算起的坐标增量来表示目标点位置，用地址（　　）编程的一种方法。
   A. X、U　　B. Y、V　　C. X、Y　　D. U、V
30. 热继电器在控制电路中起的作用是（　　）。
   A. 短路保护　　B. 过载保护　　C. 失压保护　　D. 过电压保护

三、程序编制及工艺分析

1. 刀具卡片

工步号	刀具号	刀具名称	刀柄型号	刀片型号	刀具偏置/mm(实测)		补偿值/mm	
					X 轴/mm	Z 轴/mm	X	Z
1								
2								
3								
4								
5								

2. 工序卡片

序号	工步内容	量具/检具	刀具号	刀具规格	主轴转速	进给速度	背吃刀量	备注
1								
2								
3								
4								
5								
6								

3. 程序编制及工艺安排（可另附纸）

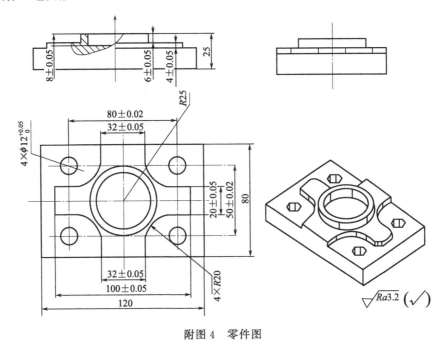

附图 4　零件图

模拟试卷参考答案

数控车床操作工高级试卷（A）

一、判断题
1. √ 2. × 3. × 4. √ 5. × 6. √ 7. × 8. × 9. √ 10. √ 11. √
12. × 13. √ 14. √ 15. × 16. √ 17. × 18. √ 19. √ 20. √ 21. × 22. √
23. √ 24. √ 25. × 26. √ 27. √ 28. × 29. × 30. ×

二、单项选择题
1. B 2. B 3. B 4. B 5. A 6. C 7. A 8. C 9. C 10. C 11. B 12. C
13. A 14. A 15. C 16. B 17. B 18. A 19. D 20. B 21. D 22. B 23. C 24. A
25. D 26. D 27. D 28. B 29. D 30. B

数控车床操作工高级试卷（B）

一、判断题
1. √ 2. √ 3. × 4. × 5. √ 6. √ 7. √ 8. √ 9. × 10. √ 11. ×
12. √ 13. √ 14. × 15. × 16. √ 17. √ 18. √ 19. √ 20. √ 21. × 22. ×
23. √ 24. √ 25. × 26. × 27. √ 28. √ 29. × 30. √

二、单项选择题
1. B 2. D 3. A 4. C 5. A 6. C 7. B 8. C 9. A 10. B 11. A 12. A
13. B 14. B 15. C 16. D 17. A 18. B 19. D 20. D 21. D 22. C 23. A 24. D
25. D 26. C 27. C 28. A 29. A 30. B

加工中心操作工高级试卷（A）

一、判断题
1. √ 2. √ 3. × 4. × 5. √ 6. × 7. √ 8. × 9. √ 10. √ 11. √
12. × 13. × 14. √ 15. √ 16. √ 17. √ 18. √ 19. √ 20. √ 21. √ 22. √
23. √ 24. √ 25. × 26. √ 27. √ 28. × 29. √ 30. ×

二、单项选择题
1. B 2. B 3. B 4. C 5. B 6. A 7. C 8. A 9. B 10. C 11. D 12. B
13. C 14. A 15. A 16. C 17. B 18. B 19. A 20. D 21. B 22. D 23. B 24. C
25. A 26. A 27. B 28. D 29. D 30. D

加工中心操作工高级试卷（B）

一、判断题
1. √ 2. √ 3. × 4. × 5. √ 6. √ 7. × 8. √ 9. √ 10. √ 11. √ 12. × 13. × 14. √
15. × 16. × 17. √ 18. √ 19. √ 20. √ 21. × 22. √ 23. √ 24. × 25. × 26. √ 27. √ 28. ×
29. × 30. ×

二、单项选择题
1. D 2. B 3. A 4. D 5. B 6. C 7. C 8. B 9. B 10. A 11. A 12. A
13. A 14. A 15. D 16. D 17. D 18. D 19. A 20. D 21. D 22. C 23. D 24. B
25. C 26. A 27. A 28. A 29. D 30. B

参考文献

[1] 周虹. 数控车床编程与操作实训教程. 北京：清华大学出版社，2005.
[2] FANUC Series 0i Mate TC 操作说明书. BEIJING-FANUC，2005.
[3] FANUC Series 0i Mate MC 操作说明书. BEIJING-FANUC，2005.
[4] 尹玉珍. 数控车削编程与考级（FANUC 0i-TB 系统）. 北京：化学工业出版社，2001.
[5] 王金城. 数控机床实训技术. 北京：电子工业出版社，2006.
[6] 晏初宏. 数控加工工艺与编程. 北京：化学工业出版社，2004.
[7] 杨建明. 数控加工工艺与编程. 北京：北京理工大学出版社，2006.
[8] 王公安. 车工工艺学. 北京：中国劳动社会保障出版社，2005.
[9] 郭溪茗，宁晓波. 机械加工技术. 北京：高等教育出版社，2009.
[10] 韩鸿鸾. 数控加工工艺学. 北京：中国劳动社会保障出版社，2005.
[11] 方沂. 数控机床编程与操作. 北京：国防工业出版社，1999.
[12] 谷育红. 数控铣削加工技术. 北京：北京理工大学出版社，2006.
[13] 杨伟群. 数控工艺培训教程-数控铣部分. 北京：清华大学出版社，2006.
[14] 吴明友. 数控铣床培训教程. 北京：机械工业出版社，2007.
[15] 曹焱. 数控机床应用与维修. 北京：电子工业出版社，1994.
[16] 田萍. 数控机床加工工艺及设备. 北京：电子工业出版社，2005.
[17] 明兴祖. 数控加工技术. 北京：化学工业出版社，2003.
[18] 宋放之. 数控工艺培训教程. 北京：清华大学出版社，2003.
[19] 彭德荫. 车工工艺与技能训练. 北京：中国劳动社会保障出版社，2001.
[20] 劳动部职业技能开发司组织编写. 数控车工生产实践. 北京：中国劳动出版社，1994.
[21] 金福昌，朱燕青. 袖珍车工手册. 北京：机械工业出版社，2005.
[22] 技工学校机械类通用教材编审委员会. 车工工艺学. 北京：机械工业出版社，1980.
[23] 劳动部职业技能开发司组织编写. 数控车工生产实践. 北京：中国劳动出版社，1994.
[24] 顾京. 数控加工编程及操作. 北京：高等教育出版社，2003.
[25] 彭跃湘. 数控机床故障诊断及维护. 北京：清华大学出版社，2006.
[26] 金禧德. 金工实习. 北京：高等教育出版社，2001.
[27] 陈于萍，高晓康. 互换性与测量技术. 北京：高等教育出版社，2005.
[28] 林岩. 数控车工技能实训. 第 2 版. 北京：化学工业出版社，2012.
[29] HASS 立式加工中心操作手册. 2005.
[30] 赵长明. 数控加工工艺及设备. 北京：高等教育出版社，2003.
[31] 西门子 SINUMERIK 808D 编程和操作手册. 2012.